U0871803

深圳职业技术大学“十四五”规划教材

公差配合与测量技术基础

GONGCHA PEIHE YU CELIANG JISHU JICHU

主编◎李　迎

同济大学出版社
TONGJI UNIVERSITY PRESS
·上海·

内 容 提 要

本书以培养实用型、技能型人才为出发点，基于项目化教学改革实践，以项目化结构编排，共分五个项目：测量器具的检定与应用、简单零件的尺寸测量与测绘、装配件的尺寸测量与配合选用、零件的几何误差测量，以及零件表面粗糙度测量。每个项目包括若干任务，每个任务以案例导入，讲述理论知识和技能知识，涉及大量例题和实际应用，项目后配备项目练习，方便教与学。书中的知识重难点配有微课视频供学生自学使用。

本书可作为高等职业教育机械、机电类专业的教学用书，也可供从事机械设计、制造工艺、计量测试等工作的工程技术人员参考。

图书在版编目（CIP）数据

公差配合与测量技术基础 / 李迎主编. --上海：同济大学出版社，2024.8. -- ISBN 978-7-5765-1240-3

Ⅰ. TG801

中国国家版本馆 CIP 数据核字第 202480ZF71 号

深圳职业技术大学“十四五”规划教材

公差配合与测量技术基础

主编 李 迎

责任编辑 任学敏　**助理编辑** 朱华茗　**责任校对** 徐春莲　**封面设计** 渲彩轩

出版发行 同济大学出版社　www.tongjipress.com.cn
（地址：上海市四平路 1239 号　邮编：200092　电话：021-65985622）

经　销 全国各地新华书店
制　作 南京月叶图文制作有限公司
印　刷 常熟市华顺印刷有限公司
开　本 787 mm×1092 mm　1/16
印　张 11.5
字　数 258 000
版　次 2024 年 8 月第 1 版
印　次 2024 年 8 月第 1 次印刷
书　号 ISBN 978-7-5765-1240-3

定　价 48.00 元

本书若有印装质量问题，请向本社发行部调换　版权所有　侵权必究

前言 Foreword

公差配合与测量技术是相辅相成的关系。公差配合涉及零件的尺寸、形状和位置的变化范围，公差配合的合理选择和控制，对于确保产品的质量、功能和可靠性至关重要。测量技术是公差配合的基础，利用一定的测量方法和检测手段，对工件的尺寸、形状和位置进行准确评估，确保产品在设计要求范围内。

公差配合与测量技术作为一项重要的工程技术，在工程领域中的重要性和影响不容忽视。它推动了工业制造的发展，确保零件之间的协调性和互换性，提高产品的性能和质量，降低生产成本；促进了科学研究和创新，为其提供精确可靠的数据支持；通过全面的检验和评估确保产品符合国家标准和行业标准，提高了产品质量，保障了消费者权益；培养了工程师的思想道德和职业素养，确保工程师严格遵守国家标准和法律法规，确保工程质量和安全。因此，职业院校应该重视公差配合与测量技术的教学和应用，不断提高学生的技术水平和综合素质。

本书以高等职业院校教学中的实际技能要求为主旨，内容简明扼要、图文并茂、通俗易懂、重点突出。本书编写特色如下：

- 编写内容难度适中，讲述基础知识的同时，引入大量例题和实际应用案例，便于读者掌握知识、深化理解。
- 配有教学视频等电子资源，方便读者课后学习与自学。
- 基于项目化教学模式，每个任务按照任务布置、理论知识、技能知识、任务实施、任务拓展的框架展开，条理清晰。本书注重发挥实例教学的优势，使读者有针对性地学习理论知识并掌握技能。

本书由深圳职业技术大学的李迎任主编。本书的编写得到了程毓、吴增桂等教师的鼎力支持，在此表示真诚谢意。

编者在本书编写过程中，参考了相关文献，在此对文献作者表示衷心感谢。由于编者水平有限，书中难免存在疏漏和不妥之处，恳请广大读者批评指正。

编者

2024 年 4 月

目录 Contents

前言

项目一　测量器具的检定与应用 …… 1

任务 1　长度量具的检定 …… 2

任务 2　量规的检验应用 …… 20

项目练习 …… 29

项目二　简单零件的尺寸测量与测绘 …… 31

任务 1　简单零件的尺寸测量 …… 32

任务 2　简单零件的实体测绘 …… 45

项目练习 …… 66

项目三　装配件的尺寸测量与配合选用 …… 68

任务 1　装配件的尺寸测量 …… 69

任务 2　装配件的配合选用 …… 80

项目练习 …… 93

项目四　零件的几何误差测量 …… 95

任务 1　几何公差的识读与标注 …… 96

任务 2　导轨直线度误差的测量与评定 …… 107

任务 3　垫块平面度误差的测量与评定 …… 115

任务 4　齿轮轴圆度误差的测量与评定 …… 123

任务 5　阶梯轴平行度和垂直度误差的测量与评定 …… 129

任务 6　齿轮轴-键槽对称度误差的测量与评定 …… 137

任务 7　齿轮轴圆跳动和全跳动误差的测量与评定 …… 144
项目练习 …… 155

项目五　零件表面粗糙度测量 …… 158
任务 1　比较法测量零件表面粗糙度 …… 159
任务 2　针描法测量零件表面粗糙度 …… 165
项目练习 …… 173

参考文献 …… 175

项目一

测量器具的检定与应用

知识目标

- 掌握测量与检验的定义
- 理解测量的术语与分类
- 掌握误差的计算和应用
- 理解验收极限的确定和选择
- 理解互换性与标准化的概念

技能目标

- 掌握量块的研合、保养与检定方法
- 掌握平晶的使用与保养方法
- 掌握光滑极限量规的使用与保养方法

素质目标

- 培养学生自主学习能力
- 培养学生团结协作能力
- 培养学生分析问题能力

测量器具是用来测量物理量的工具，是现代工业生产、科学、工程、医学等领域中不可或缺的重要设备，它们的准确性和可靠性直接影响到产品质量和生产效率。根据测量对象的不同，测量器具分为电量测量器、光学测量器、热量测量器、机械测量器、时间测量器等，每种测量器具又包括许多产品类型，如图 1-1 所示。本项目针对的是机械测量中的测量器具，包括量具、量规、量仪等。测量器具是实现测量过程、获取准确测量结果的关键工具，学习测量器具的使用方法非常重要。

本项目分为长度量具的检定和测量器具的检验应用两个任务，介绍测量与检验的基础知识，以及量块、平晶、光滑极限量规、塞尺等测量器具的使用，加深学生对测量和检验的理解。

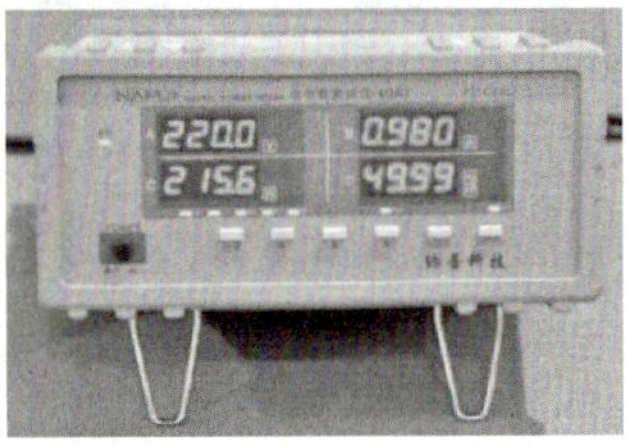

(a) 电量测量器

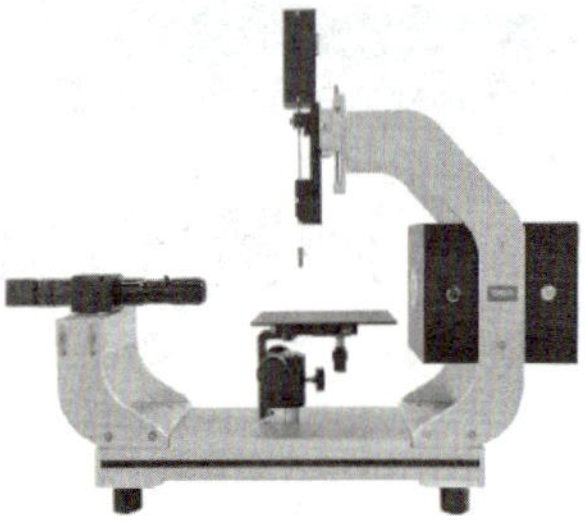

(b) 光学测量器

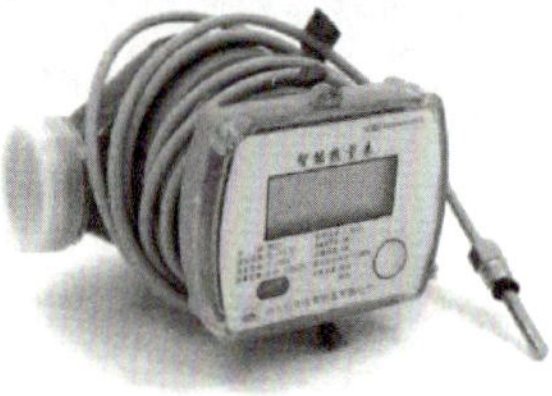

(c) 热量测量器

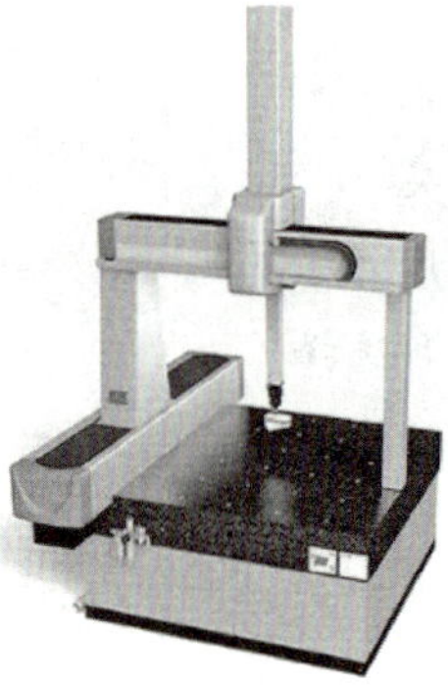

(d) 机械测量器

(e) 时间测量器

图 1-1　测量器具

任务 1　长度量具的检定

一、任务布置

量块作为长度计量的标准之一，在工业产品的尺寸监控以及长度量值的传递中发挥着重要作用。量块的检定是长度计量中的一项重要内容，通过量块将长度基准传递到机械零件和产品的尺寸上，从而保证量值统一。新制造的量块必须进行检定，使用中的量块也必须定期进行检定和校准。本任务对象为如图 1-2 所示的 83 块量块组，从中任意选取两个量块，要求对其外观以及测量面平面度进行检定。

图 1-2　83 块量块组

二、理论知识

测量的基础知识

1. 测量定义

测量是将测量对象与测量单位的标准量在数值上进行比较，确定该比值的实验过程。测量包括测量对象、测量单位、测量方法、测量器具、测量操作人员以及测量环境等要素，其结果包括比值所对应的测量数值和测量单位两部分。

2. 测量方法

测量方法对测量工作十分重要，关系到测量任务是否能够完成。因此，首先要分析测量任务的具体情况，找出切实可行的测量方法，再根据测量方法选择合适的测量技术装置，组成测量系统进行实际测量。根据不同的标准，测量方法的分类不同。

测量的分类

1）按测量值获取方式的不同分类

（1）直接测量

无须通过数学模型的计算，用测量精确程度较高的仪器直接得到测量结果。其测量过程简单，结果直观，是工程上常采用的方法，但是测量精度不高。如图 1-3 所示，使用游标卡尺直接测量得到方形工件的宽度值 L。

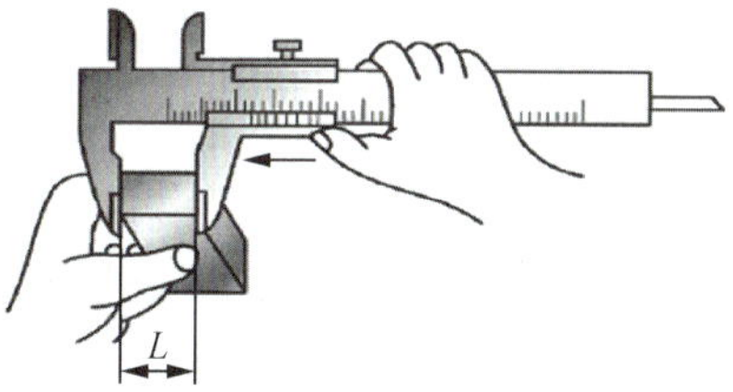

图 1-3　直接测量实例

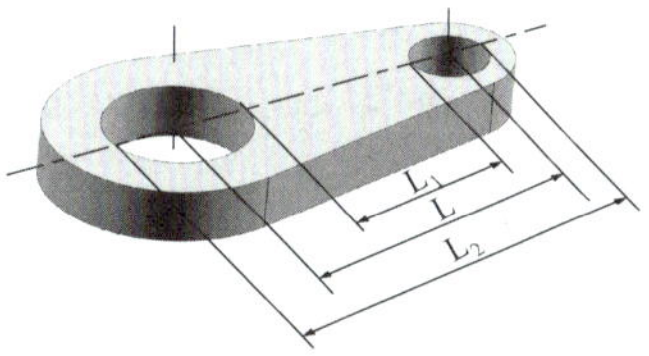

图 1-4　间接测量实例

（2）间接测量

将一个被测量转化为若干可直接测量的量加以测量，而后再依据由定义或规律导出的关系式计算或作图，从而间接获得测量结果。间接测量较直接测量更复杂，但是能够获得许多不能通过直接测量得到的信息，测量精度也更高。如图 1-4 所示为间接测量实例，若需测量得到孔间距 L，需测量两个圆孔的直径以及圆弧外边距 L_2 或内边距 L_1 后，通过计算得出需要的数值。

2）按示值是否为被测几何量的整个量值分类

（1）绝对测量

被测量值直接由器具的读数装置获得，一般使用通用量具，适合单件、小批量测量，通用性好。如图 1-5 所示为绝对测量实例，用符合量程范围的刻度尺测量铅笔的长度。

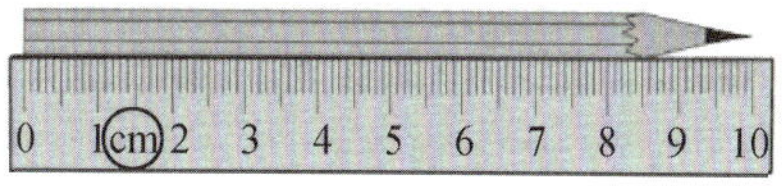

图 1-5　绝对测量实例

（2）相对测量

先根据被测对象特征选择经校正的测量器具，用该测量器具检测并获得标准信号参数 A，然后通过测量被测对象获得被测对象的信号参数 B，比较 A 与 B 可以获得被测对象的定性及定量结果，在实际测量工作中也称为比较法。相对测量一般使用专用量具，适用于大批量测量，操作简单、准确，测量精度比绝对测量高，但须经常校对量具。如图 1-6 所示为相对测量实例，先确定铅笔的长度，再根据桌子长度是铅笔长度的倍数确定桌子长度。

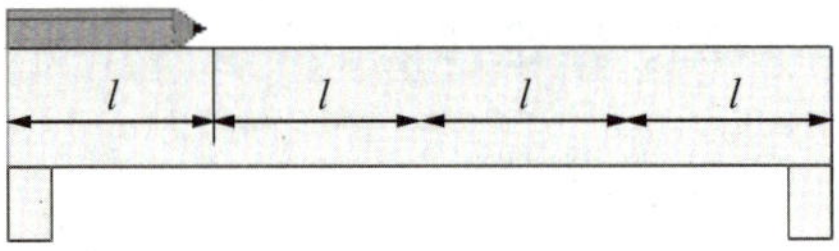

图 1-6　相对测量实例

3）按被测件表面与测量器具是否有机械接触分类

（1）接触测量

接触测量是测量器具的感受元件与被测物体表面直接接触获得测量信息的测量方法。由于存在测量力，可能使零件被测表面产生变形，从而导致测量误差。测量头磨损或被测表面被划伤也可能会影响测量结果。千分尺测量零件、百分表测量轴的圆跳动等均为接触测量。

（2）非接触测量

非接触测量是以光电、电磁等技术为基础，在不接触被测物体表面的情况下，得到物体表面参数信息的测量方法。由于不存在测量力，被测表面不会产生变形误差，测量过程中不会对测量对象产生干扰和影响，特别适合薄结构等易变形零件的测量。用投影仪和工具显微镜等测量零件尺寸、用气动量仪测量孔径、公路测速等均为非接触测量。

4）按测量在工艺过程中所起作用分类

（1）主动测量

主动测量是在零件加工过程中进行的测量。其测量结果可直接用来控制零件的加工过程，以保证产品质量，预防废品产生。航测无人机在土石方工程测量和施工现场管理中的应用均为主动测量。

（2）被动测量

被动测量是在加工的一道工序或全部工序完成后进行的测量。其不能预防废品产生，作用仅在于发现并剔除废品。数控机床进行零件加工时的工序测量为被动测量。

5）按测量对象在测量过程中所处的状态分类

（1）静态测量

静态测量是被测量在测量过程中被认为是固定不变的，不需要考虑时间因素对测量影响的测量方法。大桥位移的监测、激光干涉对建筑物的缓慢下降的长期监测均为静态测量。

（2）动态测量

动态测量是被测量在测量过程中随时间不断变化的测量方法。动态测量生产效率高，能测出工件上一些参数连续变化的情况，常用于数控机床的测量装置，是测量技术的发展方向之一。

6）按零件上同时被测参数的数量分类

（1）单项测量

单项测量是对被测零件的每个参数分别单独测量的测量方法。其能分别确定每个参数的误差，一般用于工艺分析、工序检验及被指定参数的测量。如图 1-7 所示为单项测量实例，用工具显微镜测量螺纹时，可分别测量出螺纹实际中径、牙型半角误差和螺距累积误差。

（2）综合测量

综合测量是反映零件有关参数的综合指标的测量方法。其效率比较高，对保证零件的互换性更为可靠，常用于完工零件的检验以及判断工件合格性的场合。如图 1-8 所示为综合测量实例，用螺纹塞规或环规检验螺纹合格性。

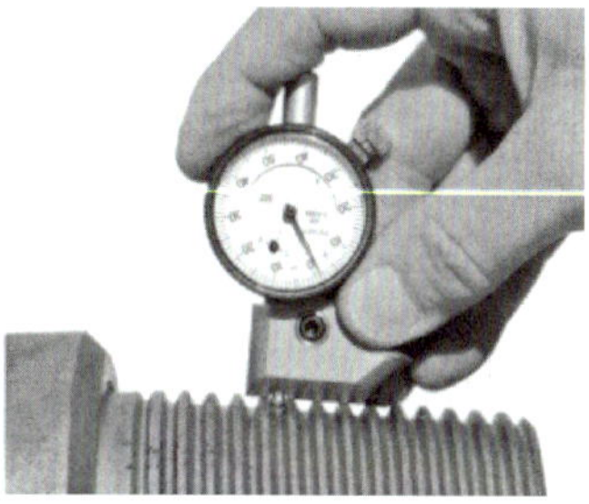

图 1-7　单项测量实例

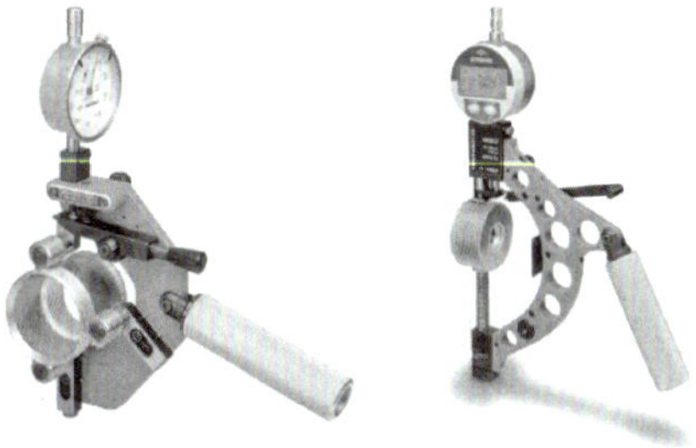

图 1-8　综合测量实例

测量的术语

3. 测量术语

1）刻度间距

刻度间距是测量器具标尺或刻度盘上，相邻两刻度线的中心线之间的距离或弧长，通常是等距刻线。为了适于人眼观察和读数，刻度间距一般在 0.75～2.5 mm 之间。如图 1-9 所示，刻度尺的刻度间距为 1 mm。

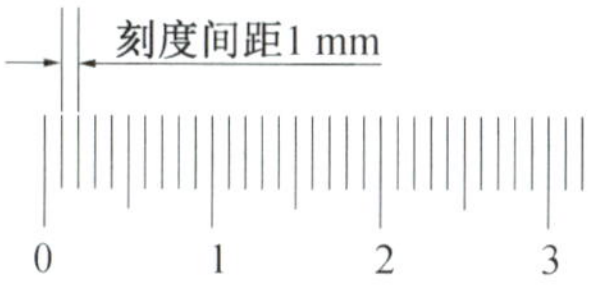

图 1-9　刻度尺的刻度间距

图 1-10　数字万用表

2）测量范围和示值范围

测量范围为在允许误差极限内仪器所能测出的最大与最小被测量之间的范围。

示值范围为测量器具极限示值界限内的一组值，通常以最小示值与最大示值表示。示值范围可以用标在显示器标尺上的单位来表示，与被测量的单位无关。

测量范围和示值范围的概念容易混淆。以如图 1-10 所示的数字万用表电阻挡为例，其测量范围是 0～20 MΩ。对于不同的测量对象，有三个不同的挡位。当测量一个数十欧的电阻时，会选用 200 Ω 的挡位，此时 0～200 Ω 就是示值范围，即示值范围包含在测量范围之内。

3）示值误差

示值误差是测量器具的示值减去被测量的真值所得的代数差。例如，某测量器具测量一工件的长度，示值为 10.490 mm，而工件的实际长度为 10.485 mm，则示值误差为 10.490－10.485＝0.005 mm。

4）分度值

分度值是在测量器具的刻度尺上，最小格所代表的被测尺寸数值，表示测量器具所能测量的最小值。测量器具的分度值越小，表示测量器具的精度越高。如图 1-11 所示的刻度尺的分度值是 1 mm，如图 1-12 所示的 50 分格游标卡尺的分度值是 0.02 mm。测量中测量结果的读数应该在分度值基础上再估读一位。图 1-11 中对铅笔长度的测量结果在 147～148 mm 之间，由于该刻度尺的分度值是 1 mm，最终结果还应再估读一位，譬如估读到 147.5 mm，此时最后一位就是估读值。同理，根据零件的读数，也可判定测量装置的分度值，如某零件的长度是 0.175 3 m，由于最后一位为估读，则可以判定测量装置的分度值是 0.001 m，即 1 mm。

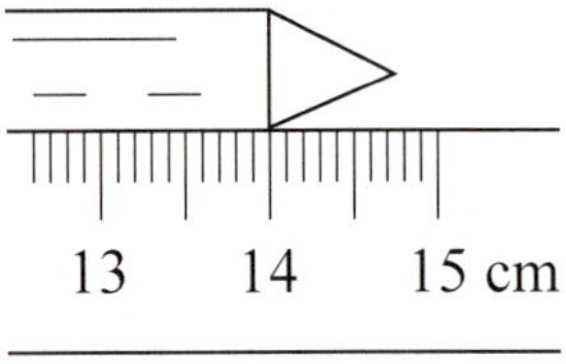

图 1-11　刻度尺的分度值

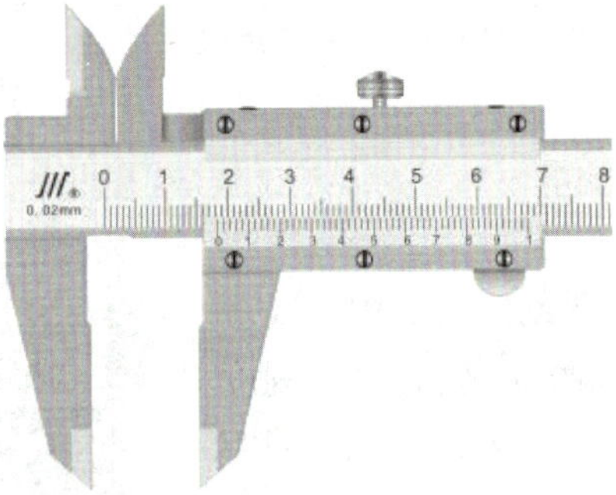

图 1-12　游标卡尺的分度值

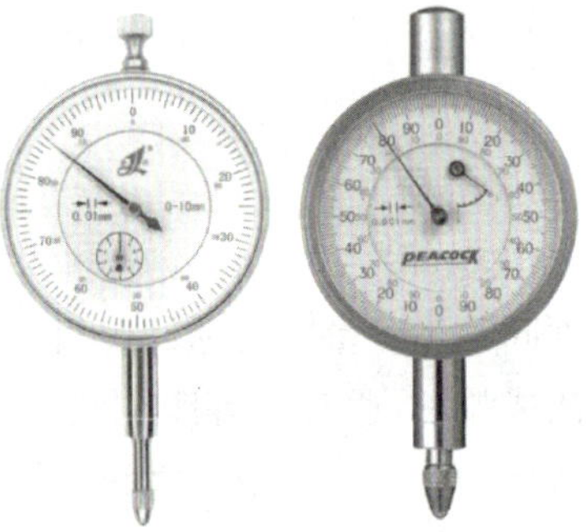

图 1-13　百分表和千分表

5）灵敏度

灵敏度是测量器具反映被测量几何量微小变化的能力。如图 1-13 所示分别为一个百分表和一个千分表，每测量到 0.01 mm 的位移变化时，百分表的大指针就会相应转动一格；每测量到 0.001 mm 的位移变化时，千分表的大指针会相应移动一格，可见千分表比百分表的灵敏度高。

6）分辨率

对于机械式仪器，分辨率指相邻两刻度所能代表的量测之差。例如，数字万用表在 4 V 范围内的分辨率是 1 mV，那么在测量 1 V 的信号时，就可以看到 1 mV 的微小变化。对于数字式仪器，因为没有刻度标示，分辨率即为分度值。例如，若某被测温度在 38.2～38.6℃之间变化，则需要一块分辨率为 0.1℃的温度表。

7）测量不确定度

测量不确定度是由于测量误差的存在而对测量值不能确定的程度。它是与测量结果相联系的参数。测量结果范围越窄，则测量不确定度越小，用测量值表示真值的可靠性就越高，因此测量结果的不确定度能更科学地表示测量结果的可靠性。

8）重复度

测量同一工件的过程中，任一测量值分布于总平均值的附近，此分布的程度表示测量的重复度。测量重复度的前提是操作者相同、测量器具相同、被测工件相同并需要多次测量。

4. 测量误差

客观真实量值即真值是不可确定的，因此实际上是用约定真值代替真值。约定真值可以是由参考标准复现而赋予该量的值，也可以是权威机构认定或客观存在的常数值，通常可以用多次测量结果来确定约定真值。

测量的误差

由于测量系统等各方面因素的影响，测量结果与被测量的客观真实量值总是存在差异。根据测量的目的不同，可以将测量误差按照数值和性质进行分类。

1）按数值进行分类

按测量误差的数值，可将其分为绝对误差、相对误差和引用误差三种类型。

（1）绝对误差

绝对误差 Δx：测量结果 x 减去被测量的约定真值 x_0 所得的代数差。

$$\Delta x = x - x_0 \tag{1-1}$$

修正量 C：绝对误差的相反数，是在绝对误差的基础上引申出的定义。

$$C = -\Delta x \tag{1-2}$$

例题 1-1　使用测量器具 A 测量得到某轴类零件（设计尺寸为 10 mm）的长度为 10.01 mm；使用测量器具 B 测量得到某轴类零件（设计尺寸为 100 mm）的长度为 100.01 mm，请分别计算它们的测量绝对误差。

解　测量器具 A 测量的绝对误差 $\Delta x = 10.01 - 10 = 0.01$ mm

测量器具 B 测量的绝对误差 $\Delta x = 100.01 - 100 = 0.01$ mm

理论上，绝对误差越小，测量值越接近真值，测量精度就越高，可事实上仅凭绝对误差的数值是不可以确定测量精度的。例题 1-1 中两次测量的绝对误差数值是相同的，但是由于被测量大小不同，两个仪器的测量精度是不同的，实际上后者精度明显高于前者。所以，如果要进行测量值的测量精度比较，还需要引入另一个误差表达方式——相对误差。

（2）相对误差

相对误差 δ：测量值的绝对误差 Δx 与被测量的约定真值 x_0 的比值，用百分数表示。

$$\delta = \frac{\Delta x}{x_0} \times 100\% \tag{1-3}$$

例题 1-2　使用测量器具 A 测量得到某轴类零件（设计尺寸为 10 mm）的长度为 10.01 mm；使用测量器具 B 测量得到某轴类零件（设计尺寸为 100 mm）的长度为 100.01 mm，请分别计算他们的测量相对误差。

解 测量器具 A 测量的相对误差 $\delta=\dfrac{10.01-10}{10}\times 100\%=0.1\%$

测量器具 B 测量的相对误差 $\delta=\dfrac{100.01-100}{100}\times 100\%=0.01\%$

例题 1-2 中两次测量的相对误差分别为 0.1%和 0.01%，即仪器 B 的测量结果更接近于真值，测量精度高于前者。所以，相对误差更能反映测量的可信程度，如果要进行测量值测量精度的比较，可以通过相对误差来实现。

(3) 引用误差

引用误差是测量器具中常用的一种误差表示方法，是相对于仪表满量程的一种误差，数值上为测量的绝对误差与仪表满量程值之比，常以百分数表示。

$$\gamma=\frac{\Delta x}{x_{max}-x_{min}}\times 100\% \tag{1-4}$$

$$\gamma_{max}=\frac{\Delta x_{max}}{x_{max}-x_{min}}\times 100\% \tag{1-5}$$

其中，γ 为引用误差；γ_{max} 为最大引用误差；Δx 为绝对误差；Δx_{max} 为最大绝对误差；x_{max} 为测量范围的上限；x_{min} 为测量范围的下限。

当绝对误差为最大值时，得到的结果即为最大引用误差，它是仪表基本误差的主要形式，能够更可靠地表明仪表的测量精确度，是仪表最主要的质量指标。最大引用误差同时也可以理解为仪器的精度等级，常用的精度等级由高到低有 0.1，0.2，0.5，1.0，1.5，2.0，2.5，5.0 等。以精度等级为 1.0 的检测器具为例，使用时其最大引用误差不超过±1.0%。

例题 1-3 已知某测量器具的测量范围为 0 ～ 20 m，精度为 0.5，获得测量值为 5.0 m，试求此测量值可能出现的绝对误差和相对误差的最大值以及修正值。

解 已知条件为测量范围 $x_{max}-x_{min}=20-0=20$ m，测量装置精度(引用误差最大值) $\gamma_{max}=\pm 0.5\%$，测量结果 $x=5.0$ m

$$\gamma_{max}=\frac{\Delta x_{max}}{x_{max}-x_{min}}\times 100\%$$

则 $\Delta x_{max}=\gamma_{max}\times(x_{max}-x_{min})=\pm 0.5\%\times 20=\pm 0.1$ m

$$\delta=\frac{\Delta x_{max}}{x_0}\times 100\%=\frac{\pm 0.1}{5.0}\times 100\%=\pm 0.2\%$$

当 $\Delta x_{max}=0.1$ m 时，由 $\Delta x_{max}=x-x_0\rightarrow x_0=x-\Delta x_{max}=5.0-(+0.1)=4.9$ m，$C=-\Delta x_{max}=-0.1$ m

当 $\Delta x_{max}=-0.1$ m 时，由 $\Delta x_{max}=x-x_0\rightarrow x_0=x-\Delta x_{max}=5.0-(-0.1)=5.1$ m，$C=-\Delta x_{max}=+0.1$ m

由于最大绝对误差是仪器精度等级与仪器测量量程的乘积[由公式(1-5)推导]。因此，在选择检测设备量程时应尽量选择量程与测量值接近的设备，可以减少测量误差。

2）按性质进行分类

按测量误差的性质，可将其分为系统误差、随机误差和粗大误差三种类型。

（1）系统误差

在同一被测量的多次测量过程中，保持不变或按一定规律变化的测量误差称为系统误差。系统误差产生的原因以及消除方法见表 1-1。

表 1-1　系统误差产生的原因以及消除方法

系统误差产生的原因	
仪器原因	仪器本身的缺陷或没有按规定条件使用仪器。如仪器的零点不准；仪器未调整好；外界环境（光线、温度、湿度、电磁场等）对测量仪器的影响等
理论原因	测量条件不能达到理论公式所规定的要求，或是测量方法本身不完善。如热学实验中没有考虑散热所导致的热量损失；伏安法测电阻时没有考虑电表内阻对实验结果的影响等
操作原因	观测者个人感官和运动器官的反应或习惯不同，因人而异
系统误差的消除方法	
修正补偿	对于已知的恒定系统误差，用修正值对测量结果进行修正； 对于变值系统误差，找出误差的变化规律，用修正公式或修正曲线修正测量结果； 对于未知系统误差，按随机误差进行处理； 对于自动化测量技术及计算机的应用，可用实时反馈修正的办法来消除系统误差
消除根源	在测量之前，仔细检查仪表，正确调试和安装； 防止外界干扰； 选好观测位置，消除视差； 选择环境条件比较稳定时的读数等

（2）随机误差

随机误差也称偶然误差和不定误差，是在测定过程中由于一系列有关因素造成微小的随机波动而形成的具有相互抵偿性的误差。单独一次测量的随机误差没有规律，不可预知。其特点如下：

① 大小性：绝对值小的误差出现的概率比绝对值大的误差出现的概率大。

② 对称性：绝对值相等的正误差和负误差出现的概率相等。

③ 有界性：绝对值很大的误差出现的概率近于零，误差的绝对值不会超过某一个界限。

④ 抵偿性：在一定测量条件下，测量值误差的算术平均值随着测量次数的增加而趋于零。

随机误差产生的原因主要有电磁场的微变、零件的摩擦、热起伏；测量环境中空气的扰动，气压及湿度的变化；测量人员感觉器官的生理变化；等等。

减少随机误差的方法主要有使用精确度高的测量仪器；多次测量求平均值；让更熟练的人进行仪器操作；选择合适的检测条件；等等。

（3）粗大误差

粗大误差是明显超出规定条件下预期的误差。粗大误差产生的原因主要有外界条件的客观原因（机械冲击、外界振动、电网供电电压突变、电磁干扰等）、测量人员的主观原因（测量人员的责任心不强、工作过于疲劳、对于仪器熟悉与掌握程度不够）、测量仪器的原因（量具有缺陷、测量仪器故障）等。

减少粗大误差的方法主要有从测量结果中发现和鉴别并剔除粗大误差；加强测量者工作责任心；保证测量条件稳定；利用不等精度测量，并进行校验与比对。

三、技能知识

1. 测量器具

测量器具是用于直接或间接测出被测对象量值的装置、仪器仪表、量具和用于统一量值的标准物质。测量器具广泛应用于生产、生活和科研等各方面。由于功能、作用以及特点的不同，测量器具分为量具、量规、量仪等。

1）量具

使用时具有固定形态，用以复现或提供给定量的一个或多个已知量值的器具。

（1）单值量具

单值量具是用来复现单一量值的量具，如量块、角尺等。

（2）多值量具

多值量具是用来复现一定范围内计量单位的某些倍数和分数的量具，如线纹尺、游标卡尺和千分尺等。

2）量规

量规是无刻度的专用计量器具，可用于检验零件要素实际尺寸和形状误差的综合结果。量规在使用过程中需要与工件接触，如何保持量规的精度、提高检验结果的可靠性与操作者的关系很大，因此必须正确合理使用量规。量规包括光滑极限量规、螺纹量规、位置量规等。

3）量仪

量仪是将被测量转换成可直接观测的示值或等效信息的计量器具，通常由已知长度部分、定位瞄准部分、放大细分部分、显示记录部分以及计算部分等组成。与量具相比，量仪灵敏度高、精度高、测量力小，但是结构较复杂。量仪包括机械比较仪、光学比较仪、工具显微镜、干涉仪、电感比较仪、电动轮廓仪、圆度仪、水柱式气动量仪、浮标式气动量仪等。

2. 量块

1）量块的定义

测量器具——量块

量块也称块规，是一种无刻度标准端面的高精度量具，如图 1-14 所示。量块发明于 1896 年，是长度计量中应用最广泛的一种实物标准，为单值量具，以两个相互平行的测量面之间的距离来确定其工作长度。

量块由耐磨性好、硬度不高且不易变形的特殊合金钢（如铬锰钢）制成。它有相互平行的两个测量面和四个非测量面，平行于测量面的横截面为矩形。两个测量面经过精密研磨和抛光加工，表面粗糙度 Ra 值为 0.012 μm 以上。量块一个测量面的中心点到与其相对的另一测量面之间的垂直距离称为量块的标称长度(中心长度)，如图 1-15(a)所示，该长度值永久性、字迹清晰地标注在量块上，同时允许标注制造厂的商标。标称长度小于 5.5 mm 的量块，其标称值刻印在上测量面上，但在测量面中心沿长边方向 12 mm 区域内和四角测点位置不应刻印任何标记。标称长度大于 5.5 mm 的量块，其标称长度值刻印在上测量面左侧较宽的一个非测量面上。量块的矩形截面尺寸：标称长度 0.5 ~ 10 mm 的量块，其截面尺寸为 30 mm × 9 mm；标称长度 10 ~ 1 000 mm 的量块，其截面尺寸为 35 mm × 9 mm，如图 1-15(b)所示。

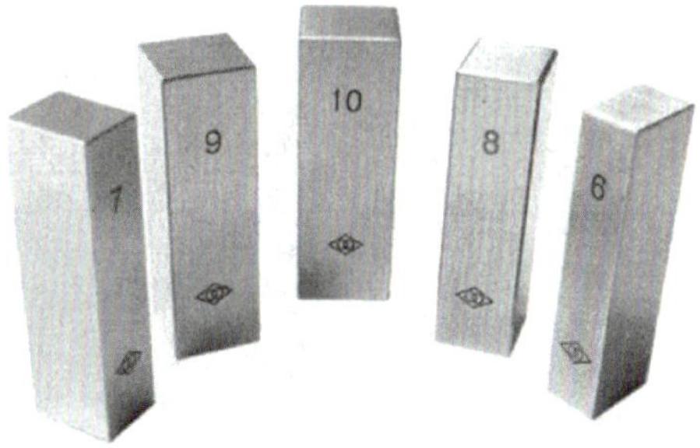

图 1-14　量块外观

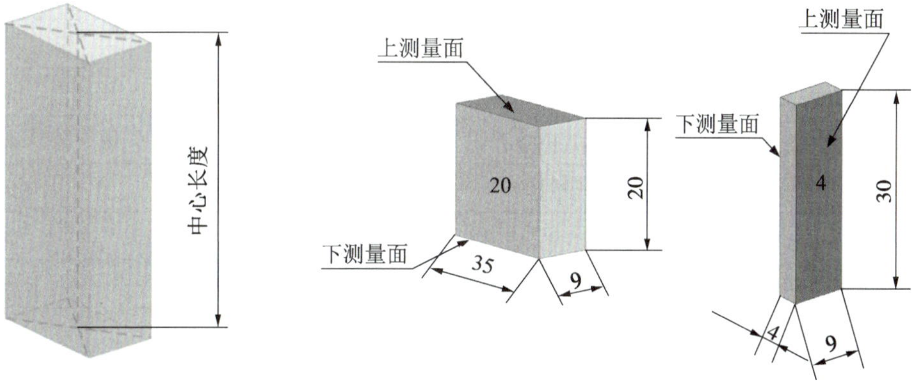

(a) 量块中心长度　　(b) 量块的矩形截面尺寸

图 1-15　量块结构

2) 量块的作用

① 在机械制造及精密测量中，被广泛用作标准长度来鉴定或校准量具和量仪。

② 用作尺寸传递系统中的中间标准量具。

③ 相对测量时作为标准件调整仪器的零位。

④ 低精度量块允许直接用于检验零件。

⑤ 机械加工中的精密划线、机床精密调整等工作。

3) 量块的研合

量块都是按一定尺寸系列成套生产的，成套生产的量块有 9 块、12 块、38 块、46 块和 83 块等多种规格，如图 1-16 所示。每一套由一定数量的不同标称尺寸的量块组成，见表 1-2。成套量块中每个量块都是单值量具，即一个量块只有一个尺寸，为了满足一定尺寸范围的不同尺寸要求，量块可以研合使用，研合性是量块的重要特性。

(a) 38 块组合量块

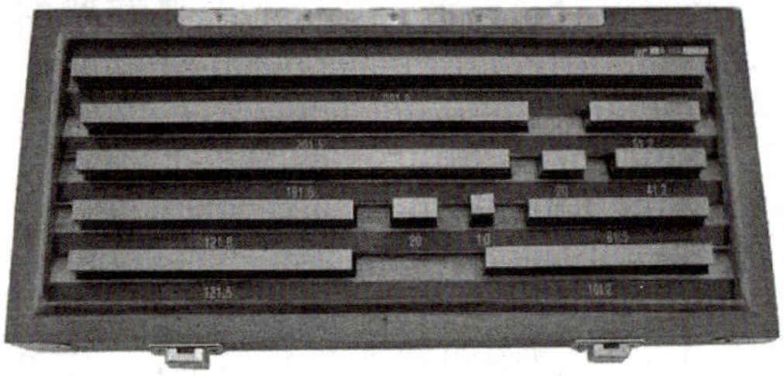

(b) 83 块组合量块

图 1-16　成套量块示意

表 1-2　量块组系列

套别	总块数	精度级别	尺寸系列(mm)	间隔(mm)	块数
1	91	00,0,1	0.5,1	—	2
			1.001,1.002,…,1.009	0.001	9
			1.01,1.02,…,1.49	0.01	49
			1.5,1.6,…,1.9	0.1	5
			2.0,2.5,…,9.5	0.5	16
			10,20,…,100	10	10
2	83	00,0,1,2,(3)	0.5,1,1.005	—	3
			1.01,1.02,…,1.49	0.01	49
			1.5,1.6,…,1.9	0.1	5
			2.0,2.5,…,9.5	0.5	16
			10,20,…,100	10	10
3	46	0,1,2	1	—	1
			1.001,1.002,…,1.009	0.001	9
			1.01,1.02,…,1.09	0.01	9
			1.1,1.2,…,1.9	0.1	9
			2,3,…,9	1	8
			10,20,…,100	10	10
4	38	0,1,2,(3)	1,1.005	—	2
			1.01,1.02,…,1.09	0.01	9
			1.1,1.2,…,1.9	0.1	9
			2,3,…,9	1	8
			10,20,…,100	10	10

（续表）

套别	总块数	精度级别	尺寸系列(mm)	间隔(mm)	块数
5 6 7 8	10− 10+ 10− 10+	00,0,1	0.991,0.992,…,1	0.001	10
			1,1.001,…,1.009	0.001	10
			1.991,1.992,…,2	0.001	10
			2,2.001,…,2.009	0.001	10
9	8	00,0,1,2,(3)	125,150,175,200,250,300,400,500	—	8
10	5		600,700,800,900,1 000	—	5

(1) 研合现象

量块经汽油清洗并用软布擦干后，在量块表面上残留了一层极薄的油膜(厚约 0.2 μm)，油膜层内的分子吸引力使量块测量面之间产生了良好的研合。

(2) 研合性

量块的测量面经精密研磨加工而高度光洁，当将量块的一个测量面与另一个量块的测量面或与另一经精加工的类似量块测量面的表面相互接触用力推合时，二者之间便能产生 30 kg/cm^2 的压强，使二者紧密地贴附在一起，不会自行分开，如此便可组成一个新的尺寸。

(3) 量块组合体

量块组合体是相互研合的若干量块。在使用时，量块组合体的油膜厚度可以忽略不计。

在一定的尺寸范围内，利用研合现象可将不同尺寸的量块组合成量块组合体，满足所需要的尺寸要求。由于每个量块都存在中心长度和平行度误差，若干量块组合在一起后，误差就会增大，因此组合量块时，其块数应尽量少些且不要超过四块。组合时遵循的原则：首先选取能去除最小位数的量块，然后选取能去除较大位数的量块，每选一块应能使所要组成的量块组尺寸至少减少一位。

例题 1-4　基于 83 块组合量块，选择合适量块组成尺寸为 87.545 mm 的量块组。

解：按照组合遵循的原则，通过查表 1-2 可得到以下量块组的选择：

87.545 mm
−1.005 mm ………………………… 选用的第一块量块尺寸
剩下的尺寸 86.54 mm
−1.04 mm ………………………… 选用的第二块量块尺寸
剩下的尺寸 85.5 mm
−5.5 mm ………………………… 选用的第三块量块尺寸
剩下的尺寸 80 mm
−80 mm ………………………… 选用的第四块量块尺寸

选用的量块组为 1.005，1.04，5.5，80。

4）量块的精度等级

尽管量块是一种高精度量具，但是其在制造过程中难免会出现制造误差，譬如长度尺寸并非准确、两测量面并不绝对平行等，同时在被检定时也会存在检定测量误差。因此，为了满足不同应用场合对量块的精度要求，对其精度划分为“级”和“等”两种形式，分别从成批制造和单个检定两个不同角度出发，简单来说，就是按制造精度分级，按检定精度分等。

（1）量块分级

按《几何量技术规范（GPS） 长度标准 量块》（GB/T 6093—2001）规定，量块按制造精度分为 0 级、1 级、2 级、3 级和 K 级共五级，其中 0 级精度最高，3 级级别最低，K 级为校准级。量块按“级”使用时，应以量块的标称长度作为工作尺寸，该尺寸包括了量块的制造误差。

（2）量块分等

量块按其检定精度划分为 1 等、2 等、3 等、4 等、5 等共五等，其中 1 等精度最高，5 等精度最低。量块按“等”使用时，应以检定后所给出的量块标称长度的实际尺寸作为工作尺寸，该尺寸排除了量块的制造误差，但是包含较小的测量误差。

就同一量块而言，检定时的测量误差要比制造误差小得多，也就是按“等”使用的精度比“级”的精度高得多。

（3）量块“级”与“等”的关系

级别决定等别。对新量块而言，一定“等”的量块只能从一定“级”的量块中检定出来。在量块的使用中，一定“等”的量块可以用相应“级”的量块来代替，当然这种代替是不经济的。量块分“等”又分“级”的目的是有利于用最经济的手段获得高精度的测量标准。

新制造的量块必须进行检定定“级”或定“等”，使用中的量块必须定期进行校准和检定，表 1-3 所列为量块常规检定项目。

表 1-3 量块常规检定项目

<table>
<tr><th>序号</th><th colspan="2">检定项目</th><th>主要检定设备</th><th>首次检定</th><th>后续检定</th></tr>
<tr><td>1</td><td colspan="2">外观</td><td>目测</td><td>+</td><td>+</td></tr>
<tr><td>2</td><td colspan="2">截面尺寸、连接孔、支承标记</td><td>游标卡尺</td><td>+</td><td>−</td></tr>
<tr><td>3</td><td colspan="2">侧面平面度、侧面与测量面和侧面之间垂直度、平行度和倒棱</td><td>平尺、样板直尺、直角尺、塞尺、工具显微镜、千分尺、角度规</td><td>+</td><td>−</td></tr>
<tr><td rowspan="2">4</td><td rowspan="2">表面粗糙度</td><td>侧面和倒棱测量面的倒棱边</td><td>表面粗糙度比较样板、轮廓仪等</td><td>+</td><td>−</td></tr>
<tr><td>测量面</td><td>干涉显微镜等</td><td>+</td><td>−</td></tr>
<tr><td>5</td><td colspan="2">测量面的平面度</td><td>平晶</td><td>+</td><td>+</td></tr>
<tr><td>6</td><td colspan="2">测量面的研合性</td><td>平晶和量块</td><td>+</td><td>+</td></tr>
<tr><td>7</td><td colspan="2">测量面的硬度</td><td>维氏（或其他）硬度计</td><td>+</td><td>−</td></tr>
<tr><td>8</td><td colspan="2">量块的长度</td><td rowspan="3">各种量块干涉仪，光学、电感和电容等形式的比较仪，测长机，各“等”标准量块组</td><td>+</td><td>+</td></tr>
<tr><td>9</td><td colspan="2">量块的长度变动量</td><td>+</td><td>+</td></tr>
<tr><td>10</td><td colspan="2">长度稳定度</td><td>−</td><td>+</td></tr>
<tr><td colspan="6">说明：表中需检定的项目用“+”表示，不需检定的项目用“−”表示</td></tr>
</table>

5）量块的保养

量块的保养主要考虑防锈、防划痕、防碰撞三个方面，具体保养内容如下。

① 量块在每次测量完之后，应立即用航空汽油或无水酒精和洁净的干布清理测量面，除掉可能沾染到的灰尘、金属屑、油污等。

② 量块不用时要涂上防锈涂料，一般用凡士林油或防锈油，包装后放入量块的盒中，包装纸、木盒、擦布都不能含有腐蚀性物质，如酸碱和水分。

③ 量块应存放在干燥、无腐蚀性气体、通风良好、无灰尘的地方，房间温度 18～25℃，湿度不大于 50%，南方气候湿润，最好在三月、九月各清洗一次。

④ 使用量块时，必须戴上手套，不要对着量块讲话。

⑤ 使用量块的场所必须清洁，以防量块在研合时由于测量面存在灰尘而划伤。

⑥ 与量块测量面接触的平晶、平板、仪器工作台等不允许有锈蚀、碰伤、毛刺等缺陷。

⑦ 量块不准存放在磁场附近。

⑧ 量块应平整平行地放在盛器中。

⑨ 夹持 10 mm 以上的量块要用大镊子。

3. 平晶

1）平晶的定义

平晶是由光学玻璃或石英玻璃研磨，具有一个或两个光学测量平面的正圆柱形或长方形量规，如图 1-17 所示。平晶按其用途可分为平面平晶和平行平晶。

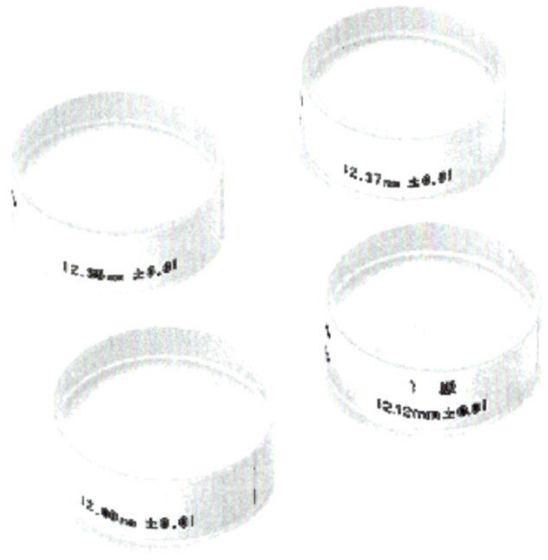

图 1-17　平晶

① 平面平晶的两个工作面间的平行性要求不严格，可以用于验证量块的研合性和平面度、验证工作表面的平面度以及仪器和量具的测量。它还可以用于验证高精度的平面元件，如平面光学元件，先进的平台、平板、导轨、密封件等，特别适用于测量单元、实验室的标准平面和模板。

② 平行平晶具有两个平行性要求很高的工作面，主要用于测量表面的平面度以及测量工具（如千分尺、杠杆千分尺）的两个相对测量表面的平行度。

图 1-18　光波的干涉现象

2）平晶的工作原理

平晶的工作原理基于光波干涉现象，如图 1-18 所示。干涉现象是光波在屏幕上叠加后，屏幕上一些地方的光波振动始终加强，而在另一些地方的光波振动始终减弱。光波振动加强的地方明亮，光波振动减弱的地方黑暗，于是在屏幕上形成明暗交替的条纹，这些条纹称为干涉条纹。根据等厚干涉原理，在同一条干涉带上，被测表面到平晶表面的距离是相等的，明暗干涉条带的排列形状实际上就是被测表面的等高线图。

平晶的工作面是理想平面，如果被测量面也是理想平面，把上述两个平面扣在一起后，使平晶工作面与被测量面之间有一很小的夹角，形成楔形空气层，在单色光的照射下，在被测量面可以看到明暗交替的干涉条纹，在白光（如荧光灯）照射下，干涉条纹是彩色的。若干涉条纹是直线且间距相等，则表明被测表面是平直的，但与平晶表面不平行，当清除空气楔后，干涉条纹消失，表示平晶工作面紧贴于该表面上。若干涉条纹是弯曲的，则表明被测表面不平，干涉条纹的弯曲程度表征了该表面不平整度的大小。若干涉条纹呈椭圆排列，则表明被测表面是桶形的。若干涉条纹呈圆形，则表明被测表面是球形的。

4. 测量器具的准确性和可靠性保障措施

测量器具在工业制造、实验室研究和生产控制等方面扮演着重要的角色，因此，确保器具的准确性和可靠性至关重要，为此，需要实施一系列的保证措施，包括质量保证、正确使用、校准和检测、避免环境影响、建立计量管理体系、修理和维护以及坚持标准化操作等方面，以保证仪器的最佳性能和功能正常。

1）质量保证

厂商在生产时，应严格执行质量管理标准，并在检测和校准后，才能将仪器交付到客户手中。购买时，客户应选购质量可靠、经过认证的产品，以确保测量的准确性和可靠性。

2）正确使用

正确使用测量器具时应遵循使用说明书上的操作规程，并对器具的保养和维修予以足够的重视。在长时间的使用中，一些器具可能会出现漂移等问题，此时，应及时对器具进行再标定，以确保其准确性。

3）校准和检测

校准和检测可将测量器具的读数与已知标准值进行比较，以发现器具的误差并进行校正，对于高精度的测量器具，应定期进行内部和外部检测，以确保其准确性和可靠性。

4）避免环境影响

不同的环境条件，如温度、湿度、气压等的变化都会对测量器具的读数产生影响，因此，使用测量器具时，应将其放置在适当的环境下，并避免直接阳光照射、振动、干扰和电磁场的影响。

5）建立计量管理体系

计量管理体系包含应答性、设计性和审核性检测、监测和验收检测等方面的测量活动。此外，应建立计量标准和测量规范，以标准化测量活动，这样可以确保对测量器具的正确使用以及进行科学合理的管理。

6）修理和维护

测量器具在使用中，可能会磨损和损坏，某些组件可能已过时或陈旧。此时，维修和更换组件是必要的，定期对器具进行维护、保养和清洁的工作，也可以延长测量器具的寿命，并提高其读数的准确性和稳定性。

7）坚持标准化操作

标准化操作是指在测量过程中，对每个环节进行严格管理和监控，以尽量减少误差的产生。例如，在测量前应检查器具的校准状态，确保各个测量参数满足要求。

四、任务实施

1. 读取任务要求

领取量块组、平晶等测量器具，从量块组中任意取两个量块（一个标称长度小于100 mm，另一个标称长度大于100 mm），按照表1-3中量块序号1（外观）、序号5（测量面的平面度）的要求完成量块的检定任务。

2. 检查检定条件

① 标准条件：温度20℃，大气压强101.325 kPa，水蒸气压强（湿度）1.333 kPa。

② 标准姿态：对于标称长度等于或小于100 mm的量块，测量或使用时，量块的轴线可竖直或水平安装；对于标称长度大于100 mm的量块，测量或使用时，量块的轴线应水平安装。量块的一个较窄侧面放置在分别距量块两端测量面 $0.211\times L$ 的两个横放的支柱上。所有可能影响量块长度、长度变动量或测量面平面度的外加力都应避免。

③ 检定条件偏离标准的处理：如果量块长度测量时的条件与①和②条件的规定不相同，其测量结果应该进行相应的修正。

3. 完成检定项目

1）外观的检查

① 每个量块都应刻印有永久性的、字迹清晰的、代表其标称长度的数码字，也允许刻印制造厂的商标。

② 新制造量块的测量面和侧面不应有划痕、碰伤和锈蚀。

③ 成套量块的盒上应标明出厂时的级别、编号和商标。

2）平面度的检定

如图1-19所示，擦净平晶工作面和量块测量面，将平晶工作面扣在量块测量面上。如果测量面是理想平面，当没有空气层时，则平晶工作面与测量面紧密接触，应该看不到干涉条纹；当存在空气层时，则平晶工作面与测量面有距离，应看到垂直且间距相等的干涉条纹。如果测量面不是理想平面，则平晶工作面与测量面之间有空气层，看到的是变形的干涉条纹。被测面偏差越大，干涉条纹变形越大。

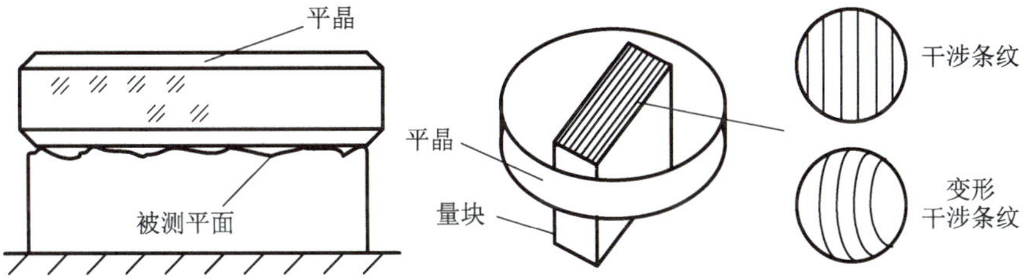

图1-19　平晶检验量块平面度与研合性

平面度检定不合格的量块应停止使用，隔离存放，作出明显的标记，其不合格原因排除后并经再次检定合格后方能投入使用。

4. 保养测量器具并整理实训室

整理任务所用的所有测量器具，进行归类、保养，整理实训室卫生，确保水、电、通道等安全。

5. 编写任务报告

自行编写任务报告，包括任务名称、任务目的、任务用品、任务步骤、任务结果等。

五、知识拓展

1. 测量精度

测量精度是反映测量结果与真值接近程度的量。精度低则误差大，精度高则误差小，精度又细分为测量精密度、测量正确度、测量准确度。

① 测量精密度：在规定条件下对被测量进行多次测量时，所得结果之间符合的程度，它反映的是测得值的随机误差。随机误差越小，测量精密度越高。

② 测量正确度：无穷多次重复测量所得量值的平均值与一个参考值间的一致程度。其与系统误差有关，与随机误差无关，系统误差越小，测量正确度越高。

③ 测量准确度：被测量的测得值之间的一致程度以及其与真值的接近程度，是精密度和正确度的综合概念。从测量误差的角度来说，它反映了测量结果中系统误差与随机误差的综合大小程度。系统误差和随机误差误差越小，测量准确度越高。

以打靶为例说明上述概念。如图 1-20(a)所示，弹着点较集中，但都偏离靶心较远，表示随机误差小而系统误差大，即精密度高。如图 1-20(b)所示，弹着点很分散，但没有固定的偏向，其平均位置在靶心附近，表示系统误差小而随机误差大，即正确度高。如图 1-20(c)所示，弹着点在靶心附近且很集中，表示随机误差和系统误差都小，即准确度高。

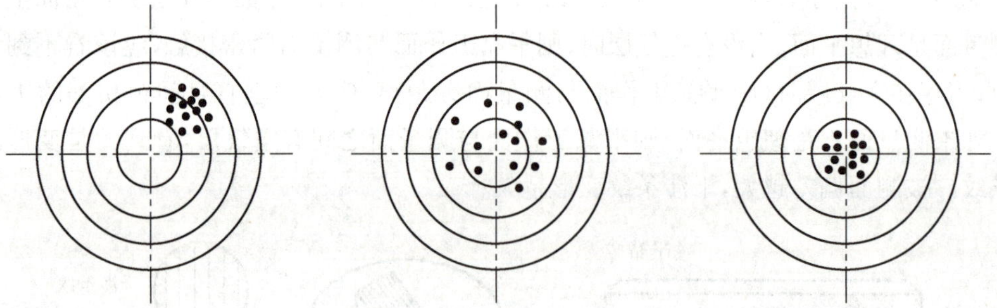

(a) 精密度高　　(b) 正确度高　　(c) 准确度高

图 1-20　精密度、正确度、准确度在打靶实例中的解读

2. 测量原则

在测量技术中，掌握并遵循基本的测量原则，可提高测量的精确程度及可靠性。

1）基准统一原则

测量基准要与加工基准（工艺基准）和设计基准统一，即工序测量时应以加工基准作为测量基准，终检测量时应以设计基准作为测量基准。遵循基准统一原则，可以避免误差累积的影响，在加工时可以充分利用设计给定的公差，在测量时能以适宜的测量精度保证零件的公差要求，或在保证达到公差要求的前提下，不致对测量精度要求过高。

2）最小变形原则

测量器具与被测零件都会因实际温度偏离标准温度以及受力而产生变形，形成测量误差。在测量过程中，控制测量温度及其变动、保证测量器具与被测零件有足够的等温时间、选用与被测零件线胀系数相近的测量器具、选用适当的测量力并保持其稳定、选择适当的支撑点等，都是实现最小变形原则的有效措施。

长度测量的标准温度是20℃，《产品几何技术规范（GPS） 长度测量中温度影响引入的系统误差和测量不确定度来源》（GB/T 39643—2020）规定的长度参数值均为20℃时的量值。同时检测和评价长度量值时，以被测件、测量器具及环境温度均为20℃时的测量结果为准。

3）最短测量链原则

在间接测量中，与被测量具有函数关系的其他量与被测量形成测量链。形成测量链的环节越多，被测量的不确定度越大。因此应尽可能减少测量链的环节数，以保证测量精度，即实现最短测量链原则。按此原则，最好不采用间接测量而采用直接测量，所以只有在不可能采用直接测量或直接测量的精度不能保证时，才采用间接测量。例如，选用最少数目的量块组成所需尺寸的量块组，就是最短测量链原则的实际应用。

4）阿贝原则

阿贝原则由德国的恩斯特·阿贝（Ernst Abbe）确定，是长度测量仪器设计中一个非常重要的原则。为了测量出准确的结果，在长度测量过程中，需要将被测长度与基准长度安置在同一直线上。如图1-21（a）所示，用螺旋测微尺测量某圆柱体直径，该圆柱体直径与螺旋测微尺的固定和可动刻度位于同一直线上，即满足阿贝原则。如图1-21（b）所示，用游标卡尺同样测量某圆柱体直径，该圆柱体直径与游标卡尺的主尺和游标尺呈平行关系放置，这种测量过程中，由于游标卡尺的制造误差、移动方向的偏移、两长度之间出现夹角、两长度之间的距离等原因都会产生较大的测量误差。计量器具或测量方法违背阿贝原则而引起的测量误差，即阿贝误差。

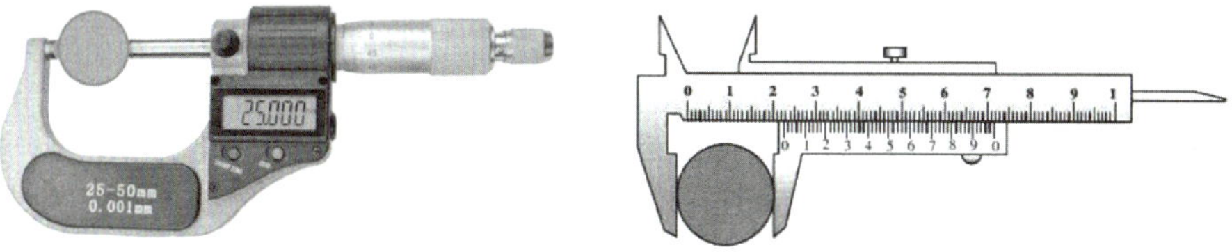

（a）螺旋测微尺测量某圆柱体直径　　（b）游标卡尺测量某圆柱体直径

图1-21　直径测量中阿贝原则的应用

任务 2　量规的检验应用

一、任务布置

轴类零件是重要的机械零部件之一，用来支撑旋转类零件、传递运动和转矩。轴类零件通常由圆柱面、台阶、端面及沟槽等组成，精度要求较高，在车削过程中除了保证尺寸精度和表面粗糙度外，还需保证其形状精度及位置精度要求。因此，准确检验轴类零件是必要的。

现有一批 100 件同型号的轴类零件，该批零件的尺寸如图 1-22 所示，图中内径 D 的合格尺寸范围为 19.98 ~ 20.02 mm，外径 d 的合格尺寸范围为 29.98 ~ 30.02 mm，请选择合适的测量器具对这批轴类零件尺寸进行合格性检验。

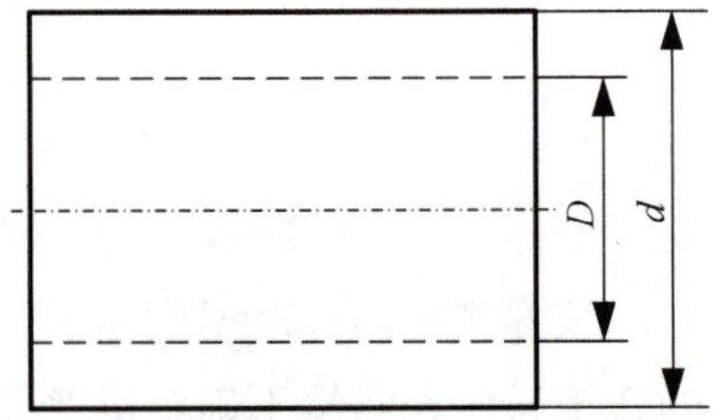

图 1-22　待检轴类零件

二、理论知识

1. 检验的定义

检验即对产品、过程或其他事物进行审查和评估，以确定其是否符合特定的要求或标准。其过程通常包括测试、测量、观察和判断，可能涉及与规定的标准或质量要求进行比较。检验的目的是确保产品、过程或服务的质量符合预定的标准，从而保证质量、提高客户满意度，并维护企业的信誉。检验可以应用于原材料、半成品、成品等多个环节，包括进货检验、过程检验和最终检验等不同阶段。此外，检验不仅限于判断合格与否，还包括收集数据、监督工艺过程、改进质量等功能。

2. 测量与检验的区别

一般说来，高精度、单件、小批量生产或需要进行加工精度分析时，多数采用测量。检验是为确定被测量值是否达到预期要求进行的测量，不能得到具体的量值，只能确定被测几何量是否合格。因而检验的精度低于测量的精度。由于检验的效率高，在大批量生产条件下，测量精度要求不太高的零件时常采用检验。

3. 误收与误废

对零件的合格性进行判断时，常涉及误收和误废。误收为将不合格的产品误判为合格件；误废为将本来合格的产品误判为不合格品。

为了保证质量，把产品的实际参数严格控制在给定的范围之内，可在一定程度上减少误收，但同时也就难以避免地会发生一定的误废现象。

误废和误收一样，一般发生在极限尺寸附近。由于测量器具本身具有的不确定度及其他各种因素的影响，测得值与真值之间总会存在一定的差异，即测量误差。由测量误差引起的误废或误收所造成的损失，可作为测量误差的经济评价。误废主要引起成本的损失，误收则主要造成质量损失。从测量的角度而言，损失会随误差的增大而加大，当测得值等于真值时，损失为零。测得值与真值相差越远，损失也就越大。

为了保证验收产品的质量，《产品几何技术规范（GPS）　光滑工件尺寸的检验》（GB/T 3177—2009）规定，在车间实际生产情况下，为保证验收质量，加工的零部件应只接收规定尺寸极限之内的工件，从而有效地避免了误收和误废现象。本标准适用于使用通用计量器具，如游标卡尺、千分尺及车间使用的比较仪、投影仪等量具量仪，对图样上注出的公差等级为 6 级～18 级（IT6～IT18），公称尺寸至 500 mm 的光滑工件尺寸的检验。

4. 验收极限的确定方式

检验工件尺寸时判断合格与否的尺寸界限称为验收极限。

1）内缩验收极限

内缩验收极限由规定的最大实体极限（MML）和最小实体极限（LML）分别向工件公差带内移动一个安全裕度（A）来确定，如图 1-23 所示。

① 最大实体极限（MML）：对应于孔或轴最大实体尺寸对应的极限尺寸，即相当于轴的上极限尺寸和孔的下极限尺寸。

② 最小实体极限（LML）：对应于孔或轴最小实体尺寸对应的极限尺寸，即相当于轴的下极限尺寸和孔的上极限尺寸。

③ 安全裕度（A）：其数值按工件公差的 1/10 确定，相当于测量中的不确定度，表征了各种误差的综合影响。

验收极限与孔、轴公差带关系如图 1-23 所示。

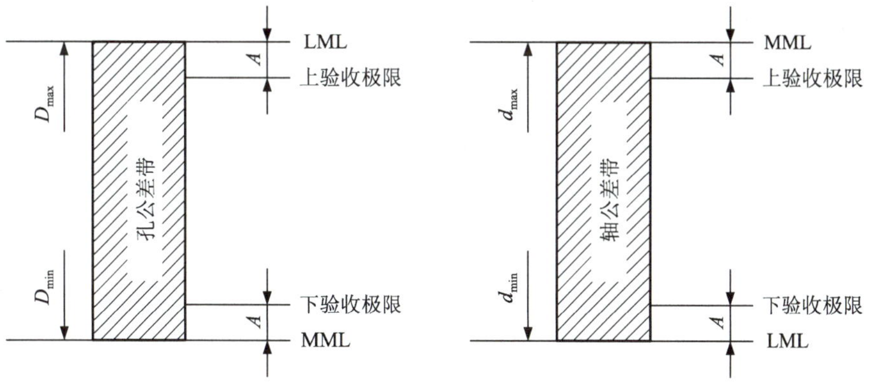

图 1-23　验收极限与工件公差带关系图

孔尺寸验收极限：上验收极限 = 最小实体极限（LML）－ 安全裕度（A）

下验收极限 = 最大实体极限（MML）+ 安全裕度（A）

轴尺寸验收极限：上验收极限 = 最大实体极限（MML）－ 安全裕度（A）

下验收极限 = 最小实体极限（LML）+ 安全裕度（A）

由于验收极限向工件公差带内移动，为了保证验收时合格，在生产时工件不能按设计尺寸加工，应按由验收极限所确定的范围生产，这个范围称为生产公差。

$$生产公差=|上验收极限-下验收极限|$$

2）不内缩验收极限

不内缩验收极限规定验收极限等于工件的最大实体极限（MML）和最小实体极限（LML），即安全裕度的数值等于零（$A=0$）。

例题 1-5 某气压机活塞外径为 $\phi 64_{-0.046}^{\ 0}$，请确定其安全裕度、验收极限和生产公差。如果经测量后，得到的尺寸为 63.958 mm，判定该工件是否合格？

求解 ∵ 其标准公差 T_D 为 0.046 mm

∴ 安全裕度 $A=T_D/10=0.0046$ mm

∴ 上验收极限 $=64-0-0.0046=63.9954$ mm

∴ 下验收极限 $=64-0.046+0.0046=63.9586$ mm

∴ 生产公差 $=63.9954-63.9586=0.0368$ mm

∵ 测量尺寸 63.958 mm $<$ 下验收极限 63.958 6 mm

∴ 工件不合格。

5. 验收极限确定方式的选择

验收极限确定方式直接关系到产品的质量和加工经济性，验收方式的选择要结合工件尺寸的功能要求、重要程度、尺寸精度、测量不确定度和过程能力等因素综合考虑。

（1）不内缩验收方式不会使生产公差减小，所以便于加工。但是由于测量误差的影响，会对零件配合质量产生不稳定因素，因此需选择精度较高的测量器具。

（2）内缩验收方式占用了较多的零件公差，使生产公差减小，给加工带来困难。但是由于减少了相对加工误差，可以保证零件配合质量，而且可选用精度较低的测量器具。

三、技能知识

1. 光滑极限量规

《光滑极限量规　技术条件》（GB/T 1957—2006）规定，光滑极限量规是指具有以被检孔或轴的上极限尺寸和下极限尺寸为公称尺寸的标准测量面，能反映控制被检孔或轴边界条件的无刻线长度测量器具。光滑极限量规作为一种无刻度、检验光滑工件尺寸的专用检验工具，可以用模拟装配状态的方法来检验工件，检验孔、轴尺寸时，不能测出孔、轴尺寸的具体数字，但能判断孔、轴尺寸是否合格，一般用在成批大量生产中。光滑极限量规结构简单、制造容易、使用方便。

测量器具——光滑极限量规

1）光滑极限量规的分类

（1）按结构不同分类

从结构形式上，光滑极限量规主要分为塞规、环规和卡规三类。

① 塞规：用于孔径检验的光滑极限量规，其测量面为外圆柱面，如图 1-24 所示。塞规两端分别为孔用通规（通端）和孔用止规（止端），其中，孔用通规圆柱尺寸具有被检孔径的最大实体尺寸（下极限尺寸），孔用止规尺寸具有被检孔径最小实体尺寸（上极限尺寸）。

（a）塞规实体图

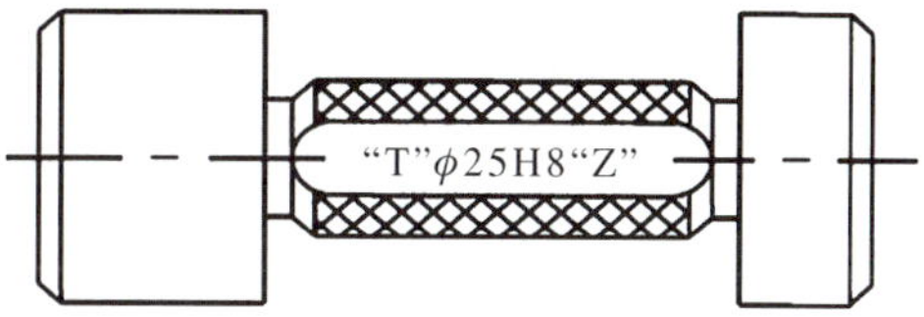

（b）塞规结构

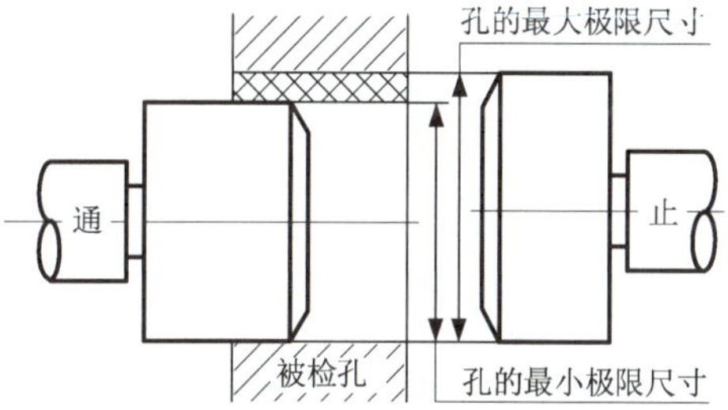

（c）塞规检测示意

图 1-24　塞规

② 环规和卡规：用于轴径检验的光滑极限量规，如图 1-25 所示。环规的测量面为内圆环面，卡规的测量面为两平行内表面。环规和卡规包括轴用通规和轴用止规，其中，轴用通规的圆环直径/两测量面间距具有被检轴径最大实体尺寸（上极限尺寸），轴用止规的圆环直径/两测量面间距具有被检轴径最小实体尺寸（下极限尺寸）。

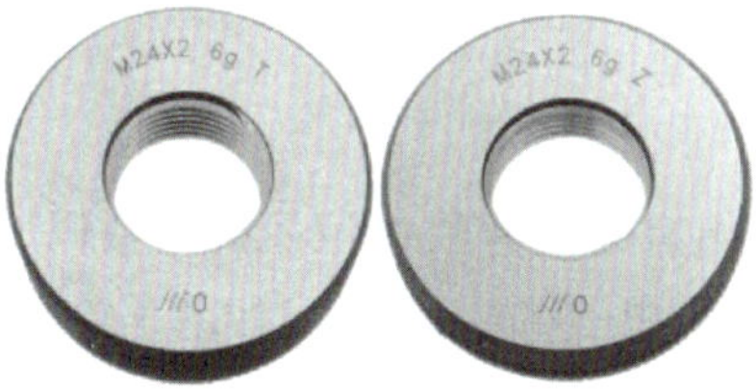

（a）环规实体图

（b）卡规实体图

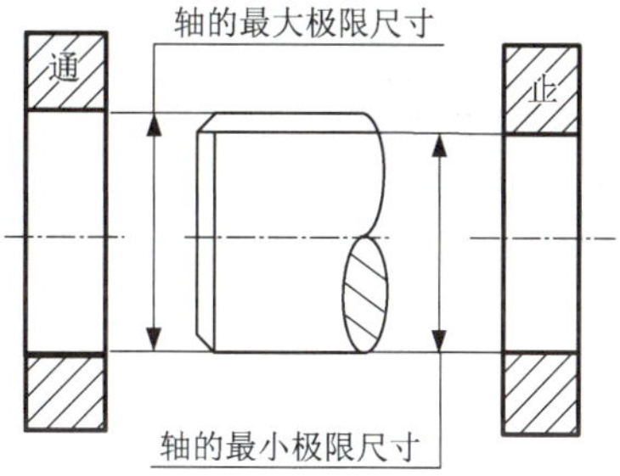

（c）环规/卡规检测示意

图 1-25　环规/卡规

（2）按用途不同分类

根据量规用途不同，光滑极限量规分为工作量规、验收量规、校对量规三类。

① 工作量规：在工件制造过程中，操作者用于验收工件的量规。工作量规的通规用代号“T”表示，“止规”用代号“Z”表示。

② 验收量规：检验部门或用户代表在验收产品时所使用的量规。

③ 校对量规：在制造和使用过程中，用于检验工作量规在制造中是否符合制造公差，在使用中是否已达到磨损极限时所用的量规。通常，校对量规只用于检验环规（检验轴用），对于塞规（检验孔用）可方便地使用量仪来测量。

2）光滑极限量规的应用

利用塞规检验孔类零件，当通规能通过且止规不能通过孔时，该孔类工件合格。利用环规/卡规检验轴类零件，当通规能通过且止规不能通过轴时，该轴类工件合格。

工程上常用的光滑极限量规还有螺纹类、锥度类等量规，如图 1-26 所示。

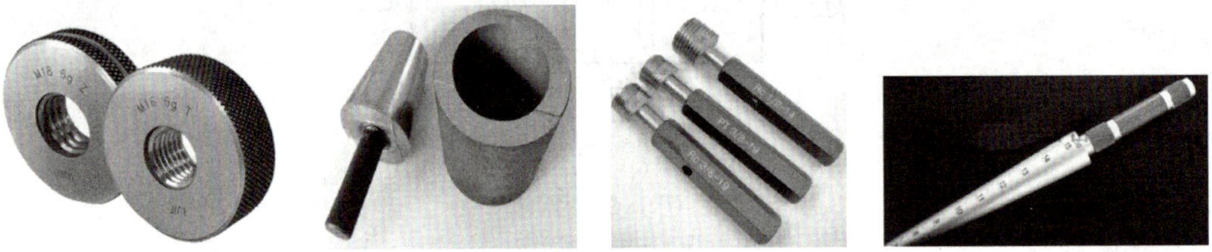

（a）螺纹环规　（b）锥度环规　（c）螺纹塞规　（d）锥度塞规

图 1-26　常用的光滑极限量规

2. 塞尺

塞尺又称测隙规或厚薄规，用于测量两零件结合面的间隙，其测量精度可以达到 0.02 mm。常用的塞尺分为楔形塞尺和插片式塞尺两种。

1）楔形塞尺

楔形塞尺为具有楔形角度且由一组或多组有序的标尺标记及标尺数码所构成的板状或楔块状的测量器具，利用其宽度或厚度测量沟槽、缝隙、孔径等，如图 1-27 所示。其分度值分为 0.05 mm、0.1 mm 和 0.5 mm 三种，准确度等级有 1 级、2 级和 3 级。

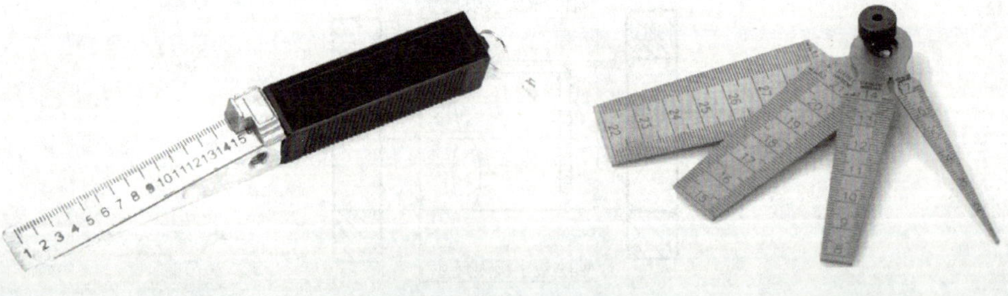

图 1-27　楔形塞尺

2）插片式塞尺

插片式塞尺一般由若干不同厚度的规片（尺）组合而成，每个薄片具有两个平行的测量平面，其长度制成 50 mm、100 mm 或 200 mm，在每片尺片上都标注有其厚度，如图 1-28 所示。当规片厚度规格在 0.03 ～ 0.1 mm 时，中间每片相隔 0.01 mm；当规片厚度在 0.1 ～ 1 mm 时，中间每片相隔 0.05 mm。插片式塞尺主要用来检验机床紧固面与紧固面、活塞与气缸、活塞环槽与活塞环、十字头滑板与导板、进排气阀顶端与摇臂、齿轮啮合间隙等两个接合面之间的间隙大小。

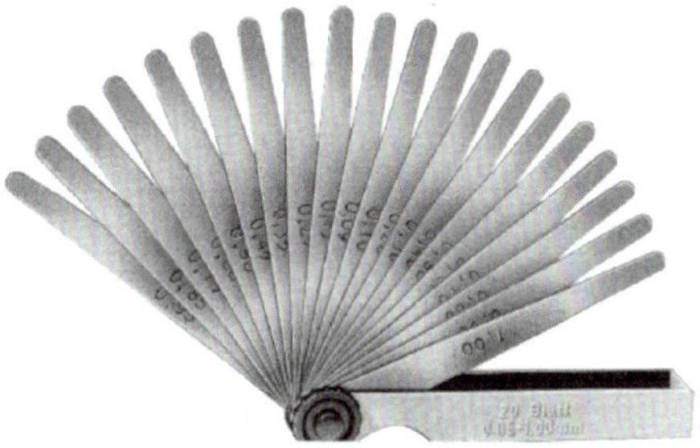
图 1-28 插片式塞尺

（1）插片式塞尺的使用方法

① 检查塞尺是否有毛刺、锈迹、划痕及其他影响使用的外观缺陷。塞尺片转动是否平稳、灵活，有无卡滞和松动现象。

② 确认塞尺是否经过校验以及是否在校验有限期内。

③ 将塞尺和待测量工件的表面清理干净，不能有油污或者其他杂质，必要时用油石清理。

④ 形成间隙的两工件必须相对固定，以免因松动导致间隙变化而影响测量效果。

⑤ 根据目测的间隙大小选择适当的塞尺片逐个塞入。先用较薄的塞尺片插入被测间隙，如还有空隙，则依次换用稍厚的塞尺片插入，直到恰好塞入间隙后不过松也不过紧为止，以稍感阻滞为宜，这时该塞尺片的厚度即为被测间隙的大小。如用 0.03 mm 的塞尺片能塞入，而用 0.04 mm 的塞尺片不能塞入，这说明所测量的间隙值在 0.03 ～ 0.04 mm 之间。

⑥ 当间隙较大或希望测量出更小的尺寸范围时，单片塞尺已无法满足测量要求，可以使用数片叠加在一起插入间隙中（在塞尺的最大规格满足使用间隙要求时，尽量避免多片叠加，以免造成累积误差）。

⑦ 读出塞入的总塞尺个数，再对下一位进行估读即可。

（2）插片式塞尺的维护保养和注意事项

① 使用前观察塞尺有无弯折、生锈，以免影响测量的准确度。

② 使用时不能戴手套但要保持手的干净、干燥。

③ 根据接合面的间隙情况选用塞尺片数，但片数应尽可能少。

④ 测量时不能用力太大，不能强行把塞尺塞入测量间隙，以免塞尺弯曲和折断。

⑤ 不能测量温度较高的工件。

⑥ 使用后擦拭塞尺上的灰尘和油污，以免影响后续测量的准确度。

四、任务实施

1. 读取任务要求

轴类零件在加工过程中和加工结束以后，需要按工艺规程的要求进行测量或检验。

本任务中一共有 100 个零件，数量较大，且不需要得到每个轴类零件的尺寸数值，只需要对该批轴类零件的内径和外径尺寸进行合格性判定，因此选择合适的测量器具进行检验即可。

2. 预处理被检验批量轴

为确保检验过程的准确性，应对该批轴类零件表面进行去毛刺、脱脂除锈处理，如果有必要还需要进行喷砂清理。

3. 确定需要的测量器具

根据批量轴类零件的外径尺寸和内径尺寸选择对应的塞规和环规。

4. 确定验收极限

本任务中确定不使用内缩验收极限，需要根据任务中零件的尺寸范围确定验收极限值。

5. 零件检验

对每个零件进行百分百检验，将合格零件与不合格零件进行分类归放并分别标注“合格”与“不合格”字样，分析不合格零件是否报废处理或返修处理。

6. 保养测量器具并整理实训室

整理任务所用的所有测量器具，进行归类、保养，整理实训室卫生，确保水、电、通道等安全。

7. 编写任务报告

自行编写任务报告，包括任务名称、任务目的、任务用品、任务步骤、任务结果等。

五、知识拓展

1. 互换性

1）互换性的定义

互换性是指在统一规格的一批零件（或部件）中，不经选择、修配或调整，任取其一，都能装在机器上达到规定的功能要求。互换性是制造业中产品设计和制造的重要原则。机械制造业中的互换性通常包括几何参数和机械性能的互换。几何参数包括尺寸大小、几何形状及相互位置关系等。机械性能包括硬度、强度、刚度、传热性还有其他物理、化学参数等。本书仅讨论几何参数的互换性。

2）互换性的分类

互换性按使用场合分为内互换和外互换；按互换程度分为完全互换、不完全互换和不互换；按互换目的分为装配互换和功能互换。

（1）按使用场合分类

① 内互换：标准部件内部各零件间的互换性。

② 外互换：标准部件与其相配件间的互换性。

以滚动轴承为例，其外环、内环滚道与滚动体间的配合为内互换；其外环外径与机座孔的配合以及内环内径与轴颈的配合为外互换。

（2）按互换程度分类

① 完全互换：零件既不需要辅助加工和修配，也不需要选择，即可实现互换的一种技术状态，亦称绝对互换。采用完全互换使大批量生产中的装配工作简单化、省工省时、成本降低、质量稳定。但是当机器装配精度要求很高时，装配零件的公差很小，完全互换会造成加工成本过高、加工困难，甚至无法加工等问题。

② 不完全互换：零部件在装配时需要选配（但不能进一步加工）才能装成具有指定功能的部件。采用不完全互换可以将相配件按尺寸大小分为若干组，按组相配，即大孔和大轴相配，小孔和小轴相配。同组内的各零件能实现完全互换，组间则不能互换，如此可以降低制造难度并降低成本。

③ 不互换：零件装配时需要进一步加工才能装配成规定功能的部件。例如在部分高精密零件装配中，需要相互配合的两个零件配作或对研才能实现其功能。

（3）按互换目的分类

① 装配互换：规定几何参数公差达到装配要求。

② 功能互换：既规定几何参数公差达到装配要求，又规定机械物理性能参数公差达到使用要求。

装配互换的目的在于保证产品精度，功能互换的目的在于保证产品质量。上述的内互换和外互换、完全互换和不完全互换皆属装配互换。

3）互换性的作用

现代化的机械零件具有互换性，才可以将机器中成千上万个零部件进行高效率的、分散的专业化生产，然后集中进行装配。因此，互换性原则的应用已成为提高生产水平和促进技术进步的强有力的手段之一。互换性的作用体现在以下三个方面。

（1）设计方面

生产过程中可以最大限度地采用标准件和通用件，简化绘图和计算工作，缩短设计周期，有利于计算机辅助设计和产品品种多样化。

（2）生产和装配方面

生产过程中大量应用的标准件可由高效率的专用设备生产，为生产专业化创造必备条件，提高产量和质量，降低生产成本。在装配中，装配过程无须辅助加工，故能减轻装配工作的劳动量、缩短装配周期，乃至进行流水线作业方式以及自动化装配，促进了生产自动化的发展。

（3）使用和维修方面

零件在磨损、损坏或丢失后，可立即用另一个新的备件代替，维修方便、减少维修时间和降低维修费用，保证机械产品工作的持久性和连续性，从而延长产品的使用寿命，提高产品的使用价值。

4）互换性的实例

① 汽车的内外胎损坏，换上同规格的新胎即可行驶。

② 一批规格为 M20×2－5H6H 的螺母与规格为 M20×2－5g6g 的螺栓能自由选择旋合，保证相应的技术装置和日用机电产品的使用。

互换性在提高产品质量和可靠性、提高经济效益等方面具有重要的意义，它已成为现代化机械制造业中一个普遍遵守的原则，对我国的制造业的发展起着重要作用。但是应当注意，互换性原则不是在任何情况下都适用的，当只有采取单个配制才符合经济原则时，零件就不能互换。

2. 标准与标准化

在制造领域，要实现互换性生产，必须进行各种技术参数（如尺寸参数、几何参数、表面粗糙度等）及其公差的设计。制定有关标准，必须进行产品系列化、零部件通用化、工艺及原材料的标准化工作。互换性生产与标准化紧密相关，标准化贯穿互换性生产的全过程，是广泛实现互换性生产的前提和重要方法。

1）标准的定义

标准是为了在一定的范围内获得最佳秩序，经协商一致，由公认机构批准、共同使用和重复使用的一种规范性文件。标准以科学、技术和经验的综合成果为基础，以达到最大的共同效益为目的。

2）标准的分类

在技术经济领域内，标准可分为技术标准和管理标准两类。按标准化对象的特征，技术标准可分为基础标准、产品标准、方法标准和安全、卫生、环保标准四类。管理标准分为生产组织标准、经济管理标准和服务标准。

3）标准的级别

根据适用领域、标准发布机构和标准覆盖范围，我国标准分为四个级别：国家标准、行业标准、地方标准和企业标准，后三级标准不得违背国家标准。从世界范围看，有国际标准和区域标准两级。

（1）国际标准

由国际标准化组织（ISO）、国际电工委员会（IEC）通过并发布的标准。如ISO发布的质量管理体系ISO9000、环境管理体系ISO14001等。

（2）区域标准

世界某一区域标准化团体通过的标准。如欧洲标准EN、非洲地区标准ARS等。

（3）国家标准

强制性国家标准由国务院有关行政主管部门负责项目提出、组织起草、征求意见和技术审查，国务院标准化主管部门负责立项审查、立项、编号和对外通报，最后由国务院批准发布或授权批准发布，推荐性国家标准由国务院标准化行政主管部门制定并发布。国家标准的编号由国家标准代号（由汉字拼音大写字母构成，强制性国家标准代号为“GB”，推荐性国家标准代号为“GB/T”）、标准发布顺序号和标准发布年代号（四位数）三部分组成。例如，《企业安全生产标准化基本规范》（GB/T 33000—2016）。

（4）行业标准

全国性行业范围内的统一标准。行业标准的编号由行业标准代号（由汉字拼音大写字母组成）、标准发布顺序号和标准发布年代号三部分组成。如机械行业发布的《龙门铣刨床

第1部分：精度检验》(JB/T 10226.1—2015)。

(5) 地方标准

由地方（省、自治区、直辖市）标准化主管机构或专业主管部门批准、发布，在某一地区范围内实施的标准。地方标准的编号由地方标准代号(DB加上省、自治区、直辖市行政区划代号的前两位数字)、地方标准发布顺序号及标准发布年代号三部分组成。如《高原湖泊湖冰物候遥感监测技术》(DB 63/T 1929—2021)是2021年10月1日实施的一项中华人民共和国青海省地方标准，归口于青海省气象局。

(6) 企业标准

对企业生产技术组织工作具有重要意义而需要统一的标准。企业标准通常分为技术标准、管理标准和工作标准。企业标准的编号由企业标准代号(由Q、斜线、企业代号组成)、标准发布顺序号和标准发布年代号三部分组成。

4) 标准化

标准化为在经济、技术、科学及管理等社会实践中，对重复性事物和概念通过制定、发布和实施标准，以达到统一、简化、协调和选优的过程。它的目的是获得最佳秩序和社会效益。标准化涉及的活动主要包括标准制定、修订、发布、实施，以及对标准的实施进行监督的过程。标准化的作用如下。

① 标准化是现代化大生产的必要条件。

② 标准化能够促使管理工作高效化、计划化和现代化。

③ 标准化规定了工艺、原料、管理的标准，是提高质量、合理利用原材料的主要措施，能为企业提高信誉和经济效益。

④ 标准化能够提供价格适宜、使用合理、环境良好的条件，为用户、社会带来效益。

⑤ 标准化事物在推广和应用中，随着技术、管理水平的提高，可以引申出新的科研课题，再出新成果。

项目练习

一、判断题

(　　)1. 使用相同精度的测量器具，采用直接测量法比采用间接测量法精度高。

(　　)2. 精度和误差是两个相对的概念。误差大则精度低，反之则精度高。

(　　)3. 量块是没有刻度的平行端面量具，因此用它测量时，不能得到零件的具体尺寸，只能判定零件是否合格。

(　　)4. 测量器具的校正值与示值误差大小相等，符号相反。

(　　)5. 一般而言，分度值越小，计量器具的测量精度越高。

二、选择题

1. 检验与测量相比，其最主要的特点是(　　)。

A. 检验适合大批量生产

B. 检验所使用的测量器具比较简单

C. 检验只判定零件的合格性,无须得出具体量值

D. 检验的精度比较低

2. 确定需用的计量器具的根据是被测对象的(　　)。

A. 大小、形状、材质、数量和质量　　B. 精度、尺寸、形状、材质和质量

C. 精度、形状、质量、材质和数量　　D. 长度、形状、质量、尺寸和数量

3. 关于间接测量法,下列说法中错误的是(　　)。

A. 测量的是与被测尺寸有一定函数关系的其他尺寸

B. 计量器具的测量装置不直接和被测工件表面接触

C. 必须通过计算获得被测尺寸的量值

D. 用于不便直接测量的场合

4. 分度值和刻度间距的关系是(　　)。

A. 分度值越大,刻度间距越大

B. 分度值越小,刻度间距越小

C. 分度值与刻度间距成反比

D. 分度值的大小与刻度间距的大小没有直接关系

5. 具有互换性的零件应是(　　)。

A. 相同规格的零件　　B. 形状和尺寸完全相同的零件

C. 相互配合的零件　　D. 不同规格的零件

三、思考题

1. 西安秦始皇陵兵马俑坑出土的大量弩机在当时是一种能实现弓箭远射程的兵器。组成弩机的青铜零件都具有互换性,其中方头圆柱销和销孔已能保证一定的间隙配合。请对以下问题进行讨论分析。(1)以弩机为例说明互换性的作用。(2)分析弩机的使用方法以及各零部件功能。(3)通过在互联网上收集资料,列举出智能制造中互换性的应用实例。

2. 按表 1-2,从 83 块一套的量块中选取合适尺寸的量块,组合出尺寸为 19.985 的量块组。

项目二

简单零件的尺寸测量与测绘

知识目标

- 掌握孔、轴尺寸的概念、标识方法、计算方法
- 掌握孔、轴标准公差和一般公差的概念、标识、查表方法、计算方法
- 掌握孔、轴基本偏差的概念、标识、查表方法、计算方法
- 掌握公差带的绘制方法

技能目标

- 掌握游标卡尺的零件测量方法
- 掌握螺旋测微尺的零件测量方法
- 熟练掌握零件建模与零件图绘制的方法

素质目标

- 培养学生项目规划能力
- 培养学生动手操作能力
- 培养学生文档书写能力

零件图是表达单个零件形状、大小和特征的图样，也是在制造和检验机器零件时所用的图样。在生产过程中，根据零件图样和图样的技术要求进行生产准备、加工制造及检验，因此，它是指导零件生产的重要技术文件。如图 2-1 所示为某零件的零件图，该零件图表达了零件长、宽、高、厚、深、孔径等若干尺寸，每个尺寸都有各自的表达形式，如 16、$\phi20$、$44_{-0.390}^{0}$、$\phi35H1$、$\phi50h11$ 等。正确识读尺寸、标注尺寸、理解尺寸的含义，对于强化设计理念、优化加工能力和提高验收需求是十分必要的。

本项目以两个简单零件为测量对象，分别选择合适的测量器具完成零件测量与零件测绘，培养读者对零件测量并进行合格性判定的能力，树立读者基于零件测绘对逆向工程的认识。

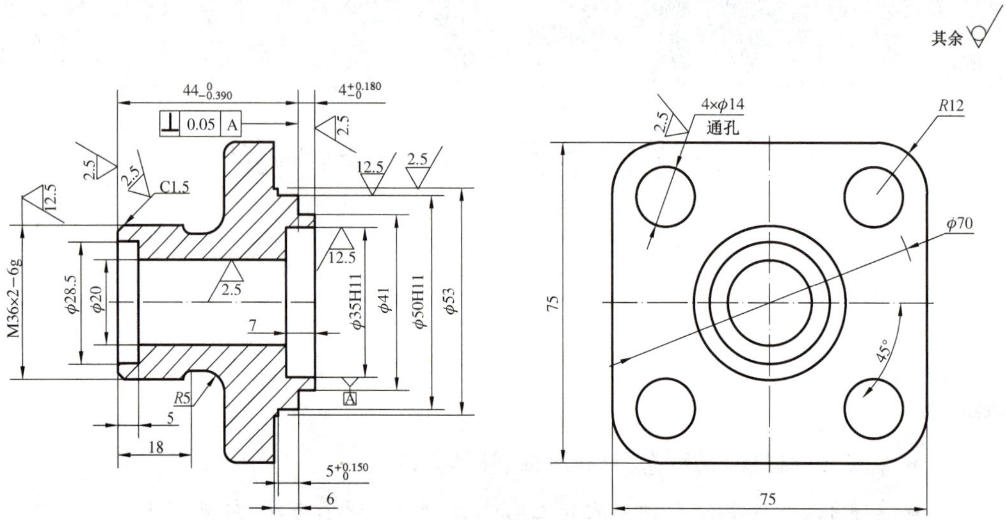

图 2-1　某零件的零件图

任务 1　简单零件的尺寸测量

一、任务布置

选用游标类卡尺等测量器具完成零件(图 2-2)的尺寸测量,对测量的原始数据进行误差处理,根据图纸的尺寸要求对零件的合格性进行判定。

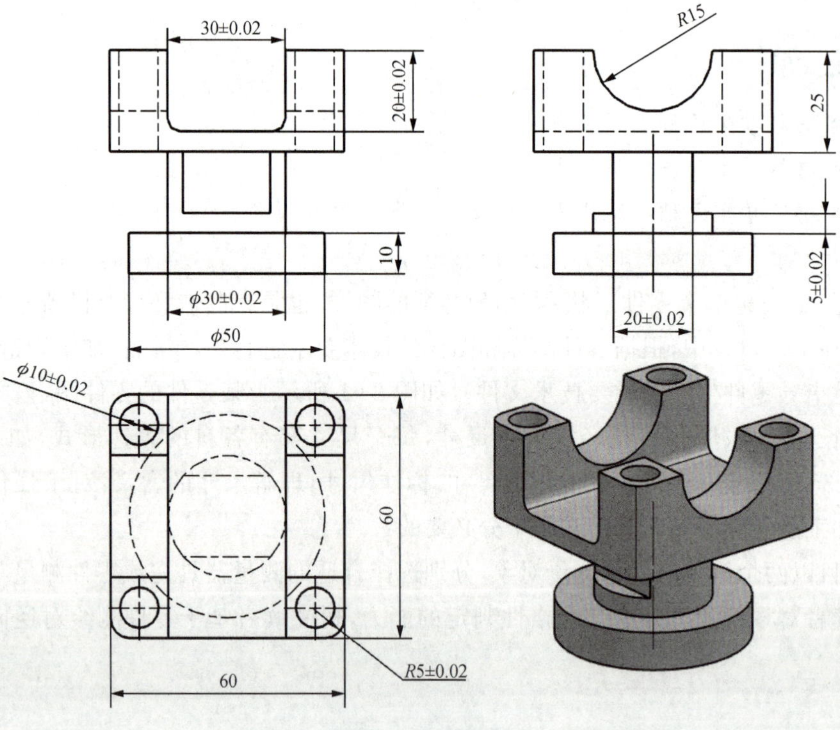

图 2-2　零件三视图

二、理论知识

孔轴基本概念

1. 孔、轴的定义

孔、轴即内、外圆柱体相互结合所构成的结构，是制造业里最基本、应用最多的一种结构。

孔通常指工件各种形状的内表面，包括圆柱形内表面和其他由单一尺寸形成的非圆柱形包容面（由两平行平面或切面形成的包容面）。

轴通常指工件各种形状的外表面，包括圆柱形外表面和其他由单一尺寸形成的非圆柱形被包容面（由两平行平面或切面形成的被包容面）。

如图 2-3 所示，D_1、D_2、D_3、D_4 为孔，d_1、d_2、d_3、d_4 为轴，L_1、L_2 非孔非轴。

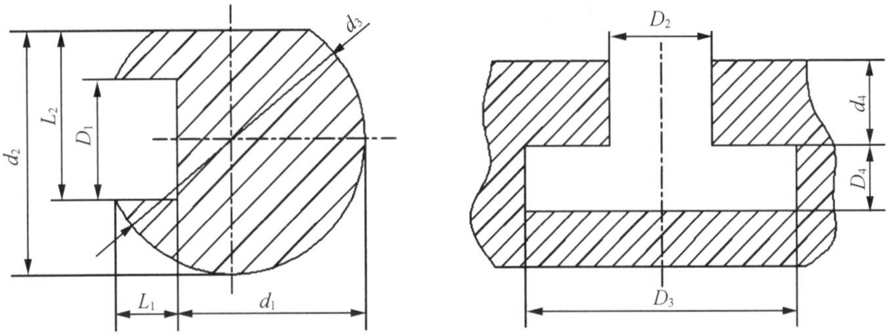

图 2-3　孔、轴示意图

从加工过程即去除材料的过程看，孔的尺寸由小变大，轴的尺寸由大变小。就装配关系而言，孔是包容面，轴是被包容面。就测量而言，通常用内卡尺类量具测孔，用外卡尺类量具测轴。

2. 孔、轴尺寸

孔、轴配合有径向与长度两个互换性几何参数。从使用要求看，长径比通常在一定的范围内即可，此时径向尺寸更为重要。因此，可按径向尺寸这一主要参数来考虑互换性。关于孔、轴径向尺寸，涉及的术语主要包括公称尺寸、极限尺寸、实际尺寸以及实体尺寸。

孔轴尺寸

1）尺寸

以特定单位表示线性尺寸值的数值，除了数值部分，还要包括长度单位，譬如毫米（mm）、微米（μm）等，在机械制图尺寸标注中，默认以 mm 为单位，此时可以只写数字，不写单位。

2）公称尺寸

公称尺寸是由图样规范确定的理想形状要素的尺寸。它的大小是设计人员根据零件的功能要求和结构形状，并考虑所选用材料的力学性能，通过设计计算或按有关技术资料数据确定的。公称尺寸可以是整数或小数，一般应按优先数系选取，减少定值刀具、量具及夹具等的规格数量。采用公称尺寸有利于实现零部件的标准化，也方便设计、制造、修配和管理，降低制造成本。D 表示孔直径的公称尺寸，d 表示轴直径的公称尺寸。

3）极限尺寸

极限尺寸是零件尺寸变化的两个界限值，是在设计公称尺寸的同时，考虑加工的经济性并满足使用要求而确定的。允许的最大尺寸称为上极限尺寸，D_{max} 和 d_{max} 分别表示孔和轴的上极限尺寸。允许的最小尺寸称为下极限尺寸，D_{min} 和 d_{min} 分别表示孔和轴的下极限尺寸，如图 2-4 所示。

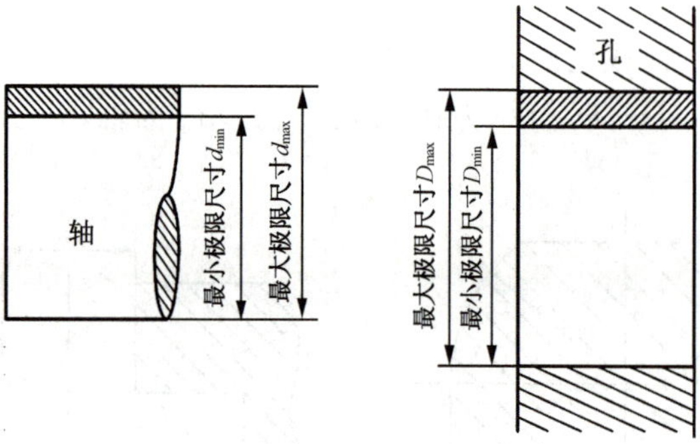

图 2-4　孔、轴极限尺寸

4）实际尺寸

实际尺寸为通过测量获得的某一孔、轴的尺寸。由于测量误差的存在，实际尺寸不一定是尺寸的真值；由于形状误差的存在，同一表面不同部位的实际尺寸往往不相等；由于制造误差的存在，按同一图样要求所加工的各个零件，或同一工件的不同位置、不同方向的实际尺寸往往不同。由于不同场合对孔和轴有不同的松紧要求，因此工件加工完成后所得的实际尺寸一般不等于其公称尺寸。D_a 表示孔的实际尺寸，d_a 表示轴的实际尺寸。

将测量得到的实际尺寸与极限尺寸进行比较可以用来进行零件合格性的判定，即当孔的实际尺寸满足 $D_{min} \leqslant D_a \leqslant D_{max}$ 时，该孔合格；当轴的实际尺寸满足 $d_{min} \leqslant d_a \leqslant d_{max}$ 时，该轴合格。

5）实体尺寸

① 最大实体尺寸：孔、轴允许材料量为最多状态下的极限尺寸，用 D_M 表示孔的最大实体尺寸，d_M 表示轴的最大实体尺寸。

② 最小实体尺寸：孔、轴允许材料量为最少状态下的极限尺寸，用 D_L 表示孔的最小实体尺寸，d_L 表示轴的最小实体尺寸。

对于孔或槽来说，在去除材料的过程中，越加工，尺寸越大，剩余材料越来越少，因此最大实体尺寸对应其下极限尺寸，即 $D_M = D_{min}$；最小实体尺寸对应其上极限尺寸，即 $D_L = D_{max}$。

对于轴或凸台来说，在去除材料的过程中，越加工，尺寸越小，剩余材料越少，因此最大实体尺寸对应其上极限尺寸，即 $d_M = d_{max}$；最小实体尺寸对应其下极限尺寸，即 $d_L = d_{min}$。

例题 2-1　设计某孔的尺寸在 119.970 ~ 120.030 mm 范围内波动，请确定该孔的公称尺寸、极限尺寸和实体尺寸，加工后对该孔的尺寸进行多次测量取平均得到的尺寸值为 119.992 mm，请判断该孔是否合格。

解　由题目信息不能确定公称尺寸

极限尺寸 $D_{max}=120.030$ mm，$D_{min}=119.970$ mm

实体尺寸 $D_M=D_{min}=119.970$ mm，$D_L=D_{max}=120.030$ mm

实际尺寸 $D_a=119.920$ mm

∵ $D_{min}=119.920 \leqslant D_a=119.992 \leqslant D_{max}=120.030$，即实际尺寸在极限尺寸之间

∴ 该孔合格。

3. 尺寸偏差

尺寸偏差为某尺寸减去公称尺寸所得的代数差。根据某尺寸的不同分为极限偏差和实际偏差。

1）极限偏差

① 极限偏差：极限尺寸减去公称尺寸所得的代数值。

② 上极限偏差：上极限尺寸减去公称尺寸所得的代数值。

③ 下极限偏差：下极限尺寸减去公称尺寸所得的代数值。

尺寸偏差

对于孔，上/下极限偏差分别用大写的 ES 和 EI 表示；对于轴，上/下极限偏差分别用小写的 es 和 ei 表示，如图 2-5 所示。

$$ES=D_{max}-D,\ EI=D_{min}-D$$
$$es=d_{max}-d,\ ei=d_{min}-d$$

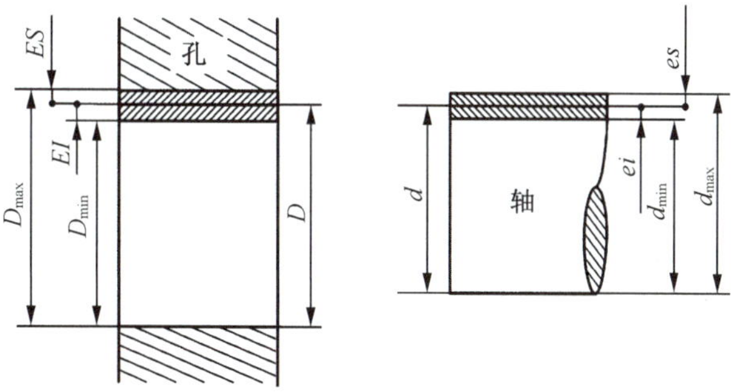

图 2-5　孔、轴尺寸偏差

由于极限尺寸可能大于、小于或等于公称尺寸，因此用代数差来定义的极限偏差可以为正值、负值或零值。极限偏差标注的基本形式为公称尺寸右上角的位置标注上极限偏差，公称尺寸右下角的位置标注下极限偏差，如 $\phi120_{-0.021}^{+0.057}$，$\phi60_{-0.030}^{\ 0}$；当上、下极限偏差值相等而符号相反时，可简化标注为：公称尺寸±偏差数值，如 $\phi50\pm0.02$。

小贴士

① 当极限偏差的数值为正值时，不论是标注中还是计算过程中，数字前面的正号不可省略。

② 极限偏差标注中，上/下极限偏差的小数点位置应该对齐，小数点后面的位数应该相同。

③ 极限偏差标注中，“0”不能省略且其位置应与上/下极限偏差的小数点前的个位数对齐。

例题 2-2 请判定 $\phi20^{+0.015}_{+0.021}$、$\phi40^{+0.015}_{0}$、$\phi70^{+0.015}$、$\phi45^{+0.042}_{-0.15}$ 尺寸标注的正确与错误，如果错误，请说明原因并写出正确尺寸示例。

解 $\phi20^{+0.015}_{+0.021}$：该标注错误；上极限偏差必须大于极限偏差；正确示例为 $\phi20^{+0.021}_{+0.015}$。

$\phi40^{+0.015}_{0}$：该标注错误；下极限偏差的个位数字 0 必须对应上极限偏差的个位数字 0；正确示例为 $\phi40^{+0.015}_{\ \ 0}$。

$\phi70^{+0.015}$：该标注错误；下极限偏差的 0 不可以省略；正确示例为 $\phi70^{+0.015}_{\ \ 0}$。

$\phi45^{+0.042}_{-0.15}$：该标注错误；下极限偏差的位数应该与上极限偏差的位数对应；正确示例为 $\phi45^{+0.042}_{-0.150}$。

2）实际偏差

实际偏差为实际尺寸减去公称尺寸所得的代数差。

孔的实际偏差用大写的 E_a 表示，轴的实际偏差用小写的 e_a 表示。

$$E_a = D_a - D,\ e_a = d_a - d$$

判定零件的合格性不仅可以用实际尺寸也可以用实际偏差，当实际偏差在极限偏差之间时，零件合格。即当孔的实际偏差满足 $EI \leqslant E_a \leqslant ES$ 时，该孔合格；轴的实际偏差满足 $ei \leqslant e_a \leqslant es$ 时，该轴合格。

例题 2-3 某孔直径的公称尺寸为 $\phi50$ mm，上极限尺寸 $\phi50.048$ mm，下极限尺寸 $\phi50.009$ mm，求孔的上、下极限偏差，多次测量取平均得到加工孔的直径值为 $\phi50.008$ mm，请结合实际偏差判断该孔是否合格。

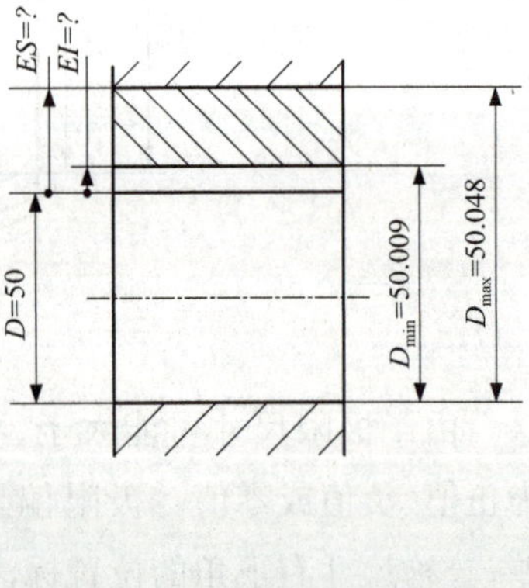

解 $ES = D_{max} - D = 50.048 - 50 = +0.048$ mm

$EI = D_{min} - D = 50.009 - 50 = +0.009$ mm

$E_a = D_a - D = 50.008 - 50 = +0.008$ mm

$\because E_a = +0.008 < EI = +0.009$

$\therefore$ 该加工孔不合格。

三、技能知识

1. 游标卡尺

游标卡尺是应用游标原理，对长度、内外径、深度等尺寸进行测量的量具。其结构简单、使用方便、测量范围大，但是精度不高。

1）结构

游标卡尺由主尺和副尺（又称游标）两部分构成。主尺与固定卡脚制成一体，一般以 mm 为单位，副尺与活动卡脚制成一体，能在主尺上滑动，如图 2-6 所示。游标卡尺的固定卡脚和活动卡脚组成两副活动量爪，分别是内测量爪和外测量爪，内测量爪通常用来测量内径，外测量爪通常用来测量长度和外径。

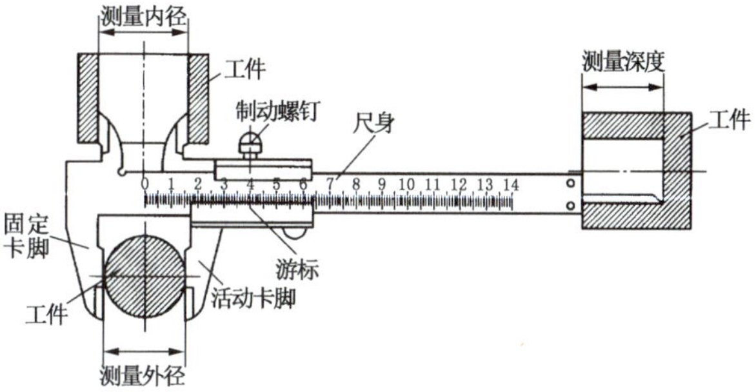

图 2-6　游标卡尺结构

2）分类

（1）按精度分类

游标卡尺按精度可分为三种：十分度游标卡尺（精度为 0.10 mm）、二十分度游标卡尺（精度为 0.05 mm）、五十分度游标卡尺（精度为 0.02 mm），其中 0.02 mm 精度的最为常用。

不同精度的游标卡尺的刻线原理和读数方法见表 2-1。

表 2-1　游标卡尺的刻线原理与读数方法

游标卡尺种类	刻线原理	读数方法
精度 0.10 mm	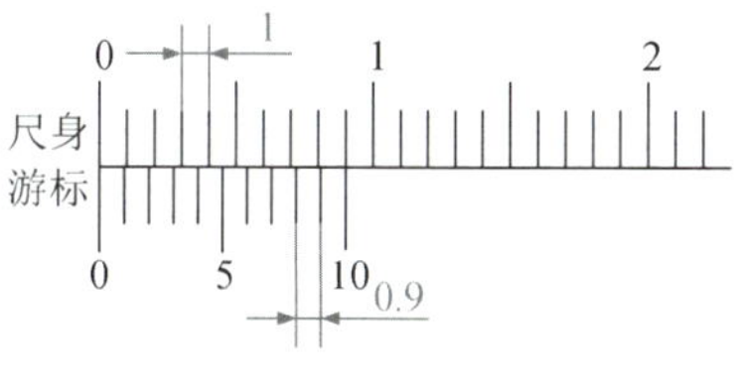 尺身刻线间距为 1 mm，游标共 10 格，这 10 格的游标长度对应尺身 9 mm 长度，即游标刻线间距为 9 mm/10 格 = 0.90 mm /格，尺身刻线间距与游标刻线间距相差值为 1 − 0.90 = 0.10 mm	① 读数时首先以游标零刻度线为准，读取其对应的尺身上的 mm 刻度整数。 ② 观察游标上从零线开始第 n 条刻线与尺身上某一刻线对齐，n 乘以其测量精度值 0.10 mm，即为读数的小数部分。 ③ 将整数和小数读数相加即为测量的数值。 举例： 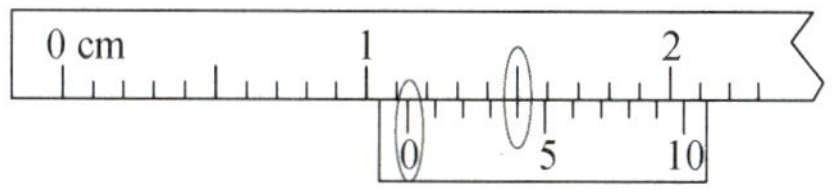 11 + 4 × 0.10 = 11.40 mm

（续表）

游标卡尺种类	刻线原理	读数方法
精度 0.05 mm	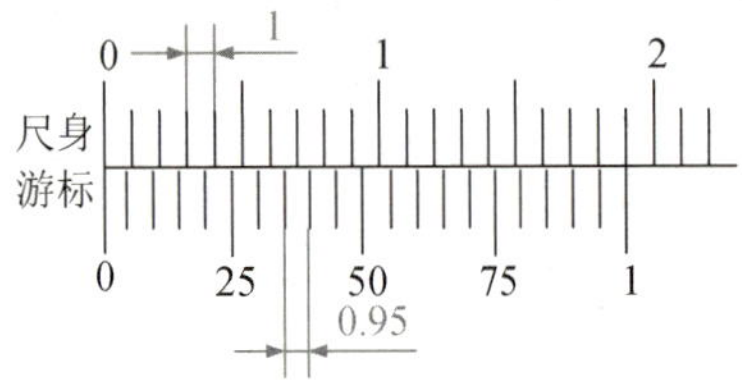 尺身刻线间距为 1 mm，游标共 20 格，这 20 格的游标长度对应尺身 19 mm 长度，即游标刻线间距为 19 mm/20 格 = 0.95 mm /格，尺身刻线间距与游标刻线间距相差值为 1 − 0.95 = 0.05 mm	① 读数时首先以游标零刻度线为准，读取其对应的尺身上的 mm 刻度整数。 ② 观察游标上从零线开始第 n 条刻线与尺身上某一刻线对齐，n 乘以其测量精度值 0.05 mm，即为读数的小数部分。 ③ 将整数和小数读数相加即为测量的数值。 举例： 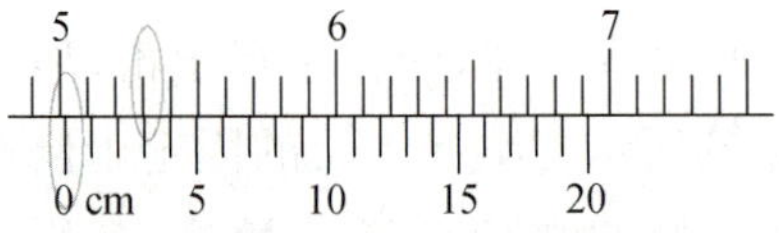 50 + 3 × 0.05 = 50.15 mm
精度 0.02 mm	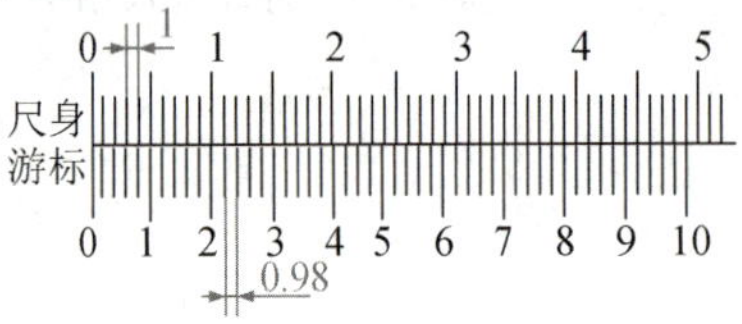 尺身刻线间距为 1 mm，游标共 50 格，这 50 格的游标长度对应尺身 49 mm 长度，即游标刻线间距为 49 mm/50 格 = 0.98 mm /格，尺身刻线间距与游标刻线间距相差值为 1 − 0.98 = 0.02 mm	① 读数时首先以游标零刻度线为准，读取其对应的尺身上的 mm 刻度整数。 ② 观察游标上从零线开始第 n 条刻线与尺身上某一刻线对齐，n 乘以其测量精度值 0.02 mm，即为读数的小数部分。 ③ 将整数和小数读数相加即为测量的数值。 举例： 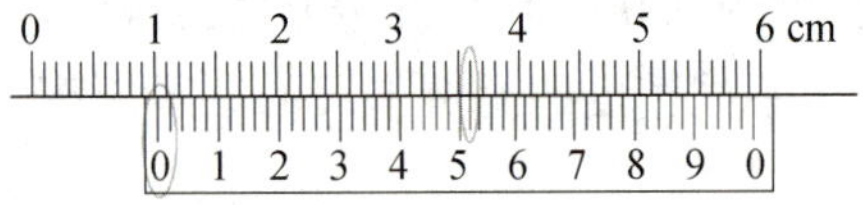 10 + 26 × 0.02 = 10.52 mm

（2）按结构分类

游标卡尺按结构可分为三种：机械式游标卡尺、数显式游标卡尺、带表式游标卡尺，其介绍和图示见表 2-2。

表 2-2　按结构分类的游标卡尺

分类	介绍	图示
机械式游标卡尺	主要由内测量爪、外测量爪、游标尺、深度尺、主尺、尺身和紧固螺钉等组成，测量稳定性好	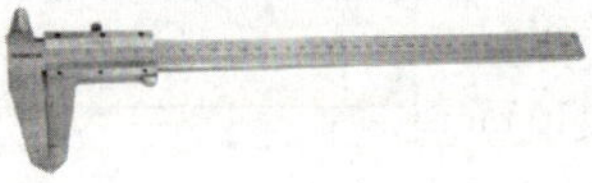
数显式游标卡尺	主要由实体、传感器、控制运算部分和数字显示部分等组成。利用电磁感应方式工作，需要使用电池提供电能。读数直观清晰、使用方便、测量效率高。按传感器形式不同可分为磁栅式数显卡尺和容栅式数显卡尺两类	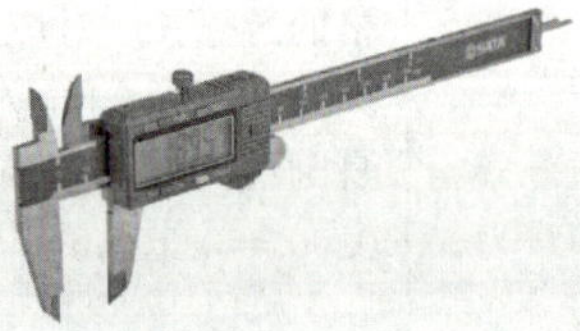

（续表）

分类	介绍	图示
带表式游标卡尺	也称附表卡尺，利用齿条传动齿轮带动指针显示数值，主尺刻度结合指示表读数，读数快捷准确。需要注意防震和防尘。震动轻易导致指针偏移零位，重易导致内部机芯和齿轮脱离，影响示值。灰尘会影响精度，大的铁屑若进入齿条，不小心拉动会导致传动齿崩裂，卡尺报废	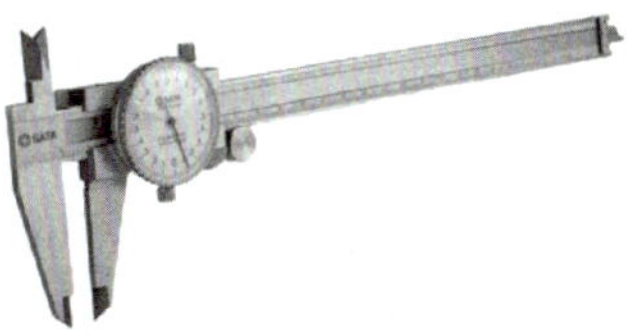

（3）按用途分类

游标卡尺按用途可分为高度游标卡尺、深度游标卡尺、齿厚游标卡尺等，其介绍和图示见表 2-3。

表 2-3　按用途分类的游标卡尺

分类	介绍	图示
高度游标卡尺	简称高度尺，可以测量工件的高度，经常用于测量形状和位置公差尺寸，有时也用于划线	
深度游标卡尺	简称深度尺，用于测量凹槽或孔的深度、梯形工件的梯层高度、长度等尺寸	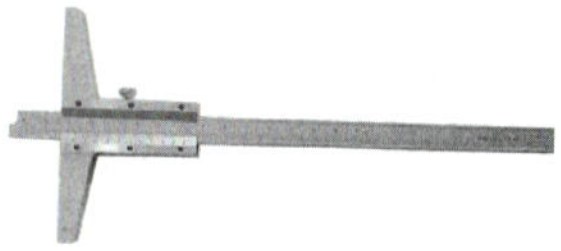
齿厚游标卡尺	以齿高尺定位，对齿厚尺两测量爪相对移动分隔的距离进行读数的齿厚测量工具。由两相互垂直的主尺组成，即两个游标	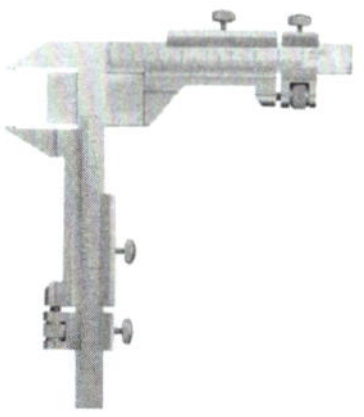

3）使用方法

测量时，应先拧松紧固螺钉，移动游标不能用力过猛。两量爪与待测物的接触不宜过紧。不能使被夹紧的物体在量爪内挪动。对同一长度应多测几次取其平均值。

读数时，视线应与尺面垂直。如需固定读数，可用紧固螺钉将游标固定在尺身上，防止滑动。

4）保养防护

每次使用之前，先检查游标卡尺的零刻度是否对齐、刻度是否清晰可见、挪动是否顺畅、是否可正常使用,否则需对该卡尺进行维修或更换新的计量有效的卡尺,并按运行检查规定中的仪器失效处理方法进行处理。

游标卡尺使用完毕,用棉纱擦拭干净。长期不用时应将其擦上黄油或机油,两量爪合拢并拧紧紧固螺钉,放入卡尺盒内盖好,并避免放置在灰尘、潮湿、过冷过热或含有酸碱蒸气的环境中。

游标卡尺是比较精密的测量工具,要轻拿轻放,避免碰撞或跌落地下。使用时不可用以测量粗糙的物体,以免损坏量爪。

2. 半径规

半径规也称 R 规、R 样板,是利用光隙法测量圆弧半径的专用工具,如图 2-7 所示。半径规分为检查凸形圆弧的凹形半径规和检查凹形圆弧的凸形半径规。半径规成套组成一组,根据半径范围,一般每组由凹形规和凸形规各 16 片组成,用 0.5 mm 厚的不锈钢板制造。

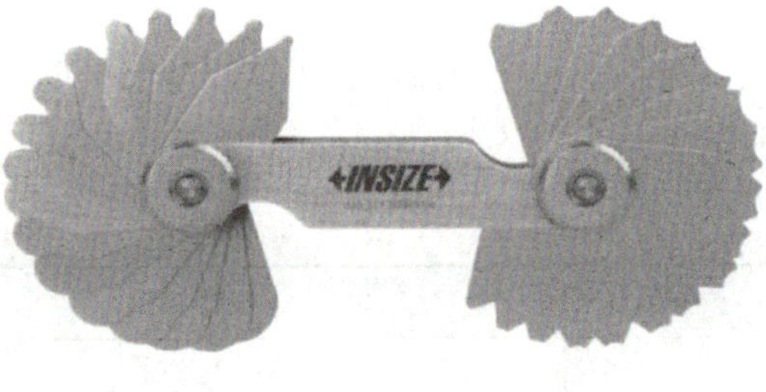

图 2-7　半径规

1) 校准

为确保半径规的测量精度和使用效果,使用前需要使用精密仪器来检测半径规的精度等级是否符合要求。

2) 测量方法

用半径规检测圆弧半径时,先选择与被检圆弧半径名义尺寸相同的半径规(每一片半径规上都标有其半径大小的数字),测量时必须使半径规的测量面与工件的圆弧完全紧密地接触,当测量面与工件的圆弧中间没有间隙时,工件的圆弧半径则为此时对应半径规所表示的数字。如图 2-8(a)所示为利用凸形圆弧测量内径尺寸,如图 2-8(b)所示为利用凹形圆弧测量外径尺寸。

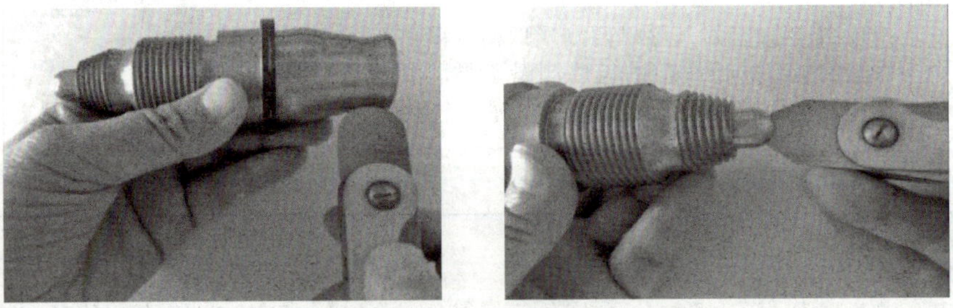

(a) 凸形圆弧测量内径尺寸　　(b) 凹形圆弧测量外径尺寸

图 2-8　半径规的使用

半径规的测量方法是目测,属于对比测量,故准确度不是很高,适用于精度要求不高的场合或作定性测量,同时由于半径规的数量有限,所以使用有一定的局限性。但其携带方便、测量操作简单快捷,可以快速得到测量结果,所以仍有使用价值,是常用量具。

3）材质和制造工艺要求

为了确保半径规的测量精度和使用寿命，其材质和制造工艺要求非常严格。一般来说，半径规的材质为高精度合金钢或不锈钢，制造工艺要求包括热处理、精密磨削、抛光等。此外，为了提高使用寿命，还要求对半径规进行防锈处理，确保其在使用过程中不会受到锈蚀的影响。

4）维护和保养方法

为了确保半径规的使用寿命和精度等级，需要进行定期的维护和保养。定期清洗半径规的测量端和固定端，更换润滑剂，检查半径规的外观是否有损伤或变形，对于长时间不使用的半径规需要妥善保管。

5）标识和包装要求

为了方便用户使用和了解半径规的性能参数等信息，需要对半径规进行标识和包装。标识内容包括产品名称、型号、规格、精度等级、生产厂家等。包装包括包装盒、防震垫等材料。

四、任务实施

1. 读取任务要求

以图 2-2 为本任务实施对象，分析零件结构、尺寸精度，利用游标卡尺、半径规等测量器具进行零件尺寸测量，对测量的原始数据进行误差处理后，根据图纸的尺寸要求对零件的合格性进行判断。

2. 游标卡尺的选定与准备

1）游标卡尺分度值的选定

选定分度值为 0.02 mm 的游标卡尺。

2）游标卡尺的外观检定

游标卡尺表面应无锈蚀、碰伤或其他缺陷，刻线和数字应清晰、均匀，不应有脱色现象。游标卡尺上应有刻度值、制造厂商、工厂标志和出厂编号。

3）游标卡尺的清洁

使用干净的布或纸巾轻轻擦拭游标卡尺，确保其表面干净无尘，避免灰尘或污垢对测量结果造成误差。

4）零值误差校准

移动尺框（卡尺移动应平稳，不应有阻滞现象），使两测量面接触，肉眼观察或用放大镜观察，要求零刻度线重合度在 ±0.005 mm 内，如图 2-9 所示。

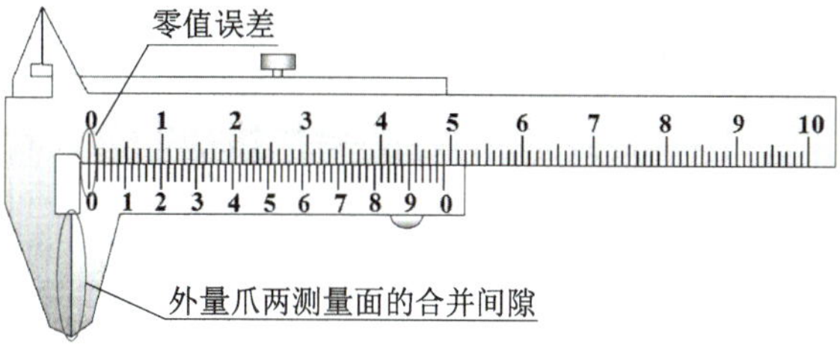

图 2-9　游标卡尺零值误差与外量爪测量面的合并间隙

5）观察外量爪两测量面的合并间隙

移动尺框，合拢外量爪的两个测量面，观察测量面间的间隙，以光隙法检定，允许里端出现蓝光。

6）游标卡尺的校准

游标卡尺是中等精度测量装置，虽然结构简单，但是在使用中存在磨损、磕碰、变形、归零不准确等问题，同时由于其结构上不符合阿贝原则，存在原理误差。因此，为了保证游标卡尺在使用中检测数据的真实、有效、可靠，对游标卡尺的检定和修正十分重要。游标卡尺的检定一般选用1级钢量块作为工作标准。用标称长度在规定范围内不同长度的量块来校准卡尺的不同测量点。量块被测面要干净、平整，每个尺寸连续测量三次，每次测量值均应在允许误差范围内。

（1）确定校验尺寸

选定 10.00 mm、25.00 mm、60.00 mm 三个尺寸进行游标卡尺测量值校验。

（2）选择合适的量块组量块

选定规格为 83 块量块的量块组，从中选定 5 mm、10.00 mm、20.00 mm、50.00 mm 等若干合适量块，清洗、干燥备用。

（3）量块测量面合格性校验

用清洗干燥后的平晶检验每个备用量块的每个测量面，在合适的光照条件下观察干涉条纹，合格的量块可以使用。

（4）游标卡尺测量值校验

选取 10.00 mm、25.00 mm、60.00 mm 的量块或量块组，用外校合格的游标卡尺分别连续测量三次，取其平均值记录，在测量过程中卡尺要和被测量块同方向平直。如图 2-10 所示。

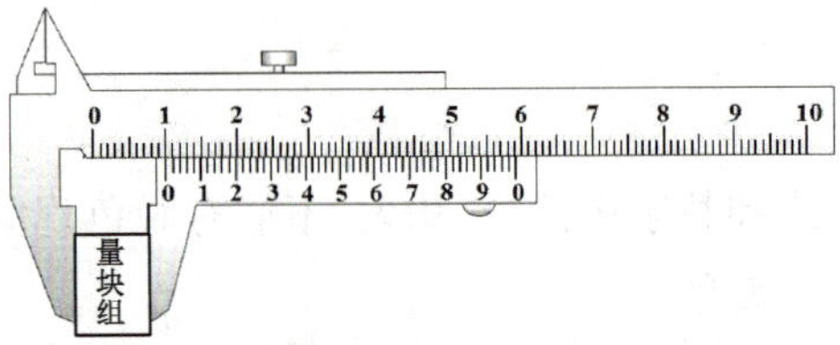

(a) 10.00 mm 量块组尺寸校验

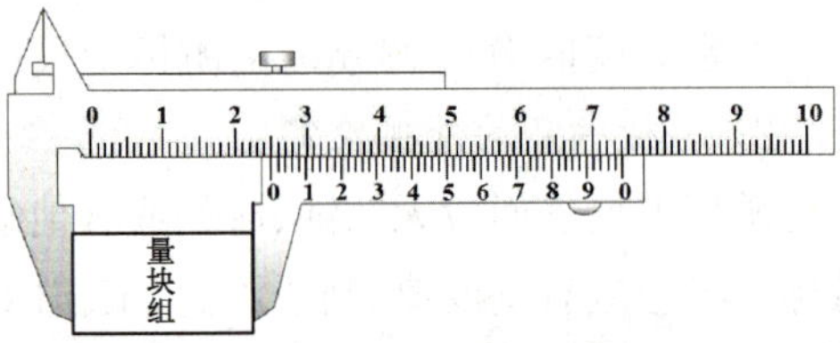

(b) 25.00 mm 量块组尺寸校验

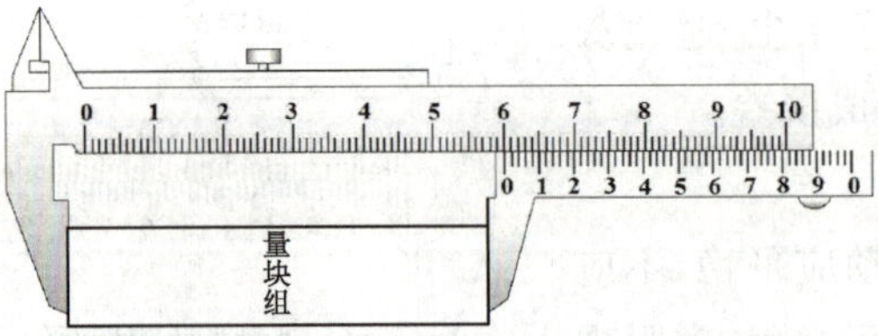

(c) 60.00 mm 量块组尺寸校验

图 2-10 游标卡尺测量值校验

3. 实施测量并判断零件合格性

以图 2-2 为依据，对零件实物每个尺寸进行测量，每个尺寸测量三次取平均值，进行原始数据与平均值的记录，以平均值作为最终测量结果，根据测量数据进行零件合格性判定。

4. 保养测量器具并整理实训室

整理任务所用的所有测量器具，进行归类、保养，整理实训室卫生，确保水、电、通道等安全。

5. 编写任务报告

自行编写任务报告，包括任务名称、任务目的、任务用品、任务步骤、任务结果等。

五、知识拓展

1. 优先数和优先数系

现代化的生产是技术先进、分工严密、广泛协作的大生产。在这种情况下，推广使用优先数使尺寸、参数标准化，对于提高零部件和整台机器的结构工艺性具有深远的影响。产品统一化、尺寸系列化、结构典型化和零部件通用化都是建立在优先数及优先数系这项基础标准之上的。

1）定义

《优先数和优先数系》(GB/T 321—2005)规定，优先数系是由公比分别为$\sqrt[5]{10}$、$\sqrt[10]{10}$、$\sqrt[20]{10}$、$\sqrt[40]{10}$、$\sqrt[80]{10}$，且项值中含有10的整数幂的理论等比数列导出的一组近似等比的数列。各数列分别用符号R_5、R_{10}、R_{20}、R_{40}和R_{80}表示，分别称为R_5系数、R_{10}系数、R_{20}系数、R_{40}系数和R_{80}系数，见表2-4。优先数系中任一个项值均称为优先数。

表2-4　优先数系的基本系列

R_5	R_{10}	R_{20}	R_{40}	R_5	R_{10}	R_{20}	R_{40}	R_5	R_{10}	R_{20}	R_{40}
1.00	1.00	1.00	1.00			2.24	2.24		5.00	5.00	5.00
			1.06				2.36				5.30
		1.12	1.12	2.50	2.50	2.50	2.50			5.60	5.60
			1.18				2.65				6.00
	1.25	1.25	1.25			2.80	2.80	6.30	6.30	6.30	6.30
			1.32				3.00				6.70
		1.40	1.40		3.15	3.15	3.15			7.10	7.10
			1.50				3.35				7.50
1.60	1.60	1.60	1.60			3.55	3.55		8.00	8.00	8.00
			1.70				3.75				8.50
		1.80	1.80	4.00	4.00	4.00	4.00			9.00	9.00
			1.90				4.25				9.50
	2.00	2.00	2.00			4.50	4.50	10.00	10.00	10.00	10.00
			2.12				4.75				

2）系列的种类和代号

（1）基本系列

基本系列为优先数系中常用的四个系数系列R_5、R_{10}、R_{20}、R_{40}。

各项公比：R_5 ：$q_5=\sqrt[5]{10}\approx1.60$

R_{10} ：$q_{10}=\sqrt[10]{10}\approx1.25$

R_{20} ：$q_{20}=\sqrt[20]{10}\approx1.12$

R_{40} ：$q_{40}=\sqrt[40]{10}\approx1.06$

（2）补充系列

补充系列为R_{80}。

公比：R_{80} ：$q_{80}=\sqrt[80]{10}\approx1.03$

例题 2-4 螺纹公差的等级自 3 级起，其公差等级系数为 0.50，0.63，1.00，1.25，1.60，2.00，请判断它们的公比是多少，属于哪个基本系列。

解 在五个数中，任取两个相邻值，计算它们的比值即可，如$\frac{1.25}{1.00}=1.25$，即公比为 1.25，根据表 2-4 可知，该优先数系列为R_{10}。

例题 2-5 摇臂钻床的主参数（最大钻孔直径，单位为 mm）有：25，40，64，80，100，…，请判断该组数据属于哪种系列？公比为多少？

解 该组数据是混合系列，前面三项为R_5系列，公比为 1.60，后面的为R_{10}系列，公比为 1.25。

3）系列的优点和意义

在设计产品并制定技术标准时，涉及很多技术参数，这些技术参数在生产环节中并不是孤立的。当选定一个数值作为某产品的参数指标后，这个数值就会按一定的规律向一切相关的制品、材料的有关参数指标“传播扩散”。例如，螺孔的直径确定后，不仅影响螺钉的其他尺寸，还会“传播”到加工这些螺纹的钻头、丝锥和扳手以及检测这些螺纹的螺纹塞规等。

实践证明，凡能正确使用优先数系的产品，其参数系列一般都比较经济合理，可实现以较少的品种规格来满足较宽范围需要的效果。这种经济合理的数值分级制度，便于统一国民经济各领域或各专业之间的配合，简化设计计算，使用方便，具有广泛的适用性。

2. 量值的传递系统

在生产实践中，不是任何尺寸都可以直接利用光波波长进行长度尺寸的测量，通常要经过中间基准，将长度基准逐级传递到生产中使用的各种计量器具上。

我国长度量值传递系统如图 2-11 所示，从最高基准谱线向下传递，有两个平行系统，即端面量具(量块)系统和刻线量具(线纹尺)系统。

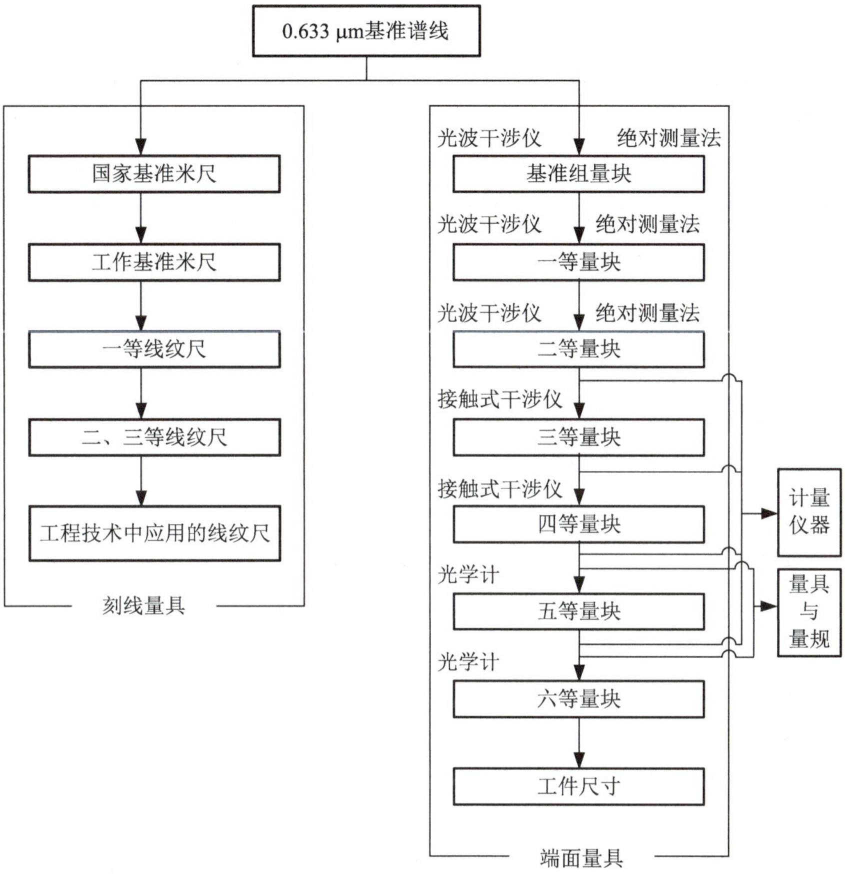

图 2-11　长度量值的传递系统

任务 2　简单零件的实体测绘

一、任务布置

选用螺旋测微尺等测量器具进行零件(图 2-12)的尺寸测量,对测量的原始数据进行误差处理,同步手绘草图。将实测尺寸数据处理成设计尺寸后,选用合适的建模软件进行零件建模,然后基于 AutoCAD 软件绘制零件图,正确标注尺寸信息。

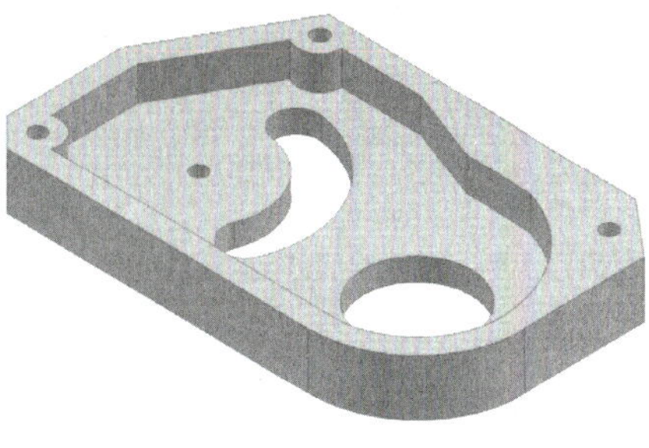

图 2-12　被测零件

二、理论知识

1. 尺寸公差

尺寸公差即允许的尺寸变动量。零件在制造过程中，由于加工或测量等因素的影响，完工后的实际尺寸总存在一定的误差，为保证零件的互换性，必须将零件的实际尺寸控制在允许变动的范围内，即尺寸公差。孔、轴的尺寸公差分别用 T_D 和 T_d 表示。数值上等于上极限尺寸与下极限尺寸之代数差的绝对值，或者是上极限偏差与下极限偏差之代数差的绝对值。

$$T_D = |D_{\max} - D_{\min}| = |ES - EI| \qquad T_d = |d_{\max} - d_{\min}| = |es - ei|$$

在公称尺寸相同的情况下，尺寸公差越小，则尺寸精度越高。由于尺寸变动量只涉及大小，因此尺寸公差没有正、负，而用绝对值定义。由于加工误差不可避免，也就是零件的实际尺寸总是变动的，所以公差也不能取零值。在零件图上，凡有公差要求的尺寸，通常不是标注两个极限尺寸，而是标注出公称尺寸和上、下极限偏差，例如 $\phi 60^{+0.030}_{0}$，$\phi 120^{+0.030}_{-0.010}$，如果上、下极限偏差大小相等符号相反，还可以标注成 $\phi 18 \pm 0.02$。

根据零件中各尺寸加工、测量与验收的差异性，尺寸公差分为标准公差和一般公差。

1）标准公差

《产品几何技术规范(GPS)　线性尺寸公差 ISO 代号体系　第 1 部分：公差、偏差和配合的基础》(GB/T 1800.1—2020)规定了用以确定公差大小的数值。标准公差等级代号用符号 IT 和数字组成，如 IT7 表示公差等级为 7 级精度的标准公差。根据零件加工精确程度不同，该标准规定：在公称尺寸 0 至 3 150 mm 内规定 IT01、IT0～IT18 共 20 个标准公差等级。GB/T 1800.1—2020 中规定了具体数值，见表 2-5。

表 2-5　标准公差数值

公称尺寸/mm		公差等级																			
		IT01	IT0	IT1	IT2	IT3	IT4	IT5	IT6	IT7	IT8	IT9	IT10	IT11	IT12	IT13	IT14	IT15	IT16	IT17	IT18
大于	至	μm													mm						
—	3	0.3	0.5	0.8	1.2	2	3	4	6	10	14	25	40	60	0.1	0.14	0.25	0.4	0.6	1	1.4
3	6	0.4	0.6	1	1.5	2.5	4	5	8	12	18	30	48	75	0.12	0.18	0.3	0.48	0.75	1.2	1.8
6	10	0.4	0.6	1	1.5	2.5	4	6	9	15	22	36	58	90	0.15	0.22	0.36	0.58	0.9	1.5	2.2
10	18	0.5	0.8	1.2	2	3	5	8	11	18	27	43	70	110	0.18	0.27	0.43	0.7	1.1	1.8	2.7
18	30	0.6	1	1.5	2.5	4	6	9	13	21	33	52	84	130	0.21	0.33	0.52	0.84	1.3	2.1	3.3
30	50	0.6	1	1.5	2.5	4	7	11	16	25	39	62	100	160	0.25	0.39	0.62	1	1.6	2.5	3.9
50	80	0.8	1.2	2	3	5	8	13	19	30	46	74	120	190	0.3	0.46	0.74	1.2	1.9	3	4.6
80	120	1	1.5	2.5	4	6	10	15	22	35	54	87	140	220	0.35	0.54	0.87	1.4	2.2	3.5	5.4
120	180	1.2	2	3.5	5	8	12	18	25	40	63	100	160	250	0.4	0.63	1	1.6	2.5	4	6.3

（续表）

公称尺寸/mm		公差等级																			
		IT01	IT0	IT1	IT2	IT3	IT4	IT5	IT6	IT7	IT8	IT9	IT10	IT11	IT12	IT13	IT14	IT15	IT16	IT17	IT18
180	250	2	3	4.5	7	10	14	20	29	46	72	115	185	290	0.46	0.72	1.15	1.85	2.9	4.6	7.2
250	315	2.5	4	6	8	12	16	23	32	52	81	130	210	320	0.52	0.81	1.3	2.1	3.2	5.2	8.1
315	400	3	5	7	9	13	18	25	36	57	89	140	230	360	0.57	0.89	1.4	2.3	3.6	5.7	8.9
400	500	4	6	8	10	15	20	27	40	63	97	155	250	400	0.63	0.97	1.55	2.5	4	6.3	9.7
500	630			9	11	16	22	32	44	70	110	175	280	440	0.7	1.1	1.75	2.8	4.4	7	11
630	800			10	13	18	25	36	50	80	125	200	320	500	0.8	1.25	2	3.2	5	8	12.5
800	1 000			11	15	21	28	40	56	90	140	230	360	560	0.9	1.4	2.3	3.6	5.6	9	14
1 000	1 250			13	18	24	33	47	66	105	165	260	420	660	1.05	1.65	2.6	4.2	6.6	10.5	16.5
1 250	1 600			15	21	29	39	55	78	125	195	310	500	780	1.25	1.95	3.1	5	7.8	12.5	19.5
1 600	2 000			18	25	35	46	65	92	150	230	370	600	920	1.5	2.3	3.7	6	9.2	15	23
2 000	2 500			22	30	41	55	78	110	175	280	440	700	1 100	1.75	2.8	4.4	7	11	17.5	28
2 500	3 150			26	36	50	68	96	135	210	330	540	800	1350	2.1	3.3	5.4	8.6	13.2	21	33

小贴士

① 横向看标准公差数值表：同公称尺寸段，公差等级数值越大，公差等级越低，标准公差数值越大，尺寸精度越低，加工难度越低。

② 纵向看标准公差数值表：同公差等级，不同公称尺寸段对应的标准公差数值不同，但是尺寸精度相同，加工难度相同。

③ 只要公差等级相同，就认为有相同的精度与相同的加工难易程度。

例题 2-6 请确定孔 $\phi18H7$ 和轴 $\phi60h8$ 的标准公差数值。

解 公称尺寸 $D=18$，公差等级 IT7，经查表可知 $T_D=IT7=0.018$。

公称尺寸 $d=60$，公差等级 IT8，经查表可知 $T_d=IT8=0.046$。

从零件性能要求来看，要求尺寸的变动范围越小越好，以提高其配合精度。但从加工要求来看，尺寸允许变动范围应尽量大些，以提高其加工经济性。因此，在进行产品设计时，必须根据零件的功能要求，选择适当范围的公差值，作为零件加工和检验的依据。

2）一般公差

一般公差为在车间一般加工条件下可以保证的公差，是机床设备在正常维护和操作情况下能达到的加工精度。一般公差的应用场合：较低精度的非配合尺寸、金属切削加工的非配合尺寸、车间一般工艺条件可保障的尺寸、机床设备一般加工能力可保障的尺寸。一般公差的应有优势：简化制图、使图样清晰易读、节省图样设计时间、简化检验要求、有利于质量管理、突出标注公差的尺寸。

《一般公差　未注公差的线性和角度尺寸的公差》(GB/T 1804—2000)规定了线性尺寸、倒圆半径以及倒角高度的极限偏差，极限偏差全部采用对称偏差值，对适用尺寸也采用了较大的分段，具体数值见表 2-6、表 2-7。其对应的一般公差等级分为精密级 f，中等级 m，粗糙级 c，最粗级 v 四个公差等级，分别相当于标准公差等级中的 IT12、IT14、IT16、IT17。

表 2-6　线性尺寸的极限偏差数值

公差等级	尺寸分段(mm)							
	0.5～3	>3～6	>6～30	>30～120	>120～400	>400～1 000	>1 000～2 000	>2 000～4 000
f(精密级)	±0.05	±0.05	±0.1	±0.15	±0.2	±0.3	±0.5	—
m(中等级)	±0.1	±0.1	±0.2	±0.3	±0.5	±0.8	±1.2	±2
c(粗糙级)	±0.2	±0.3	±0.5	±0.8	±1.2	±2	±3	±4
v(最粗级)	—	±0.5	±1	±1.5	±2.5	±4	±6	±8

表 2-7　倒圆半径和倒角高度尺寸的极限偏差数值

<table>
<tr><th rowspan="2">公差等级</th><th colspan="4">尺寸分段(mm)</th></tr>
<tr><th>0.5～3</th><th>>3～6</th><th>>6～30</th><th>>30</th></tr>
<tr><td>f(精密级)</td><td rowspan="2">±0.2</td><td rowspan="2">±0.5</td><td rowspan="2">±1</td><td rowspan="2">±2</td></tr>
<tr><td>m(中等级)</td></tr>
<tr><td>c(粗糙级)</td><td rowspan="2">±0.4</td><td rowspan="2">±1</td><td rowspan="2">±2</td><td rowspan="2">±4</td></tr>
<tr><td>v(最粗级)</td></tr>
</table>

采用一般公差的尺寸，在图样中不会在尺寸后标注出极限偏差要求，通常是在图样、技术文件或标注中作出统一规定。例如，当选用中等级 m 时，可在技术要求中注明：未注公差尺寸按 GB/T 1804—m，如图 2-13 所示。

小贴士

① 一般公差是指在车间通常加工条件下可以保证的公差，采用一般公差的尺寸在该尺寸后不需要标注出其极限偏差数值。

② 未注公差需要在规范的零件图中明确表明：未注尺寸公差按某标准某项执行。

③ 机械制图中未标公差的尺寸的公差曾被称为自由公差，现在已经被废除了，应称为"未标注公差的尺寸的公差"，详见 GB/T 1804—2000。

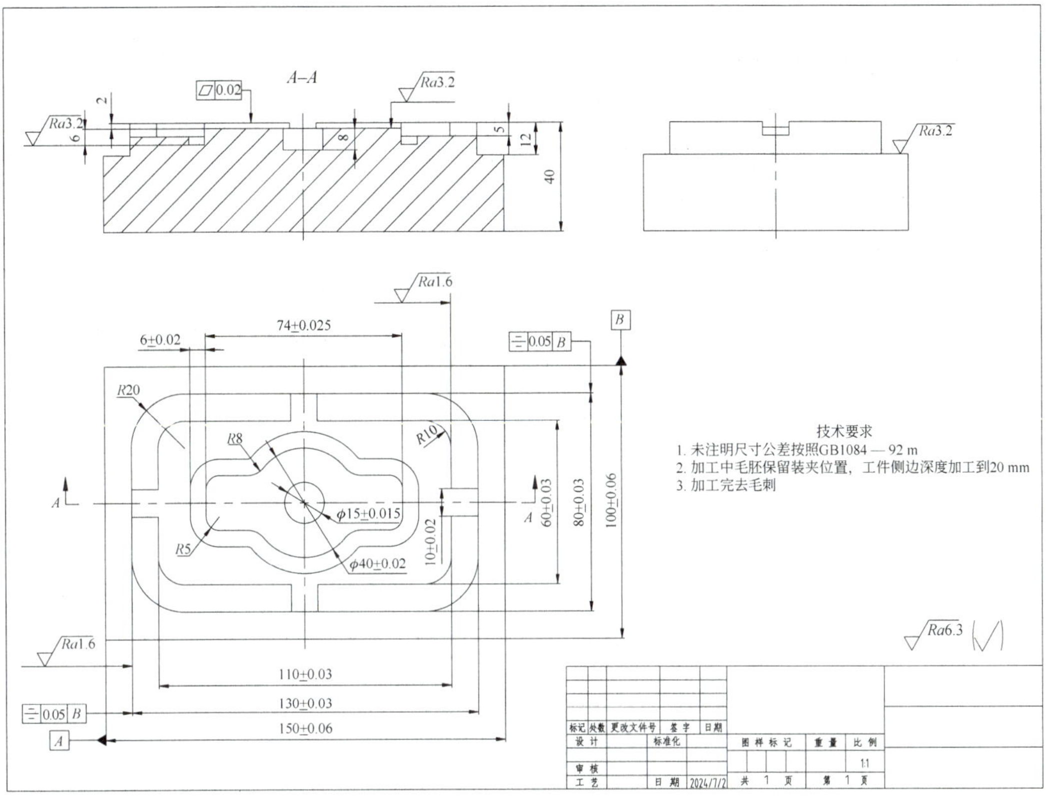

图 2-13　带未注尺寸公差要求的零件图

2. 公差带图

当在一个图中需要将孔、轴的公称尺寸、极限尺寸、极限偏差、公差等众多尺寸信息以及它们之间的关系全部表达出来时，会显得十分烦琐，如图 2-14 所示。为了工程需要，在实际应用中通常不画出孔和轴的全形，用公差带图表示即可。

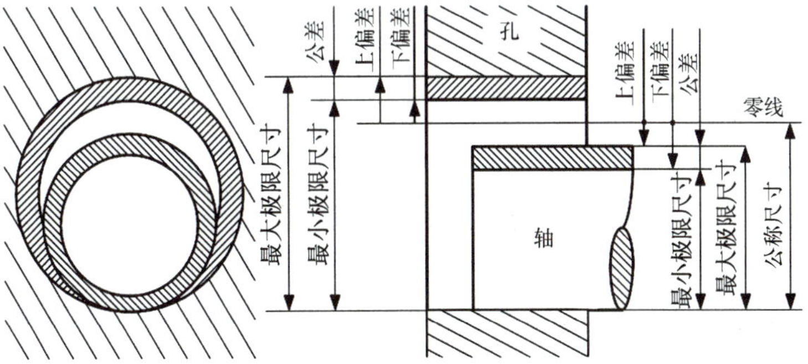

图 2-14　孔、轴尺寸信息示意

公差带图是由代表上极限偏差和下极限偏差或上极限尺寸和下极限尺寸的两条直线所限定的一个区域，也称尺寸公差带，它是由公差数值大小和公差带位置来决定的，如

图 2-15 所示。

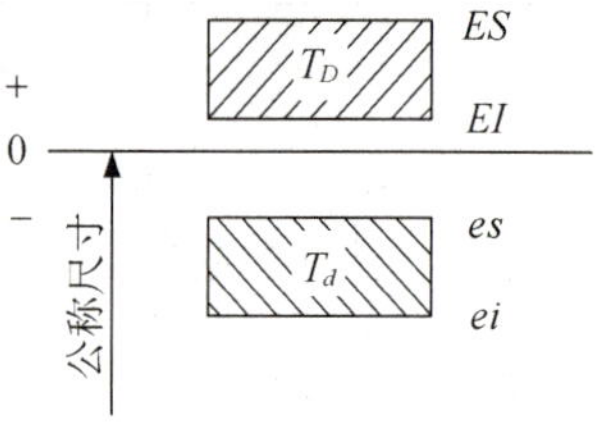

图 2-15　孔、轴公差带图

绘制公差带图的步骤如下：

① 画一水平直线(零线)，左端正对零线起始位置标注“0”，“0”的正上方和正下方分别标注“+”“-”，零线左边绘制一纵向直线，箭头指向零线，同时在纵向直线左边标注公称尺寸数值。

② 孔、轴上下极限偏差线：根据偏差大小选定一个适当的作图比例(一般选 500：1 或 1 000：1)，根据极限偏差的数值确定其与零线的位置，分别绘制两条等长的水平线，并将其封闭绘制成一矩形，在右边标注极限偏差的数值。

③ 在封闭的公差带矩形框中打上阴影线，孔、轴的阴影线疏密程度不同且方向相反。

④ 可以在公差带内标注 T_D 和 T_d 以区分孔、轴公差带。

例题 2-7　请绘制孔 $\phi 25^{+0.021}_{0}$ 和轴 $\phi 25^{-0.020}_{-0.033}$ 的公差带图。

解　$D=25$　$ES=+0.021$　$EI=0$

$d=25$　$es=-0.020$　$ei=-0.033$

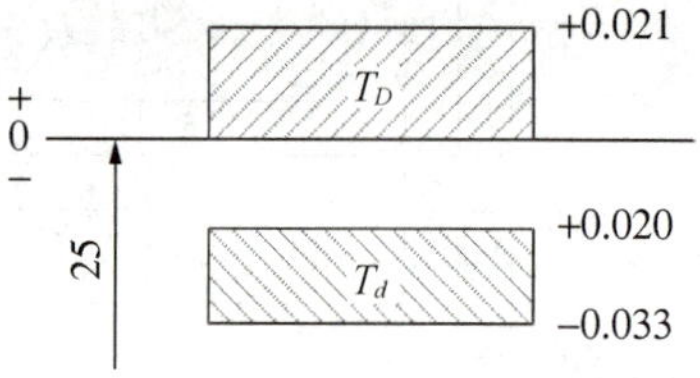

小贴士

① 公差带图的绘制中，如果公称尺寸和极限偏差的单位都是 mm，可以不用标注单位。

② 公差带图的绘制中，如果公称尺寸和极限偏差的单位不一致，即如果极限偏差需要用 μm 表示，公称尺寸数值后需标明 mm，极限偏差数值后不需要标注单位，如下图所示。

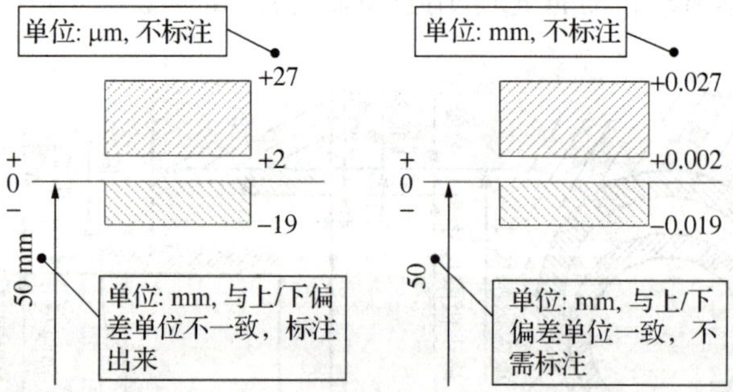

3. 基本偏差及基本偏差带图

1) 基本偏差

公差带图是极限与配合示意图的简化表示方法，由公差带的大小和位置两个要素组成。

公差带的大小：公差带的高度值，是根据零件精度要求，按照公差值来确定的。

公差带的位置：公差带相对于零线的位置决定该位置的是基本偏差。

基本偏差是用来确定公差带相对于零线位置的极限偏差，一般是指靠近零线的那个偏差，它可以是上极限偏差也可以是下极限偏差。

当公差带位于零线上方时，基本偏差为下极限偏差，如图 2-16(a)所示。当公差带位于零线下方时，基本偏差为上极限偏差，如图 2-16(b)所示。基本偏差是公差带位置标准化的唯一参数，原则上它与公差等级无关。当确定了基本偏差的数值（即一个极限偏差的数值），就可以根据尺寸公差计算公式确定另一个极限偏差的数值。

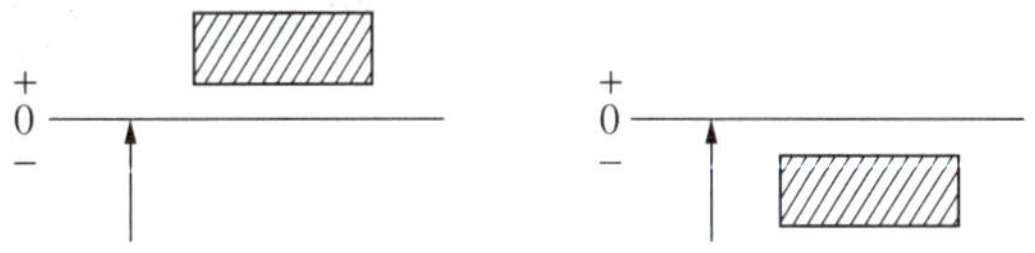

(a) 下极限偏差　　(b) 上极限偏差

图 2-16　基本偏差

2）基本偏差代号

为了满足机器不同配合性质的要求，就需要给出不同的公差带，也就是使相配合的轴与孔之间的公差带处于不同位置。从便于生产的角度出发，为了保持工装、刀具、量具等最大限度地通用，分别给出孔与轴的公差带位置各 28 个。基本偏差代号用拉丁字母按顺序排列，大写字母表示孔，小写字母表示轴，在 26 个字母中去掉五个常作他用、易与其他参数混淆的字母：I、L、O、Q、W(i、l、o、q、w)，再加上七个双写字母 CD、EF、FG、JS、ZA、ZB、ZC(cd、ef、fg、js、za、zb、zc)，见表 2-8。

表 2-8　孔和轴的基本偏差代号

类别	基本偏差代号																					
孔	A	B	C	D	E	F	G	H	J	K	M	P	R	S	T	U	V	X	Y	Z			
				CD		EF	FG		JS												ZA	ZB	ZC
轴	a	b	c	d	e	f	g	h	j	k	m	p	r	s	t	u	v	x	y	z			
				cd		ef	fg		js												za	zb	zc

3）基本偏差带图

孔、轴基本偏差带图分布如图 2-17 所示，读图可知轴的基本偏差分布与孔的基本偏差成倒影关系。基本偏差带图只表示了公差带的各种位置，所以只画出属于基本偏差的一端，另一端则是开口的，即公差带的另一端取决于标准公差的大小。孔、轴基本偏差带图的说明见表 2-9。

4）基本偏差表

为了便于生产中应用，采用与前述标准公差表相同的方法，将各类基本偏差按公称尺寸分段，根据基本偏差计算公式，求出各自对应的基本偏差值并经过修正，列成表格，供工作中使用。孔和轴的基本偏差数值见表 2-10～表 2-13。

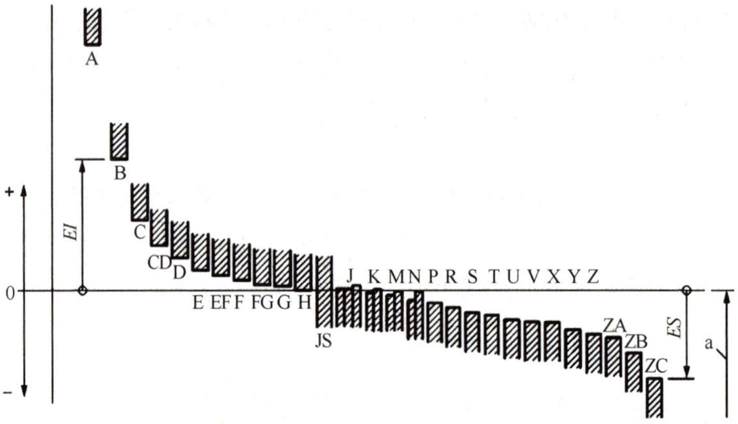

(a) 孔(内尺寸要素)

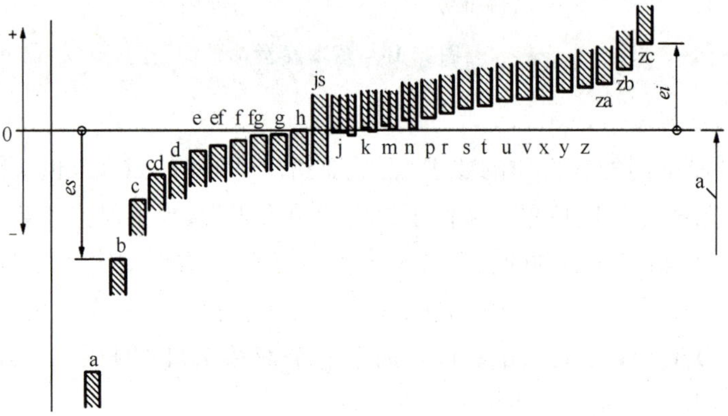

(b) 轴(外尺寸要素)

图 2-17　孔、轴基本偏差带图

表 2-9　孔和轴的基本偏差代号说明

基本偏差代号	孔的基本偏差系列说明	轴的基本偏差系列说明
A~G/a~g	A~G 这一范围基本偏差均为下极限偏差，$EI>0$；基本偏差按从 A~G 逐渐减小，从上向下逐渐靠近零线	a~g 这一范围基本偏差均为上极限偏差，$es<0$；基本偏差的绝对值按从 a~g 逐渐减小，从下向上逐渐靠近零线
H/h	H 所标示的基本偏差即下极限偏差为零，$EI=0$	h 所标示的基本偏差即上极限偏差为零，$es=0$
JS/js	JS 极限偏差对称分布于零线两侧，其上/下极限偏差分别为 $+\frac{IT}{2}$ 和 $-\frac{IT}{2}$	js 极限偏差对称分布于零线两侧，其上/下极限偏差分别为 $+\frac{IT}{2}$ 和 $-\frac{IT}{2}$
K~ZC/k~zc	K~ZC 这一范围基本偏差均为上极限偏差，$ES<0$；基本偏差的绝对值按从 K~ZC 逐渐增大，从上向下逐渐远离零线	k~zc 范围的基本偏差均为下极限偏差，$ei>0$；基本偏差按从 k~zc 逐渐增大，从下向上逐渐远离零线

表 2-10　　**轴 a～j 的基本偏差数值**　　单位：μm

公称尺寸/mm		基本偏差数值(上极限偏差 *es*)												下极限偏差 *ei*		
		所有公差等级												IT5 和 IT6	IT7	IT8
大于	至	a	b	c	cd	d	e	ef	f	fg	g	h	js	j		
—	3	−270	−140	−60	−34	−20	−14	−10	−6	−4	−2	0	偏差 = $\pm\frac{ITn}{2}$，式中 n 是标准公差等级数	−2	−4	−6
3	6	−270	−140	−70	−46	−30	−20	−14	−10	−6	−4	0		−2	−4	
6	10	−280	−150	−80	−56	−40	−25	−18	−13	−8	−5	0		−2	−5	
10	14	−290	−150	−95	−70	−50	−32	−23	−16	−10	−6	0		−3	−6	
14	18															
18	24	−300	−160	−110	−85	−65	−40	−25	−20	−12	−7	0		−4	−8	
24	30															
30	40	−310	−170	−120	−100	−80	−50	−35	−25	−15	−9	0		−5	−10	
40	50	−320	−180	−130												
50	65	−340	−190	−140		−100	−60		−30		−10	0		−7	−12	
65	80	−360	−200	−150												
80	100	−380	−220	−170		−120	−72		−36		−12	0		−9	−15	
100	120	−410	−240	−180												
120	140	−460	−260	−200		−145	−85		−43		−14	0		−11	−18	
140	160	−520	−280	−210												
160	180	−580	−310	−230												
180	200	−660	−340	−240		−170	−100		−50		−15	0		−13	−21	
200	225	−740	−380	−260												
225	250	−820	−420	−280												
250	280	−920	−480	−300		−190	−110		−56		−17	0		−16	−26	
280	315	−1 050	−540	−330												
315	355	−1 200	−600	−360		−210	−125		−62		−18	0		−18	−28	
355	400	−1 350	−680	−400												
400	450	−1 500	−760	−440		−230	−135		−68		−20	0		−20	−32	
450	500	−1 650	−840	−480												
500	560					−260	−145		−76		−22	0				
560	630															
630	710					−290	−160		−80		−24	0				
710	800															
800	900					−320	−170		−86		−26	0				
900	1 000															
1 000	1 120					−350	−195		−98		−28	0				
1 120	1 250															
1 250	1 400					−390	−220		−110		−30	0				
1 400	1 600															
1 600	1 800					−430	−240		−120		−32	0				
1 800	2 000															
2 000	2 240					−480	−260		−130		−34	0				
2 240	2 500															
2 500	2 800					−520	−290		−145		−38	0				
2 800	3 150															

注：摘自 GB/T 1800.1—2020，公称尺寸小于或等于 1 mm 时，基本偏差 a 和 b 均不采用，公差带 js7～js11，若 ITn 值数是奇数，则取偏差＝±[IT(n−1)]/2。

表 2-11　　轴 k～zc 的基本偏差数值　　单位：μm

公称尺寸/mm		基本偏差数值(下极限偏差 *ei*)															
大于	至	IT4 至 IT7	≤IT3 >IT7	所有公差等级													
		k		m	n	p	r	s	t	u	v	x	y	z	za	zb	zc
—	3	0	0	+2	+4	+6	+10	+14		+18		+20		+26	+32	+40	+60
3	6	+1	0	+4	+8	+12	+15	+19		+23		+28		+35	+42	+50	+80
6	10	+1	0	+6	+10	+15	+19	+23		+28		+34		+42	+52	+67	+97
10	14	+1	0	+7	+12	+18	+23	+28		+33		+40		+50	+64	+90	+130
14	18										+39	+45		+60	+77	+108	+150
18	24	+2	0	+8	+15	+22	+28	+35		+41	+47	+54	+63	+73	+98	+136	+188
24	30								+41	+48	+55	+64	+75	+88	+118	+160	+218
30	40	+2	0	+9	+17	+26	+34	+43	+48	+60	+68	+80	+94	+112	+148	+200	+274
40	50								+54	+70	+81	+97	+114	+136	+180	+242	+325
50	65	+2	0	+11	+20	+32	+41	+53	+66	+87	+102	+122	+144	+172	+226	+300	+405
65	80						+43	+59	+75	+102	+120	+146	+174	+210	+274	+360	+480
80	100	+3	0	+13	+23	+37	+51	+71	+91	+124	+146	+178	+214	+258	+335	+445	+585
100	120						+54	+79	+104	+144	+172	+210	+254	+310	+400	+525	+690
120	140	+3	0	+15	+27	+43	+63	+92	+122	+170	+202	+248	+300	+365	+470	+620	+800
140	160						+65	+100	+134	+190	+228	+280	+340	+415	+535	+700	+900
160	180						+68	+108	+146	+210	+252	+310	+380	+465	+600	+780	+1 000
180	200	+4	0	+17	+31	+50	+77	+122	+166	+236	+284	+350	+425	+520	+670	+880	+1 500
200	225						+80	+130	+180	+258	+310	+385	+470	+575	+740	+960	+1 250
225	250						+84	+140	+196	+284	+340	+425	+520	+640	+820	+1 050	+1 350
250	280	+4	0	+20	+34	+56	+94	+158	+218	+315	+385	+475	+580	+710	+920	+1 200	+1 550
280	315						+98	+170	+240	+350	+425	+525	+650	+790	+1 000	+1 300	+1 700
315	355	+4	0	+21	+37	+62	+108	+190	+288	+390	+475	+590	+730	+900	+1 150	+1 500	+1 900
355	400						+114	+208	+294	+435	+530	+660	+820	+1 000	+1 300	+1 650	+2 100
400	450	+5	0	+23	+40	+68	+126	+232	+330	+490	+595	+740	+920	+1 100	+1 450	+1 850	+2 400
450	500						+132	+252	+360	+540	+660	+820	+1 000	+1 250	+1 600	+2 100	+2 600
500	560	0	0	+26	+44	+78	+150	+280	+400	+600							
560	630						+155	+310	+450	+660							
630	710	0	0	+30	+50	+88	+175	+340	+500	+740							
710	800						+185	+380	+560	+840							
800	900	0	0	+34	+56	+100	+210	+430	+620	+940							
900	1 000						+220	+470	+680	+1 050							
1 000	1 120	0	0	+40	+66	+120	+250	+520	+780	+1 150							
1 120	1 250						+260	+580	+840	+1 300							
1 250	1 400	0	0	+48	+78	+140	+300	+640	+960	+1 450							
1 400	1 600						+330	+720	+1 050	+1 600							
1 600	1 800	0	0	+58	+92	+170	+370	+820	+1 200	+1 850							
1 800	2 000						+400	+920	+1 350	+2 000							
2 000	2 240	0	0	+68	+110	+195	+440	+1 000	+1 500	+2 300							
2 240	2 500						+460	+1 100	+1 650	+2 500							
2 500	2 800	0	0	+76	+135	+240	+550	+1 250	+1 900	+2 900							
2 800	3 150						+580	+1 400	+2 100	+3 200							

表 2-12　　孔 A～M 的基本偏差数值　　单位：μm

公称尺寸/mm		基本偏差数值																		
		下极限偏差 *EI*												上极限偏差 *ES*						
		所有公差等级												IT6	IT7	IT8	≤IT8	>IT8	≤IT8	>IT8
大于	至	A	B	C	CD	D	E	EF	F	FG	G	H	JS	J			K		M	
—	3	+270	+140	+60	+34	+20	+14	+10	+6	+4	+2	0		+2	+4	+6	0	0	−2	−2
3	6	+270	+140	+70	+46	+30	+20	+14	+10	+6	+4	0		+5	+6	+10	−1+Δ		+4+Δ	−4
6	10	+280	+150	+80	+56	+40	+25	+18	+13	+8	+5	0		+5	+8	+12	−1+Δ		−6+Δ	−6
10	14	+290	+150	+95	+70	+50	+32	+23	+16	+10	+6	0		+6	+10	+15	1+Δ		−7+Δ	−7
14	18																			
18	24	+300	+160	+110	+85	+65	+40	+28	+20	+12	+7	0		+8	+12	+20	−2+Δ		−8+Δ	−8
24	30																			
30	40	+310	+170	+120	+100	+80	+50	+35	+25	+15	+9	0		+10	+14	+24	−2+Δ		−9+Δ	−9
40	50	+320	+180	+130																
50	65	+340	+190	+140		+100	+60		+30	+10	0			+13	+18	+28	−2+Δ		−11+Δ	−11
65	80	+360	+200	+150																
80	100	+380	+220	+170		+120	+72		+36	+12	0			+16	+22	+34	−3+Δ		−13+Δ	−13
100	120	+410	+240	+180																
120	140	+460	+260	+200		+145	+85		+43	+14	0			+18	+26	+41	−3+Δ		−15+Δ	−15
140	160	+520	+280	+210																
160	180	+580	+310	+230																
180	200	+660	+340	+240		+170	+100		+50		+15	0	偏差＝$\pm\frac{ITn}{2}$，式中 n 为标准公差等级数	+22	+30	+47	−4+Δ		−17+Δ	−17
200	225	+740	+380	+260																
225	250	+820	+420	+280																
250	280	+920	+480	+300		+190	+110		+56		+17	0		+25	+36	+55	−4+Δ		−20+Δ	−20
280	315	+1 050	+540	+330																
315	355	+1 200	+600	+360		+210	+125		+62		+18	0		+29	+39	+60	−4+Δ		−21+Δ	−21
355	400	+1 350	+680	+400																
400	450	+1 500	+760	+440		+230	+135		+68		+20	0		+33	+43	+66	−5+Δ		−23+Δ	−23
450	500	+1 650	+840	+480																
500	560					+260	+145		+76		+22	0					0		−26	
560	630																			
630	710					+290	+160		+80		+24	0					0		−30	
710	800																			
800	900					+320	+170		+86		+26	0					0		−34	
900	1 000																			
1 000	1 120					+350	+195		+98		+28	0					0		−40	
1 120	1 250																			
1 250	1 400					+390	+220		+110		+30	0					0		−48	
1 400	1 600																			
1 600	1 800					+430	+240		+120		+32	0					0		−58	
1 800	2 000																			
2 000	2 240					+480	+260		+130		+34	0					0		−68	
2 240	2 500																			
2 500	2 800					+520	+290		+145		+38	0					0		−76	
2 800	3 150																			

注：公称尺寸小于或等于 1 mm 时，基本偏差 A 和 B 及大于 IT8 的 N 均不采用，公差带 JS7 至 JS11。若 IT 值数是奇数，则取偏差 $= \pm\frac{IT(n-1)}{2}$。

表 2-13　孔 N～ZC 的基本偏差数值

单位：μm

公称尺寸/mm		基本偏差数值 上极限偏差 *ES*																Δ值 标准公差等级					
大于	至	≤IT8	>IT8	≤IT7	>IT7 的标准公差等级																		
		N		P 至 ZC	P	R	S	T	U	V	X	Y	Z	ZA	ZB	ZC	IT3	IT4	IT5	IT6	IT7	IT8
—	3	−4	−4	在>IT7 的标准公差等级的基本偏差数值上增加一个Δ值	−6	−10	−14		−18		−20		−26	−32	−40	−60	0	0	0	0	0	0
3	6	−8+Δ	0		−12	−15	−19		−23		−28		−35	−42	−50	−80	1	1.5	1	3	4	6
6	10	−10+Δ	0		−15	−19	−23		−28		−34		−42	−52	−67	−97	1	1.5	2	3	6	7
10	14	−12+Δ	0		−18	−23	−28		−33		−40		−50	−64	−90	−130	1	2	3	3	7	9
14	18									−39	−45		−60	−77	−108	−150						
18	24	−15+Δ	0		−22	−28	−35		−41	−47	−54	−63	−73	−98	−136	−188	1.5	2	3	4	8	12
24	30							−41	−48	−55	−64	−75	−88	−118	−160	−218						
30	40	−17+Δ	0		−26	−34	−43	−48	−60	−68	−80	−94	−112	−148	−200	−274	1.5	3	4	5	9	14
40	50							−54	−70	−81	−97	−114	−136	−180	−242	−325						
50	65	−20+Δ	0		−32	−41	−53	−65	−87	−102	−122	−144	−172	−226	−300	−405	2	3	5	6	11	16
65	80					−43	−59	−75	−102	−120	−146	−174	−210	−274	−360	−480						
80	100	−23+Δ	0		−37	−51	−71	−91	−124	−141	−178	−214	−258	−335	−445	−585	2	4	5	7	13	19
100	120					−54	−79	−104	−144	−172	−210	−254	−310	−400	−525	−690						
120	140	−27+Δ	0		−43	−63	−92	−132	−170	−202	−248	−300	−365	−470	−620	−800	3	4	6	7	15	23
140	160					−65	−100	−134	−190	−221	−280	−340	−415	−535	−700	−900						
160	180					−68	−108	−116	−210	−252	−310	−380	−465	−600	−780	−1 000						
180	200	−31+Δ	0		−50	−77	−122	−166	−236	−284	−350	−425	−520	−670	−880	−1 150	3	4	6	9	17	26
200	225					−80	−130	−180	−258	−310	−385	−470	−575	−740	−960	−1 250						
225	250					−84	−140	−196	−284	−340	−425	−520	−640	−820	−1 050	−1 350						
250	280	−34+Δ	0		−56	−94	−158	−218	−315	−385	−475	−580	−710	−920	−1 200	−1 550	4	4	7	9	20	29
280	315					−98	−170	−240	−350	−425	−525	−650	−790	−1 000	−1 300	−1 700						
315	355	−37+Δ	0		−62	−108	−190	−268	−390	−475	−590	−730	−900	−1 150	−1 500	−1 900	4	5	7	11	21	32
355	400					−114	−208	−294	−435	−530	−660	−820	−1 000	−1 300	−1 650	−2 100						
400	450	+40+Δ	0		−68	−126	−232	−330	−490	−595	−740	−920	−1 100	−1 450	−1 850	−2 400	5	5	7	13	23	34
450	500					−132	−252	−360	−540	−660	−920	−1 000	−1 250	−1 600	−2 100	−2 600						

（续表）

公称尺寸/mm		基本偏差数值 上极限偏差 *ES*														Δ值 标准公差等级					
大于	至	≤IT8 >IT8	≤IT7	>IT7的标准公差等级																	
		N	P至ZC	P	R	S	T	U	V	X	Y	Z	ZA	ZB	ZC	IT3	IT4	IT5	IT6	IT7	IT8
500	560	−44	在>IT7的标准公差等级的基本偏差数值上增加一个Δ值	−78	−150	−280	−400	−600													
560	630				−155	−310	−450	−660													
630	710	−50		−88	−175	−340	−500	−740													
710	800				−185	−380	−560	−840													
800	900	−56		−100	−210	−430	−620	−940													
900	1 000				−220	−470	−680	−1 050													
1 000	1 120	−66		−120	−250	−520	−780	−1 150													
1 120	1 250				−260	−580	−840	−1 300													
1 250	1 400	−78		−140	−300	−640	−960	−1 450													
1 400	1 600				−330	−720	−1 050	−1 600													
1 600	1 800	−92		−170	−370	−820	−1 200	−1 850													
1 800	2 000				−400	−920	−1 350	−2 000													
2 000	2 240	−110		−195	−440	−1 000	−1 550	−2 300													
2 240	2 500				−460	−1 100	−1 650	−2 500													
2 500	2 800	−135		−240	−550	−1 250	−1 900	−2 900													
2 800	3 150				−580	−1 400	−2 100	−3 200													

注：① 对小于或等于IT8的K、M、N和小于或等于IT7的P至ZC，所需Δ值从表内右侧选取。例如，18～30 mm段的K7，Δ=8 μm，所以 $ES=-2+8=6$ μm；18～30 mm段的S6，Δ=4 μm，所以 $ES=-35+4=-31$ μm。特殊情况：250～315 mm段的M6，$ES=-9$ μm（代替−11 μm）。

② 摘自GB/T 1800.1—2020。

4. 孔、轴公差带代号

孔、轴的公差带代号由公称尺寸、基本偏差代号和标准公差等级组成，例如 ϕ50H8、ϕ50f7 等，各部分的说明如图 2-18 所示。

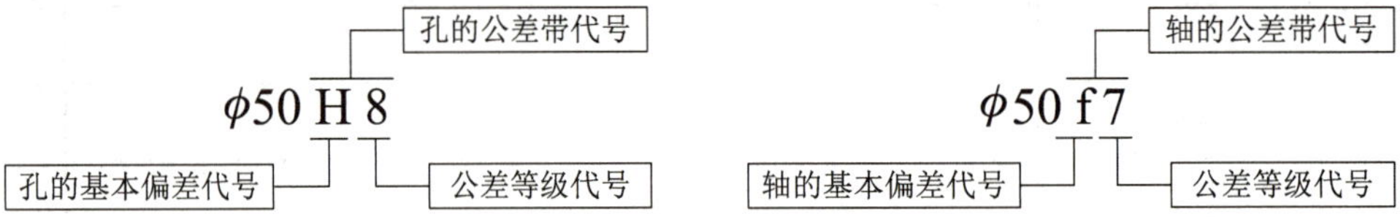

图 2-18 孔、轴公差带代号说明

5. 孔、轴公差带标注

孔、轴尺寸公差有三种标注形式，如图 2-19 所示。

① 标注公称尺寸和极限偏差，适用于单件或小批量生产的产品零件，如图 2-19(a)所示。

② 标注公称尺寸和公差带代号，适用于中小批量生产的产品零件，如图 2-19(b)所示。

③ 标注公称尺寸、公差带代号和极限偏差，适用于大批量生产的产品零件，如图 2-19(c)所示。

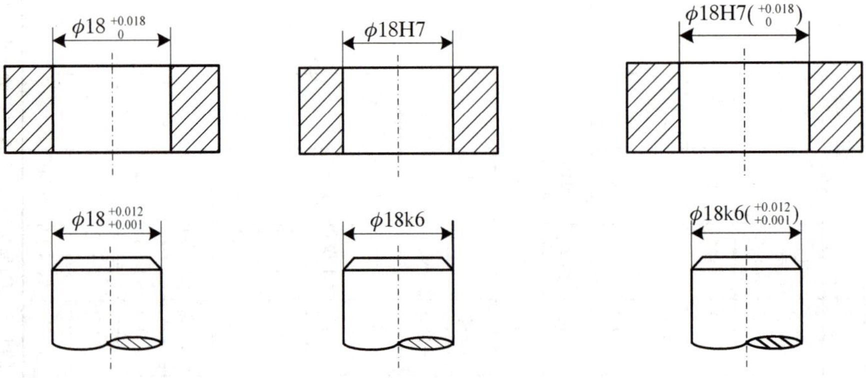

(a) 公称尺寸和极限偏差　(b) 公称尺寸和公差带代号　(c) 公称尺寸、公差带代号和极限偏差

图 2-19 孔、轴尺寸标注的三种形式

例题 2-8 确定孔 ϕ18H7 和轴 ϕ18f7 的标准公差和基本偏差数值，计算另一偏差，并给出孔、轴尺寸的标注形式（包括公称尺寸、公差带代号和极限偏差值）。

解 ① 确定孔、轴的公称尺寸

$D=18 \quad d=18$

② 确定孔、轴的标准公差数值（查标准公差数值表）

$T_D=IT7=0.018 \quad T_d=IT7=0.018$

③ 确定孔、轴的基本偏差数值（查基本偏差数值表）

$EI=0 \quad es=-0.016$

④ 确定孔、轴另一极限偏差数值(根据标准公差和基本偏差可计算另一极限偏差数值)

$ES=+0.018$　$ei=-0.034$

⑤ 孔、轴的标注形式

孔：$\phi 18H7(^{+0.018}_{0})$　($D=18$　$ES=+0.018$　$EI=0$　$T_D=IT7=0.018$)

轴：$\phi 18f7(^{-0.016}_{-0.034})$　($d=18$　$es=-0.016$　$ei=-0.034$　$T_d=IT7=0.018$)

三、技能知识

1. 螺旋测微尺

螺旋测微尺又称千分尺、螺旋测微仪、分厘卡，是比游标卡尺更精密的测量长度的工具，可以准确到 0.01 mm。

1）结构

螺旋测微尺构造如图 2-20 所示，螺旋测微尺的小砧以及固定刻度固定在框架上，微调旋钮、旋钮和可动刻度、测微螺杆连接一起，通过精密螺纹套在固定刻度上。框架是测量时手持的部位，小砧和测微螺杆之间夹持被测工件，固定刻度与可动刻度部分结合起来进行读数，旋钮以及微调旋钮用来控制测微螺杆与小砧之间的间距。

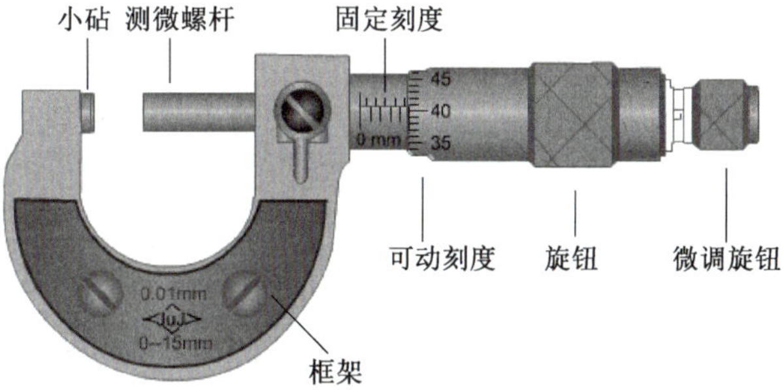

图 2-20　螺旋测微尺结构

2）刻线原理

螺旋测微尺依据螺旋放大原理，即螺杆在螺母中旋转一周，螺杆便沿着旋转轴线方向前进或后退一个螺距的距离。因此，沿轴线方向移动的微小距离，就能用圆周上的读数表示出来。固定刻度包括上、下两排刻度线，它们对应的精密螺纹的螺距为 0.5 mm，即旋钮每旋转一周，测微螺杆前进或后退 0.5 mm，而可动刻度上的刻度为 50 等分，因此每等分为 0.5 mm/50=0.01 mm，即可动刻度的分度值为 0.01 mm，可准确测到 0.01 mm，由于读数时还能再估读一位，因此可以估读至 mm 的千分位上，这也是螺旋测微尺又名千分尺的原因。

3）读数方法

测微螺杆向右移动的距离就是所测的距离，这个距离的整毫米数由固定刻度上读出，小数部分则由可动刻度读出，具体读数步骤如下。

① 读取固定刻度。

② 读取半刻度(若半刻度线已露出)，记作 0.5 mm。

③ 读取可动刻度(注意估读),记作 $n \times 0.01$ mm。

④ 最终读数结果为“固定刻度+半刻度+可动刻度+估读”。

例题 2-9 请读出下面两图螺旋测微尺的读数。

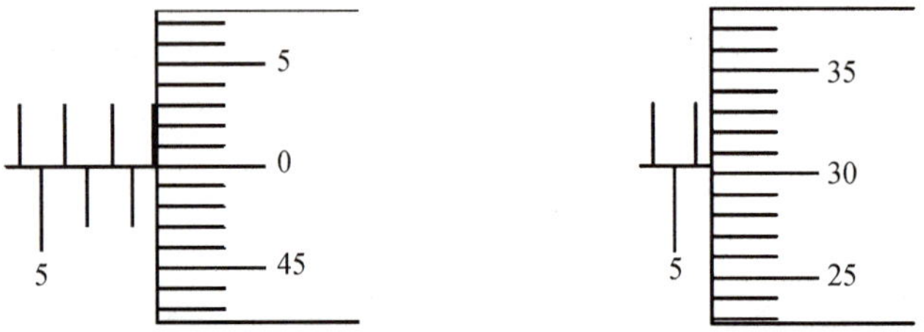

解 $7+0.5+0\times0.01=7.500$ mm　　$5+0.5+30.4\times0.01=5.804$ mm

4) 使用方法

(1) 调零

使用前应先进行调零,方法是缓缓转动旋钮,使测杆和小砧接触,随即转动微调旋钮,到棘轮发出声音为止,此时活动套筒上的零刻线应当与固定套筒上的基准线(长横线)对正,如图 2-21(a)所示,调零完成。图 2-21(b)和(c)是没有调零的情况,但只差一两个刻度,只需要记住与零点的偏离量,在最后的读数中将偏离量修正即可。图 2-21(d)所示需要手动调零(调零差值较大),螺旋测微尺的后面有一个螺丝孔,用螺丝拧松固定套筒之后,就可以把微调的那个刻度和主尺分开,然后对准原点,重新把螺丝拧好。

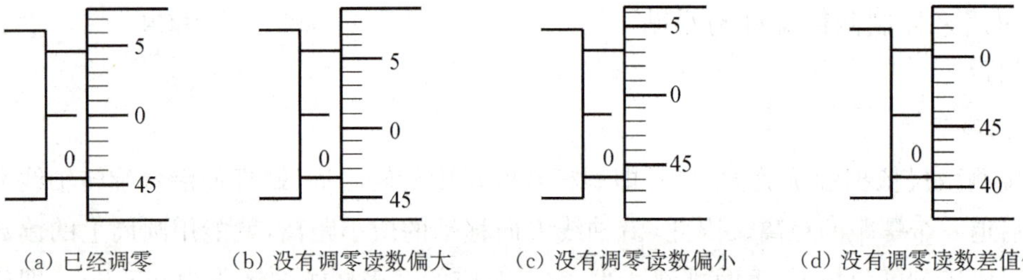

图 2-21 调零

(2) 测量

左手持框架(U 形曲柄),右手转动大旋钮使测微螺杆与小跕间距稍大于被测物,放入被测物,转动旋钮让测微螺杆接近被测物,注意在测微螺杆快靠近被测物体时应停止使用旋钮,而改用微调旋钮,直到棘轮发出声音为止,这样可以避免产生过大的压力,既可保证测量结果精确,又能保护螺旋测微器以及被测物。

(3) 读数

要注意固定刻度尺上表示半毫米的刻线是否已经露出。千分位有一位估读数字,不能随意舍去,即使固定刻度的零点正好与可动刻度的某一刻度线对齐,千分位上也应读取为“0”。

5）保养防护

① 检查零位线是否准确。

② 测量时需把工件被测量面擦干净。

③ 工件较大时应放在 V 形铁或平板上测量。

④ 测量前将测量杆和砧座擦干净。

⑤ 拧活动套筒时需用棘轮装置。

⑥ 不要拧松后盖，以免造成零位线改变。

⑦ 不要在固定套筒和活动套筒间加入普通机油。

⑧ 用后擦净上油，放入专用盒内，置于干燥处。

6）分类

根据应用角度不同，螺旋测微尺分为各种类型，如图 2-22 所示。

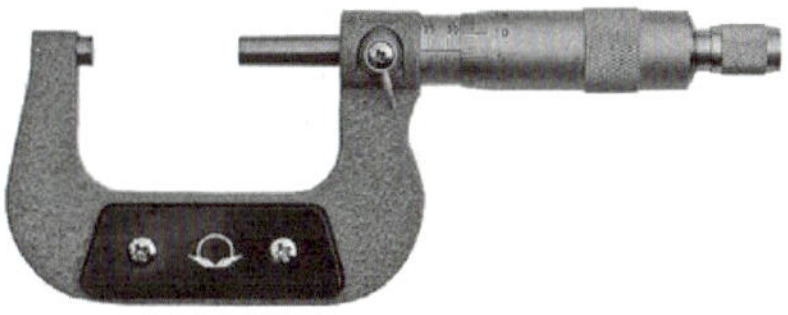

（a）机械式千分尺

（b）电子式千分尺

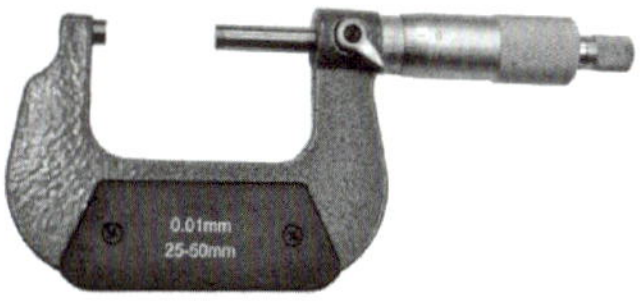

（c）外径千分尺

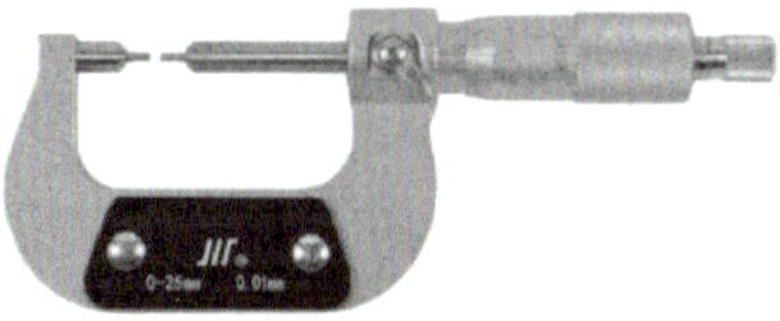

（d）小头千分尺

（e）尖头千分尺

（f）厚壁千分尺

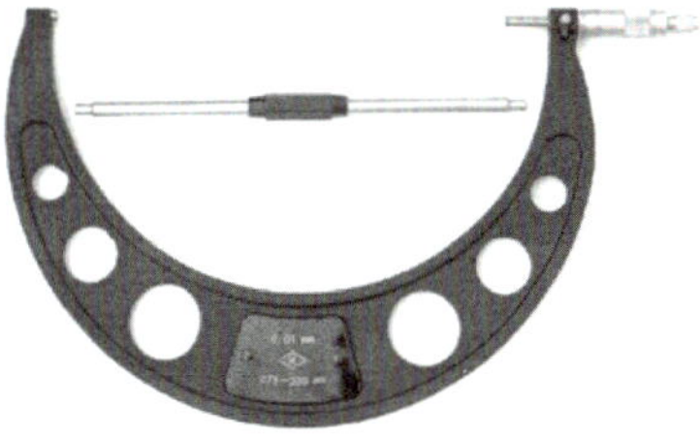

（g）大尺寸千分尺

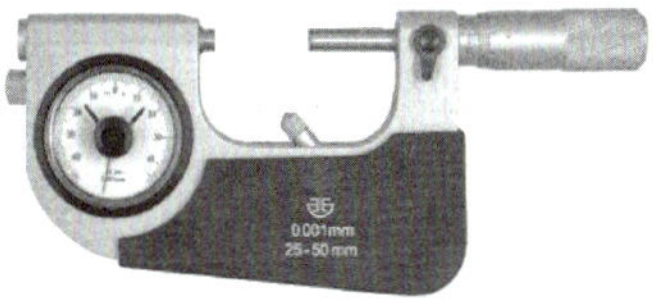

（h）杠杆千分尺

图 2-22　各种螺旋测微尺

① 机械式千分尺：利用精密螺纹副原理测长的通用长度测量工具。

② 电子式千分尺：也称数显千分尺，测量系统中应用了光栅测长技术和集成电路等。

③ 外径千分尺：用于普通的外径测量。

④ 小头千分尺：适用于测量钟表等精密零件。

⑤ 尖头千分尺：两测量面为45°锥体形的尖头。它适用于测量小沟槽，如钻头、直立铣刀、偶数槽丝锥的沟槽直径及钟表齿轮齿根圆直径尺寸等。

⑥ 厚壁千分尺：具有球形测量面和平测量面及特殊形状的尺架，适用于测量板材厚度的外径千分尺。

⑦ 大尺寸千分尺：可更换测砧或可调整测杆，有利于减少千分尺数量、扩大千分尺的使用范围。

⑧ 杠杆千分尺：由一把外径千分尺和一个指示表组合而成。杠杆千分尺既可以进行相对测量，也可以像千分尺那样用作绝对测量，其分度值有0.001 mm和0.002 mm两种。杠杆千分尺不仅读数精度较高，而且因弓形架的刚度较大，测量力由小弹簧产生，比普通千分尺的棘轮装置所产生的测量力更稳定，因此，它的实际测量精度也较高。

2. 测长仪

测长仪是一种既可用直接比较测量法，又可用微差比较测量法对工件进行精密测量的光学计量仪器。由于仪器结构符合阿贝原则，故又称之为阿贝测长仪。按测量轴安置方位的不同，可分为立式测长仪和卧式测长仪，如图2-23所示。

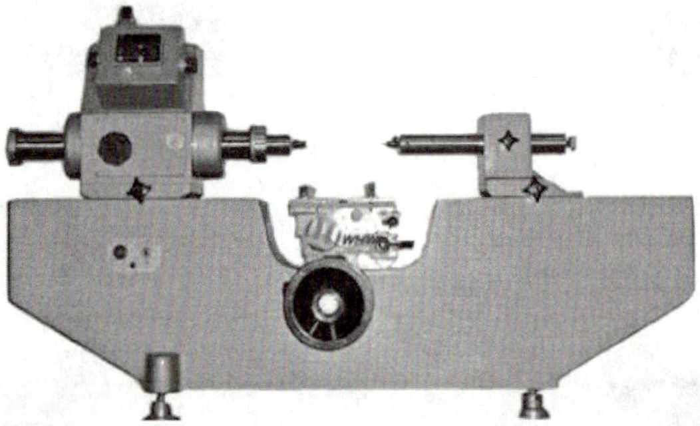

图2-23 卧式测长仪

1）结构

卧式测长仪的测量轴安装在水平方向，仪器配备了多种附件，具有精度高、使用方便、功能强等优点，能够检定精密量具、精密量规（如块规、环规、塞规、卡规、螺纹规、花键规、表类、尺类等），还可以检测各种精密工件内外尺寸（如齿轮、花键、校对棒、非标量规等），应用范围广、通用性强，常称之为万能测长仪。

2）测量步骤

测量步骤包括准备工作、放置被测零件、开始测量、记录测量结果和结束测量。在使用过程中需要注意安全、保持稳定姿势，并定期检查测量仪的刀片和功能，只有正确操作测长仪,才能获得准确的测量结果,具体过程见表 2-14。

表 2-14　测长仪测量过程

测量步骤	测量内容
准备工作	● 熟悉测长仪的基本结构和操作流程。 ● 正确连接测长仪的线路,并调整光源的位置。 ● 确保测长仪处于工作状态,并检查其功能是否正常。 ● 清理测量平台上的尘土和杂物,以确保测量的精确性。 ● 检查测长仪的刀片是否锐利,并及时更换
放置被测零件	● 根据被测零件的具体情况选择合适的测长方式。 ● 将被测零件平稳放置在测量平台上,确保被测零件与测长仪刀片平行,并靠近刀片位置
开始测量	● 按下测长仪的起始按钮,将刀片移动到被测零件的一端。 ● 确保刀片与被测零件底部有一定的接触,但不要施加过大的压力,以免影响测量结果。 ● 保持刀片水平并稳定地沿被测零件表面滑动,直到达到被测零件的另一端。 ● 在测量过程中保持稳定的手臂和平衡的身体姿态,以确保测量结果的准确性。 ● 注意避免在测量过程中过快过慢移动刀片,以免影响测量结果
记录测量结果	● 完成测量后,读取测长仪上显示的长度数值。 ● 将测量结果记录在适当的位置,以备后续使用或参考
结束测量	● 将测长仪的刀片移动到安全位置,远离被测零件和操作者。 ● 关闭测长仪电源,并将其存放在干燥、安全的地方

3）维护保养

① 安装万能测长仪的房间必须与灰尘、振动、腐蚀性气体及潮气等隔离,房间尽可能远离生产现场,室内必须有恒温恒湿装置(室温 20℃±5℃,湿度低于 60%),否则光学零件容易生霉,仪器也不能置于暖气水管等热源附近。

② 每次使用完毕后,必须在工作台、测帽以及其他附属设备的表面用汽油清洗,然后涂上无酸凡士林。

③ 如有必要清洗光学零件表面时,则可先用清洁、脱脂的软细毛笔拭去灰尘,然后用软细布(经过脱脂及清洗的)或脱脂棉花蘸上酒精(30%)和乙醚(70%)的混合剂轻拭不洁之处。

④ 仪器不使用时,附件应放在附件箱中或干燥缸中,仪器本体则应用防尘罩遮盖。

四、任务实施

1. 读取任务要求

以图 2-12 为本任务实施对象,利用螺旋测微尺、角度尺等测量器具进行零件尺寸测量,根据测量结果完成零件工程图绘制和产品建模。通过任务实施掌握各种测量器具的构造、测量原理、读数方法以及用途,结合测量器具在零件测绘中的应用树立对工程反求的初步认识。

2. 测量器具的选定与准备

选定螺旋测微尺、角度尺等测量器具,并进行测量器具的校准。

3. 零件尺寸测量

以零件图纸2-12为依据,对零件实物每个尺寸进行测量,每个尺寸测量三次,取其平均值作为最终测量结果。

4. 实测尺寸数据的处理

实测尺寸不等于原设计尺寸,需要从实测尺寸推导出原设计尺寸。假设所测的零件尺寸均为合格的尺寸,实测值一定是图样上规定的公差范围内的某一数值。实测值=公称尺寸±制造误差±测量误差。制造误差与测量误差之和,必定小于或等于给定的公差,故实测值应在上极限尺寸和下极限尺寸之间。

5. 零件手动测绘

测绘时要基本按比例画出零件草图,然后标注测量尺寸。尺寸的测量对实物的反求至关重要。在进行测量时要注意以下问题。

① 选择测量基准。机械零件有两种尺寸,即表示零件基本形体相对位置的定位尺寸和表示零件基本形体大小的形状尺寸,定位尺寸确定后才能确定形状尺寸,一般可选择零件的底面、端面、中心线、轴线或对称面为尺寸基准。分析图2-12零件,确定其测量基准。

② 零件的尺寸要进行多次测量,取其平均值为测量尺寸。

③ 对配合尺寸、定位尺寸等功能性尺寸要测量到小数点后三位数字,没有公差的功能性尺寸,仅测量到小数点后一位数字即可。

④ 测量具有复杂形面的零件或部位时,要边测量、边画放大图,以检查测量中出现的问题,及时修正测量结果。

⑤ 有些不能直接测量得到的尺寸,要根据产品性能、技术要求、工作范围等条件,通过分析计算求得。

6. 绘制零件图并完成零件建模

基于AutoCAD绘制零件图,基于NX UG等软件完成零件建模。

7. 保养测量器具并整理实训室

整理任务所用的所有测量器具,进行归类、保养,整理实训室卫生,确保水、电、通道等安全。

8. 编写任务报告

自行编写任务报告,包括任务名称、任务目的、任务用品、任务步骤、任务结果等。

五、知识拓展

通过查阅标准公差表和基本偏差表可以获取孔、轴的标准公差和基本偏差数值,但这并不是唯一的方法。根据孔、轴基本偏差图成倒影关系这一特殊性,可以借助通用规则或特殊规则来实现孔、轴尺寸信息的完善。

1. 孔、轴基本偏差规则换算(通用规则)

孔、轴基本偏差规则换算

同一字母表示的孔的基本偏差与轴的基本偏差相对于零线的位置是完全对称的,即孔与轴的基本偏差代号对应时,二者基本偏差的绝对值相等,符号相反。

$$ES=-ei \qquad EI=-es$$

适用情况如下:

① 对于基本偏差 A~H 的孔,无论孔、轴的公差等级是否相等,该规则都适用。

② 对于基本偏差 K、M、N 的孔,公称尺寸范围在 3~500 mm,标准公差等级低于 IT8。

③ 对于基本偏差 P~ZC 的孔,公称尺寸范围在 3~500 mm,标准公差等级低于 IT7。

例题 2-10 已知孔 $\phi 30H8$、轴 $\phi 30f7$,试用不查表法,确定孔 $\phi 30F7$ 的极限偏差。

解 根据已知信息可得,

$\phi 30H8$:$D=30$ $\quad ES=+0.033$ $\quad EI=0$ $\quad T_D=IT8=0.033$

$\phi 30f7$:$d=30$ $\quad es=-0.020$ $\quad ei=-0.041$ $\quad T_d=IT7=0.021$

$\phi 30F7$ 的尺寸信息如下:

公称尺寸:$D=30$

标准公差:$T_D=IT7=0.021$($\phi 30F7$ 的标准公差等级同 $\phi 30f7$ 的标准公差等级)

基本偏差:由于 $\phi 30F7$ 基本偏差 F 为 $A \sim H$ 范围,满足通用规则情况

$$EI=-es=+0.020 \quad (\text{基本偏差同 } \phi 30f7 \text{ 的基本偏差的相反数})$$

另一偏差:$ES=EI+T_D=(+0.020)+0.021=+0.041$

根据以上计算,可以得知 $\phi 30F7(^{+0.041}_{+0.020})$。

2. 孔、轴基本偏差规则换算特殊规则(特殊规则)

同一字母表示的孔、轴的基本偏差 ES 和轴的基本偏差 ei 符号相反,而绝对值相差一个 Δ 值。

$$ES=-ei+\Delta \qquad \Delta=IT_n-IT_{(n-1)}$$

适用情况:

① 公称尺寸小于等于 500 mm,标准公差高于等于 IT8 的 J,K,M,N 的孔。

② 公称尺寸小于等于 500 mm,标准公差高于等于 IT7 的 P~ZC 的孔。

例题 2-11 已知孔 $\phi 25H7$、轴 $\phi 25p6$,试用不查表法,确定孔 $\phi 25P7$ 极限偏差。

解 根据已知信息可得,

$\phi 25H7$:$D=25$ $\quad ES=+0.021$ $\quad EI=0$ $\quad T_D=IT7=0.021$

$\phi 25p6$:$d=25$ $\quad es=+0.035$ $\quad ei=+0.022$ $\quad T_d=IT6=0.013$

$\phi 25P7$ 的尺寸信息如下:

公称尺寸:$D=25$

标准公差：$T_D=IT7=0.021$（$\phi25P7$ 的标准公差等级同 $\phi25H7$ 的标准公差等级）

基本偏差：由于 $\phi25P7$ 基本偏差 P 为 $P\sim ZC$ 范围，满足特殊规则情况

$$ES=-ei+\Delta=-ei+(IT_n-IT_{n-1})=-0.022+(IT7-IT6)=-0.022+0.008$$
$$=-0.014$$

（基本偏差参考 $\phi25p6$ 的基本偏差）

另一偏差：$EI=ES-IT7=-0.014-0.021=-0.035$

根据以上计算，可以得知 $\phi25P7(^{-0.014}_{-0.035})$。

项目练习

一、判断题

(　　)1. 凡内表面皆为孔，凡外表面皆为轴。

(　　)2. 尺寸偏差是代数差，因而尺寸偏差可为正值、负值或零。

(　　)3. 在尺寸公差带图中，零线以上的为上偏差，零线以下的为下偏差。

(　　)4. 两个标准公差中，数值小的表示尺寸精度一定比数值大的表示的尺寸精度低。

(　　)5. 代号 M 的基本偏差数值随公差等级不同而不同，可为正值、负值或零。

二、选择题

1. 具有互换性的零件应该是(　　)。

A. 相同规格的零件　　B. 形状和尺寸完全相同的零件

C. 相互配合的零件　　D. 不同规格的零件

2. 下列对于 $\phi50D8$、$\phi50D9$、$\phi50D10$ 三个公差带分析正确的是(　　)。

A. 上极限偏差相同但下极限偏差不相同　　B. 上极限偏差相同且下极限偏差相同

C. 上极限偏差不相同但下极限偏差相同　　D. 上、下极限偏差均不相同

3. $\phi30^{+0.034}_{+0.001}$ mm 与 $\phi30^{+0.085}_{+0.001}$ mm 相比，其尺寸精确程度(　　)。

A. 相同　　B. 前者高，后者低　　C. 前者低，后者高　　D. 无法比较

4. 对标准公差的论述，下列说法中错误的是(　　)。

A. 标准公差的大小只与公称尺寸和公差等级有关，而与该尺寸是孔还是轴无关

B. 公称尺寸相同时，公差等级越高，标准公差越小

C. 在任何情况下，公称尺寸越大，标准公差必定越大

D. 公称尺寸 260 mm 和 300 mm 的标准公差同等级，它们的标准公差数值相同

5. 基本偏差确定了(　　)，从而确定了配合的性质。

A. 公差带的形状　　B. 公差带的位置

C. 公差带的方向　　D. 公差带的大小

三、计算题

1. 已知孔 $\phi70^{+0.030}_{0}$ mm，轴 $\phi70^{+0.039}_{+0.020}$ mm，请分别求其公差，并画出尺寸公差带图。

2. 利用标准公差数值表和基本偏差数值表，查表确定下列各尺寸公差带代号的公差值大小和基本偏差值大小，并计算另一极限偏差值的大小。

尺寸公差带代号	上极限偏差	下极限偏差	基本偏差	公差值
ϕ65B7				
ϕ115f6				
ϕ30f8				
ϕ120H7				

3. 已知孔 ϕ25F7、轴 ϕ25r6，请不查表求出 ϕ25H7、ϕ25R7、ϕ25f6、ϕ25h6 各尺寸公差值大小和极限偏差大小，并画出尺寸公差带图。

项目三

装配件的尺寸测量与配合选用

知识目标

- 掌握配合制、配合性质、配合公差的概念和相关计算
- 掌握配合公差代号的含义和标注
- 掌握孔、轴配合的分析和计算

技能目标

- 能够进行装配件孔、轴配合的选用
- 掌握正弦规、二维影像仪、测长仪等测量装置的使用和维护
- 能够合理选用测量器具、制定检测方案，完成对零件的正确测量

素质目标

- 培养学生分析问题能力
- 培养学生解决问题能力
- 培养学生工程应用能力

如图 3-1 所示为钻模的装配图，钻模是引导刀具在工件上钻孔或铰孔用的机床夹具，包括工件的定位装置、夹紧装置以及根据加工孔的分布位置而设置的钻套和钻模板，因此涉及大量孔、轴配合的问题。图中的 $\phi 40\ \dfrac{H7}{n6}$、$\phi 22\ \dfrac{H7}{h6}$、$\phi 26\ \dfrac{H7}{n6}$、$\phi 14\ \dfrac{H7}{k6}$ 等尺寸标注表达了孔、轴的配合关系。使用钻模可以保证批量零件中孔加工的位置准确性、一致性，简化了加工工序，使操作者加工孔时能够快速无误，从而减少工时，降低生产成本。

本项目将介绍孔、轴配合的概念、配合制、配合性质、配合公差以及孔、轴配合的选用，同时介绍角度样板、万能角度尺、正弦规、二维影像仪和测长仪等测量器具。

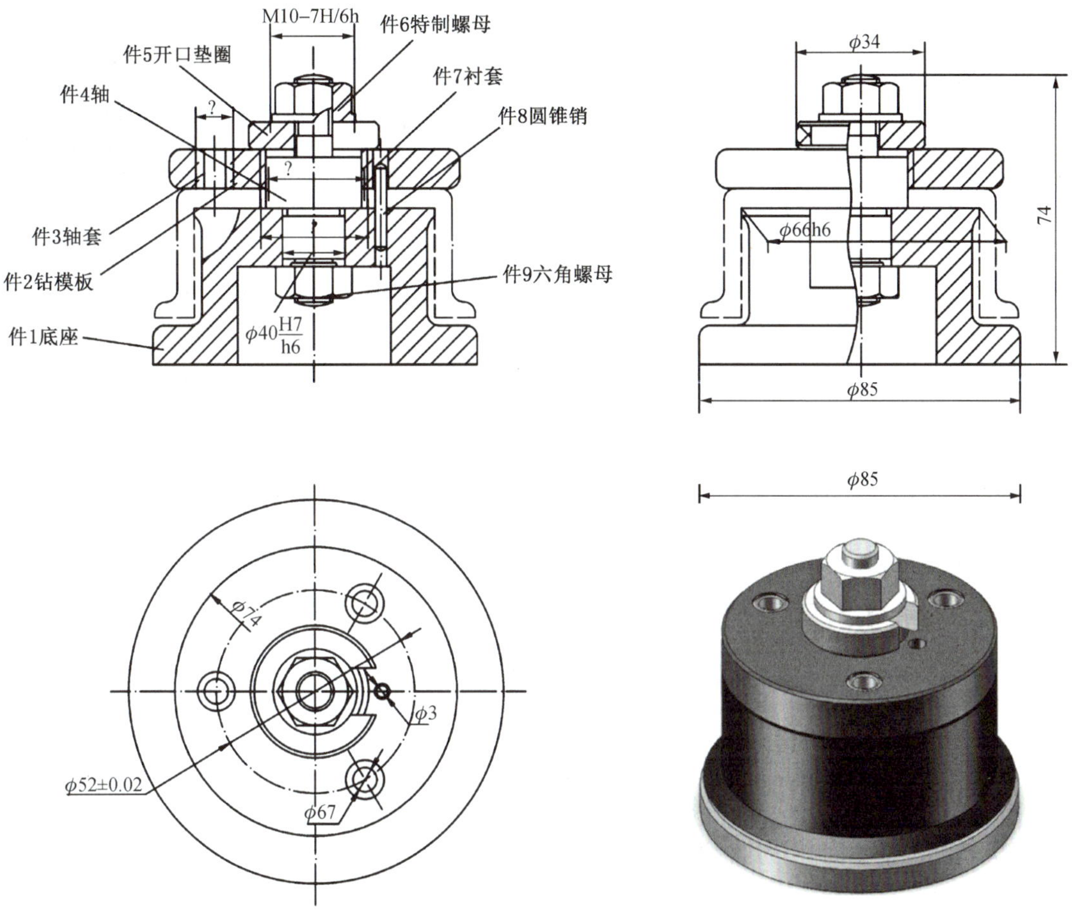

图 3-1　钻模装配图

任务 1　装配件的尺寸测量

一、任务布置

分析如图 3-1 所示的钻模装配件的尺寸标注和精度要求，对钻模装配件进行必要的拆卸后，选用游标卡尺、螺旋测微尺、二维影像仪等测量器具，制定合理的测量方案，完成零部件各尺寸测量。

二、理论知识

孔轴配合

1. 配合

配合：公称尺寸相同，相互结合的孔、轴公差带之间的关系。孔、轴相互配合，必定是孔的内表面包容轴的外表面，虽然以相同的公称尺寸为前提，但是由于孔、轴有各自的尺寸波动范围，因此最终配合的孔、轴的尺寸大小是不确定的，即孔、轴结合的松紧程度不确定。

2. 配合性质

按孔、轴公差带的关系及其变动的特征，孔、轴配合分为三种配合性质：间隙配合、过渡配合以及过盈配合。

配合性质

1）间隙配合

间隙配合是相互配合的孔、轴之间具有间隙的配合。此时孔的公差带在轴的公差带之上，即孔的实际尺寸永远大于或等于轴的实际尺寸。当孔的下极限偏差等于轴的上极限偏差的时候仍然属于间隙配合，此时孔和轴的实际尺寸相等，间隙量为零。间隙配合示意图如图 3-2 所示。

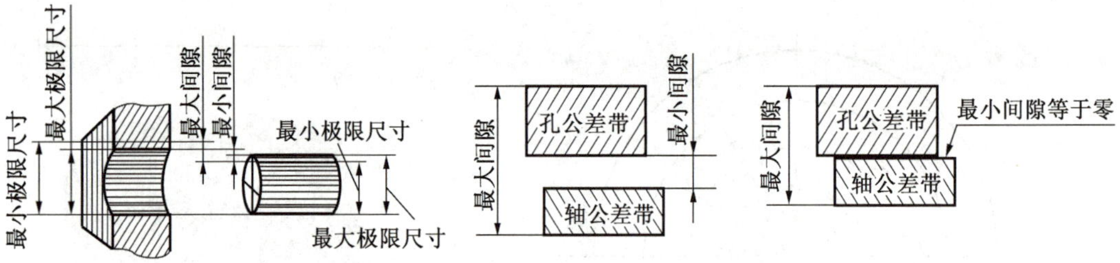

图 3-2　间隙配合示意

由于孔和轴的实际尺寸在其极限尺寸之间变动，因此孔和轴的间隙量不是固定值，存在最大间隙和最小间隙，各自的表述见表 3-1。

表 3-1　间隙配合中极限盈隙情况

表述	最大间隙 X_{max}	最小间隙 X_{min}
定义	孔的上极限尺寸减去轴的下极限尺寸之代数差，或孔的上极限偏差减去轴的下极限偏差之代数差	孔的下极限尺寸减去轴的上极限尺寸之代数差，或孔的下极限偏差减去轴的上极限偏差之代数差
公式	$X_{max}=D_{max}-d_{min}=ES-ei$	$X_{min}=D_{min}-d_{max}=EI-es$
特征	● 最大间隙一定大于零。 ● 表示孔、轴配合时最松的状态	● 最小间隙一定大于或等于零。 ● 表示孔、轴配合时最紧的状态
	● 孔的公差带位于轴的公差带之上，$EI \geqslant es$。 ● 孔的实际尺寸一定大于或等于轴的实际尺寸，$D_a \geqslant d_a$	

间隙配合主要用于孔和轴工作时有相对运动或无相对运动而要求拆装方便的场合，示例如下：

① 要求有相对运动的间隙配合，相对速度越高，润滑油黏度越大，则配合越松。

② 相对速度较高且支撑数目较多，可以选择较大的间隙配合，如 H8/e7。

③ 对于孔、轴仅有轴向运动或相对运动速度很低，且有对准中心要求的配合，可以选用

较小间隙的配合，如 H8/g8。

④ 要求拆装方便而无相对运动的孔、轴配合，可采用低精度间隙配合（如 H9/h9）或具有一定对中性的高精度间隙配合，如 H7/h6。

2）过盈配合

过盈配合是相互配合的孔、轴之间具有过盈的配合。此时孔的公差带在轴的公差带之下，即孔的实际尺寸永远小于或等于轴的实际尺寸。当孔的上极限偏差等于轴的下极限偏差时仍属于过盈配合，此时孔和轴的实际尺寸相等，过盈量为零。

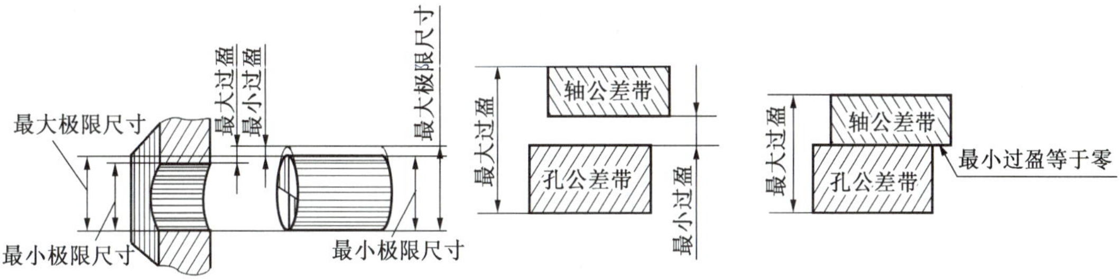

图 3-3　过盈配合示意

由于孔、轴的实际尺寸在其极限尺寸之间变动，因此孔、轴的过盈量不是固定值，存在最大过盈和最小过盈，各自的表述见表 3-2。

表 3-2　过盈配合中极限盈隙情况

表述	最大过盈 Y_{max}	最小过盈 Y_{min}
定义	孔的下极限尺寸减去轴的上极限尺寸之代数差，或孔的下极限偏差减去轴的上极限偏差之代数差	孔的上极限尺寸减去轴的下极限尺寸之代数差，或孔的上极限偏差减去轴的下极限偏差之代数差
公式	$Y_{max}=D_{min}-d_{max}=EI-es$	$Y_{min}=D_{max}-d_{min}=ES-ei$
特征	● 最大过盈一定小于零。 ● 表示孔、轴配合时最紧的状态	● 最小过盈一定小于或等于零。 ● 表示孔、轴配合时最松的状态
	● 孔的公差带位于轴的公差带之下，$ES \leqslant ei$。 ● 孔的实际尺寸一定小于或等于轴的实际尺寸，$D_a \leqslant d_a$	

过盈配合的孔、轴需要加压或经热处理实现装配，配合面通常为圆柱面，有时也为圆锥面，根据过盈量的大小可作为可拆连接，也可作为不可拆连接。装配后包容件和被包容件的径向变形使配合面间产生很大的压力，在相对位置上不能移动。工作时，靠压紧力产生的摩擦力来传递载荷。

过盈配合结构简单、对中性好、承载能力大、对轴及轮毂的强度削弱小、耐冲击性好，但是对配合面的加工精度要求高，承载能力和装配产生的应力对实际过盈量很敏感，装拆不方便。常见的过盈配合如轴与毂的连接、齿圈与飞轮的连接、轮圈与轮芯的连接以及滚动轴承与轴或轴承座孔的连接等。

3）过渡配合

轴的上极限尺寸大于孔的下极限尺寸，轴的下极限尺寸小于孔的上极限尺寸，轴的实际尺寸可能大于也可能小于孔的实际尺寸，此时孔的公差带与轴的公差带相互交叠，即孔、轴装配时可能是间隙配合也可能是过盈配合。

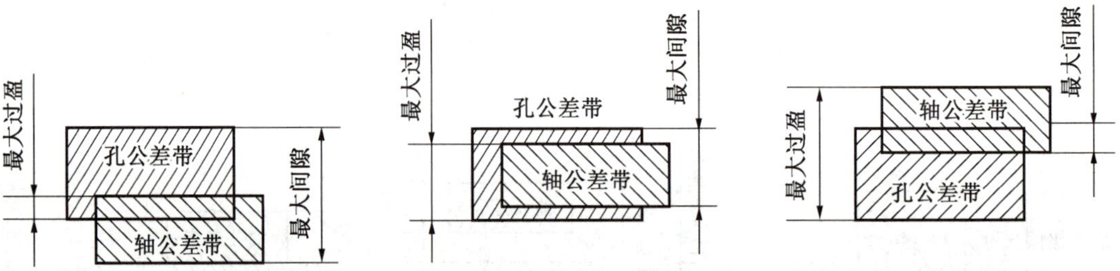

(a) 最松状态过渡配合　　(b) 正常状态过渡配合　　(c) 最紧状态过渡配合

图 3-4　过渡配合示意

由于孔、轴的实际尺寸在其极限尺寸之间变动，因此孔、轴的间隙量和过盈量不是固定值，存在最大间隙和最大过盈，各自的表述见表 3-3。

表 3-3　过渡配合中极限盈隙情况

表述	最大间隙 x_{max}	最大过盈 Y_{max}
定义	孔的上极限尺寸减去轴的下极限尺寸之代数差，或孔的上极限偏差减去轴的下极限偏差之代数差	孔的下极限尺寸减去轴的上极限尺寸之代数差，或孔的下极限偏差减去轴的上极限偏差之代数差
公式	$X_{max}=D_{max}-d_{min}=ES-ei$	$Y_{max}=D_{min}-d_{max}=EI-es$
特征	● 最大间隙一定大于零。 ● 表示孔、轴配合时相对最松的状态	● 最大过盈一定小于零。 ● 表示孔、轴配合时相对最紧的状态
	● 孔的公差带和轴的公差带存在交错，$ES>ei$ 且 $EI<es$。 ● 孔和轴的实际尺寸不存在一定的大小对应关系	

过渡配合所得到的间隙量和过盈量一般是比较小的，最大间隙小一些以保证对中性和同轴度，最大过盈小一些以保证拆卸、装配的定位连接。对于既要求定位精确，又要求拆装方便的孔、轴配合，可以选用过渡配合。过渡配合时，如果需要传递载荷（转矩或轴向力），必须加键或销等连接件。

3. 配合公差

配合公差

由于合格的孔、轴在其尺寸公差内波动，因此当孔、轴配合使用时，其配合尺寸也存在波动范围，即允许的间隙或过盈的变动量，该变动量是设计人员根据机器配合部位使用性能的要求对配合松紧变动的程度给定的允许值，称为配合公差。在数值上，配合公差是一个没有正、负号，也不能为零的绝对值数值，用符号 T_f 表示。

对于间隙配合：

$$T_f = |X_{max} - X_{min}| = |(ES - ei) - (EI - es)|$$
$$= |(ES - EI) - (es - ei)| = T_D + T_d \qquad (3-1)$$

对于过盈配合：

$$T_f = |Y_{max} - Y_{min}| = |(EI - es) - (ES - ei)|$$
$$= |(ES - EI) - (es - ei)| = T_D + T_d \qquad (3-2)$$

对于过渡配合：

$$T_f = |X_{max} - Y_{max}| = |(ES - ei) - (EI - es)|$$
$$= |(ES - EI) - (es - ei)| = T_D + T_d \qquad (3-3)$$

配合公差反映配合的松紧变化程度以及配合精度，是评定配合质量的重要综合指标。

例题 3-1　ϕ60H7 的泵体轴孔和 ϕ60r6 的齿轮轴相配合，请判别配合性质，计算极限盈隙和配合公差，并画出其公差带图。

解　根据已知信息，查阅标准公差表、基本偏差表可得孔和轴的尺寸信息如下：

孔　ϕ60H7：$D = 60$　　$ES = +0.030$　　$EI = 0$　　$T_D = IT7 = 0.030$

轴　ϕ60r6：$d = 60$　　$es = +0.060$　　$ei = +0.041$　　$T_d = IT6 = 0.019$

配合性质：过盈配合

最大过盈：$Y_{max} = EI - es = 0 - (+0.060) = -0.060$

最小过盈：$Y_{min} = ES - ei = (+0.030) - (+0.041) = -0.011$

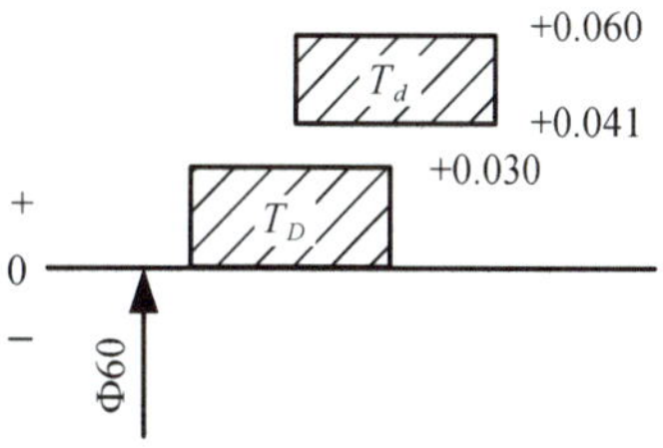

配合公差：$T_f = T_D + T_d = 0.030 + 0.019 = 0.049$

4. 配合制

配合制

在机械产品中，各种不同的配合要求需要不同的孔、轴公差带来实现。为了获得最佳的技术经济效益，可以把其中的孔公差带的位置固定，而改变轴公差带的位置，或把其中的轴公差带的位置固定，而改变孔公差带的位置，来实现所需要的各种配合。

配合制是用标准化的孔、轴公差带（即同一极限制的孔、轴）组成的各种配合制度，也就是配合基准制，包括基孔制和基轴制。

① 基孔制：基本偏差为一定的孔的公差带，与不同基本偏差的轴的公差带形成的各种配合的一种制度，基孔制中孔的基本偏差一般为 H，如图 3-5(a)所示。

② 基轴制：基本偏差为一定的轴的公差带，与不同基本偏差的孔的公差带形成的各种配合的一种制度，基轴制中轴的基本偏差一般为 h，如图 3-5(b)所示。

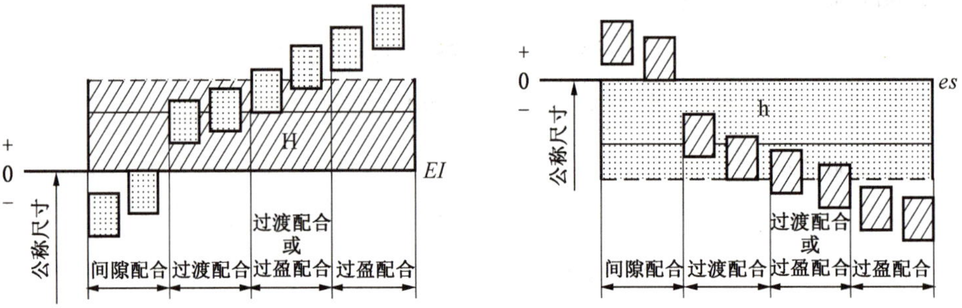

(a) 基孔制　　　　(b) 基轴制

图 3-5　配合制示意

5. 配合代号与标注

在装配图中标注公差与配合时，配合代号一般用相结合的孔、轴的公差带代号组合表示，即在公称尺寸的后面将代号写成分数的形式，分子为孔的公差带代号，分母为轴的公差带代号，孔、轴的公差带代号分别由基本偏差代号与公差等级两部分组成，如图 3-6 所示。

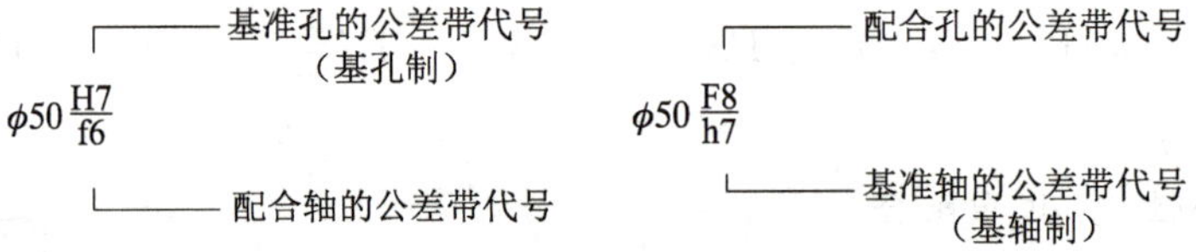

图 3-6　孔、轴配合代号示意

小贴士

当配合代号的分子中出现基孔制代号 H，同时分母中也出现基轴制代号 h，则称为基准件相互配合，如 ϕ50H7/h6，它既可以视为基孔制，也可视为基轴制，是一种最小间隙为零的间隙配合。

三、技能知识

1. 角度样板

角度样板是测量和标定角度的量具，通常由金属制成。它可以制作成不同形状和大小，以满足不同角度测量的需要，如图 3-7 所示。角度样板在角度和锥度测量中属于直接检测工具，常用于检验螺纹车刀、成形刀具及零件上的斜面或倒角等。

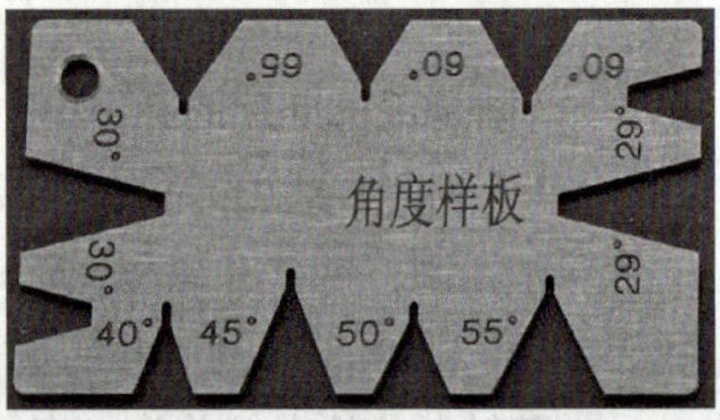

图 3-7　角度样板

2. 正弦规

正弦规是利用三角法测量角度的一种精密量具，

其测量结果是通过直角三角形的正弦关系来计算的。它可以测量内外锥体的锥度、样板的角度、孔中心线与平面之间的夹角以及检定水平仪的水泡精度等。

正弦规是钢制件，由主体和两个圆柱组成，如图 3-8 所示。主体是一长方体，两面有挡板。两个圆柱体固定在主体两端，直径相同，其轴心线距离 L 一般为 100 mm 或 200 mm 两种。两圆柱轴线与主体需要严格平衡，且与主体相切。按工作台面的宽窄，正弦规可分为宽面式与窄面式两种，在宽面正弦规的台面上有一系列的螺纹孔，用来夹紧各种形状的工件。

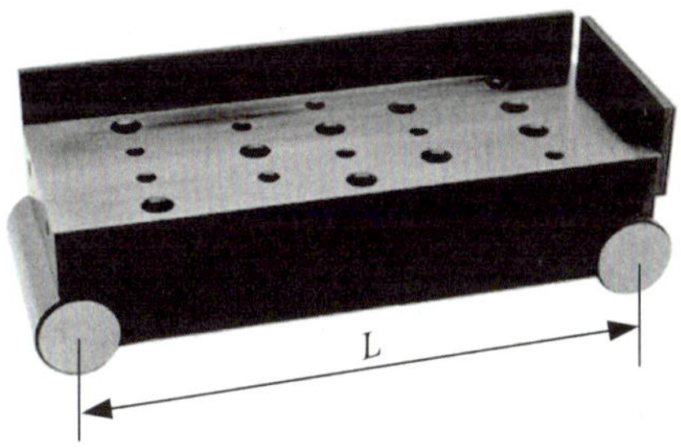

图 3-8　正弦规

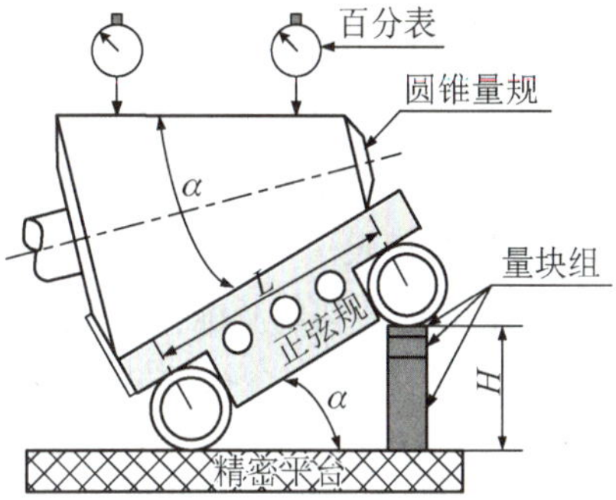

图 3-9　正弦规工作原理

1）工作原理

如图 3-9 所示为利用正弦规测量圆锥量规角度 α 的示意图。将正弦规放置在精密平台上，其中一个圆柱与平台接触，另一个圆柱用量块组垫高至圆锥量规表面的上母线与平台平行为止，这时用百分表沿圆锥量规上母线移动，如果读数没有变化，就表示圆锥量规的圆锥角正好等于正弦规与平台之间的夹角 α。正弦规的中心距为弦长 L，量块组的高度值为 H（量块组使用原则：越少越好，每组量块使用最多不得超过四块），利用正弦原理，即可得出被测角度的标准值，$\sin\alpha = H/L$。

正弦规是采用间接测量法测量角度的专用量具，需要和量块、指示表等配合使用。正弦规一般用于测量小于 45°的角度，在测量小于 30°的角度时，精确度可达 3″～5″。

测量时，选用正弦规的规格由零件的尺寸大小所决定。一般以工件的长度和宽度不超出工作台面为宜，在圆柱下方垫量块后，正弦规应该平稳无晃动且量块平面与圆柱轴线平行。

2）技术要求

① 正弦规工作面不得有严重影响外观和使用性能的裂痕、划痕、夹渣等缺陷。

② 正弦规主体工作面的硬度不得小于 664 HV，圆柱工作面的硬度不得小于 712 HV，挡板工作面的硬度不得小于 487 HV。

③ 正弦规主体工作面粗糙度 Ra 的最大允许值为 0.08 μm，圆柱工作面的表面粗糙度 Ra 的最大允许值为 0.04 μm，挡板工作面的表面粗糙度 Ra 的最大允许值为 1.25 μm。

④ 正弦规各零件均应去磁，主体和圆柱必须进行稳定性处理。

⑤ 正弦规结构刚性和各零件强度应能适应磨削工作条件，各零件应易于拆卸和修理。

⑥ 正弦规的圆柱应用螺钉可靠地固定在主体上，且不得引起圆柱和主体变形，紧固后的螺钉不得露出圆柱表面。

3）维护保养

① 对于精密量具正弦规，正确的维护保养对保持其精度、延长其使用寿命十分重要。

② 正弦规在使用前，首先检查检定合格证是否在有效期内，再检查各测量面的外观，不能有碰伤、锈蚀等。

③ 正弦规测量时不准磕碰。

④ 在正弦规上安装被测工件时，要利用前挡板和侧挡板定位，尽量减少测量误差。

⑤ 正弦规使用完毕后，要用汽油将其表面洗净擦干，并涂上防锈油，再放入盒内妥善保管。

3. 万能角度尺

万能角度尺是利用游标读数原理来直接测量工件角或进行划线的角度量具，又称角度规、游标角度尺和万能量角器。万能角度尺的结构包括直尺、基尺、主尺、扇形板、制动头、游标尺、角尺、螺帽、卡块等，可根据测量角度不同进行自由拆装组合，如图 3-10 所示。万能角度尺适用于机械加工中的内、外角度测量，可测 0°～320°的外角及 40°～130°的内角。

1）读数原理

万能角度尺的读数原理和方法类同于游标卡尺。如图 3-11 所示。万能角度尺的主尺刻线间距为 1°，游标的等分为 30 格，对应主尺刻线 29°，因此游标刻线间距为 29°/30＝58′，即主尺刻线间距与游标刻线间距的差值为 2′，也就是说万能角度尺分度值为 2′。除此之外还有 5′和 10′两种精度。

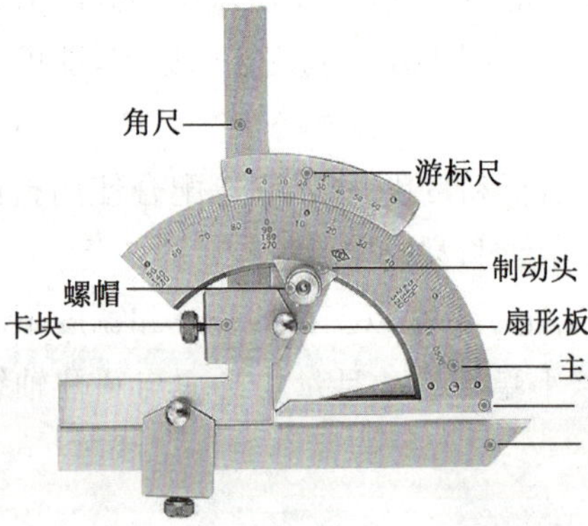

图 3-10　万能角度尺结构图

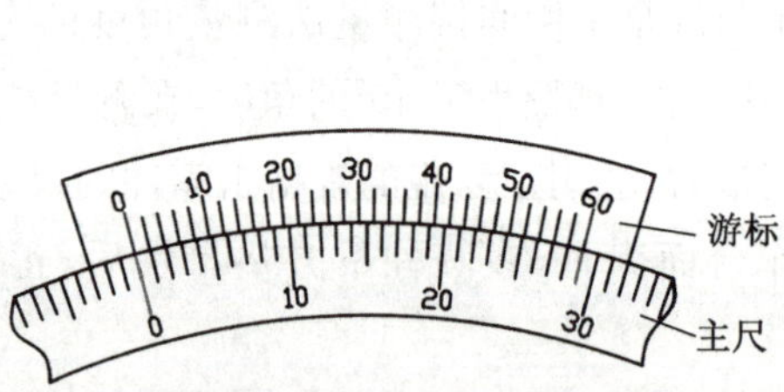

图 3-11　万能角度尺读数原理

2）读数方法

① 读“度”的数值。游标零线与主尺上对应刻线的数值，即被测角“度”的整数部分。

② 读“分”的数值。观察游标上从零线开始第 n 条刻线与主尺上某一刻线对齐，n 乘以

其测量精度值 2°，即被测角“分”的数值。

③ 被测角度等于“度”和“分”两个读数之和。

④ 主尺上基本角度的刻线只有 90 个分度，如果被测角度大于 90°，在读数时，应根据角度范围加上一个基数(90°/180°/270°)。

例题 3-2　请给出下图中万能角度尺的读数。

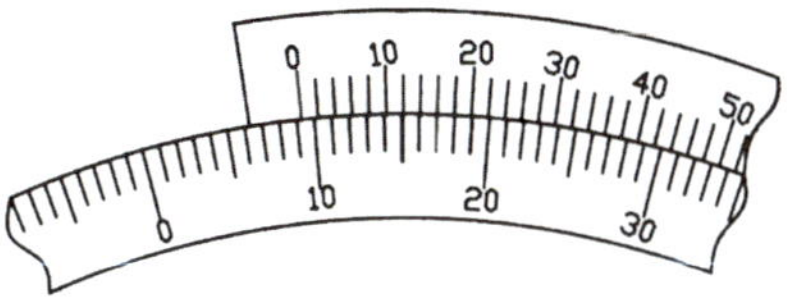

解　① 主尺：9°

② 游标：$8\times 2'=16'$

③ 读数：主尺＋游标＝9°16′

3）结构与拆装

万能角度尺的基尺固定在尺座上，角尺用卡块固定在扇形板上，游标尺用卡块固定在角尺上。若把角尺拆下，也可把直尺固定在扇形板上。由于角尺和直尺可以移动和拆换，通过不同组合可以使万能角度尺实现 0°～320°任何角度的测量，具体如图 3-12 所示。

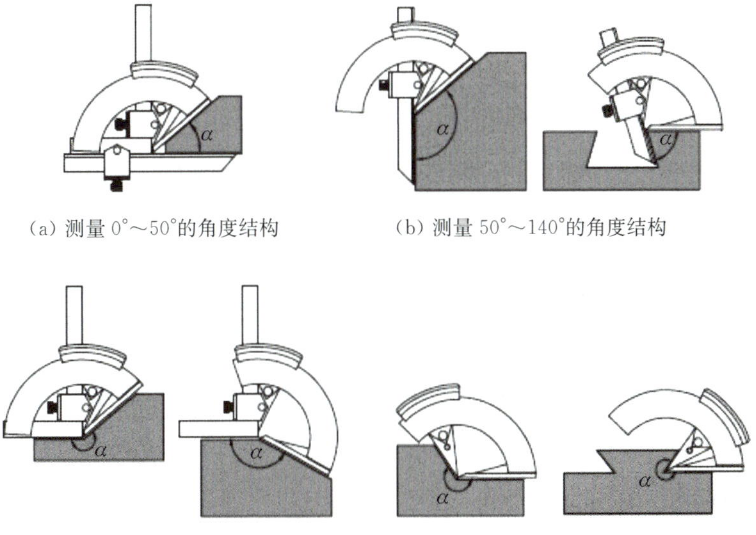

(a) 测量 0°～50°的角度结构　(b) 测量 50°～140°的角度结构

(c) 测量 140°～230°的角度结构　(d) 测量 230°～320°的角度结构

图 3-12　不同测量角度时角度尺的结构

(1) 测量 0°～50°的角度

角尺和直尺全都装上，将工件的被测部位放在基尺和直尺的测量面之间进行测量。

(2) 测量 50°～140°的角度

若安装直尺，使它与扇形板连在一起，将工件的被测部位放在基尺和直尺的测量面之间测量；若安装角尺，将角尺短边与长边的交线和基尺的尖棱对齐，把工件的被测部位放在基尺和角尺短边的测量面之间测量。

(3) 测量 140°～230°的角度

卸掉直尺和卡块，只装角尺，但要把角尺推上去，直到角尺短边与长边的交线和基尺的尖棱对齐为止，再把工件的被测部位放在基尺和角尺短边的测量面之间进行测量。

(4) 测量 230°～320°的角度

把角尺、直尺和卡块全部卸掉，只留下扇形板和主尺(带基尺)，把工件的被测部位放在基尺和扇形板测量面之间进行测量。

4) 测量方法

① 使用前，用干净纱布擦干各部件，根据测量角度进行角度尺组装，组装后检查各部件是否可靠、移动是否平稳、止动后的读数是否不动，然后对零位。

② 测量时，放松制动器上的螺帽，移动主尺作粗调整，再转动游标背后的手把作精细调整，直到使万能角度尺的两测量面与被测工件的工作面密切接触为止，然后拧紧制动器上的螺帽加以固定，即可进行读数。

③ 测量被测工件内角时，应从 360°减去万能角度尺上的读数值。例如在万能角度尺上的读数为 306°24′，则内角的测量值就是 360°－306°24′＝53°36′。

④ 测量完毕后，应用汽油或酒精把万能角度尺洗净，用干净纱布仔细擦干，涂以防锈油，然后装入匣内。

5) 维护保养

① 角度尺外表受到损伤时，不得用手捶、锉刀等工具自动修理，应由专业修理部门修理并检定合格后方可使用。

② 不得使用纱布、普通磨料或金刚砂等擦除刻度尺表面的锈迹和污物。

③ 不得在角度尺刻度线外打钢印或记号，以免导致刻线不准确，必要时允许用电刻法或化学法刻蚀记号。

④ 不得将万能角度尺放在磁场附近，以免卡尺被磁化。

⑤ 万能角度尺使用后应擦拭干净并平放，以免变形。

⑥ 不得将万能角度尺与其他工具堆放在一起，应将万能角度尺放置在专用量具盒内，防止被污染或生锈。一个星期内不使用万能角度尺时，应进行防锈处理。

四、任务实施

1. 读取任务要求

以图 3-1 钻模装配件为本任务实施对象，分析其结构以及尺寸精度要求，制定合理的测量方案，选用合理的测量器具，对装配件拆卸后进行零件尺寸测量，判断钻模装配件合格性。

2. 读取钻模装配图

分析各尺寸与精度及孔、轴配合情况，理解钻模各部分结构与功能，确定零部件中有验收要求以及需要测量的尺寸。

3. 确定测量方案

根据各尺寸的测量范围、精度要求、位置情况等确定合适的测量方案、选择合适的测量器具、设定合理的测量步骤。

4. 实施测量

实施测量，记录数据，判断零件合格性。

5. 保养测量器具并整理实训室

整理任务所用的所有测量器具，进行归类、保养，整理实训室卫生，确保水、电、通道等安全。

6. 编写任务报告

自行编写任务报告，包括任务名称、任务目的、任务用品、任务步骤、任务结果等。

五、知识拓展

GB/T 1800.1—2020 规定了 20 个标准公差等级和 28 种基本偏差，如将任一基本偏差与任一标准公差等级组合，在公称尺寸 $\leqslant$500 mm 的范围内，孔公差带有 $20\times27+3=543$ 个，轴公差带有 $20\times27+4=544$ 个。将如此多的公差带都进行配合使用是不经济的，工程上推荐使用常用和优先的公差带以及常用和优先的配合。

1. 常用和优先公差带

选用公差带时，应按照优先、常用、一般公差带的顺序选取，如图 3-13 所示。若一般公差带中没有满足要求的选项，则按标准公差和基本偏差组成的公差带来选取。

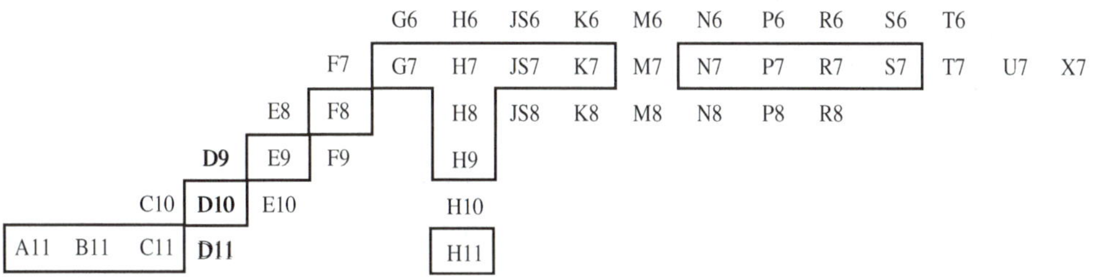

(a) 孔的常用和优先公差带

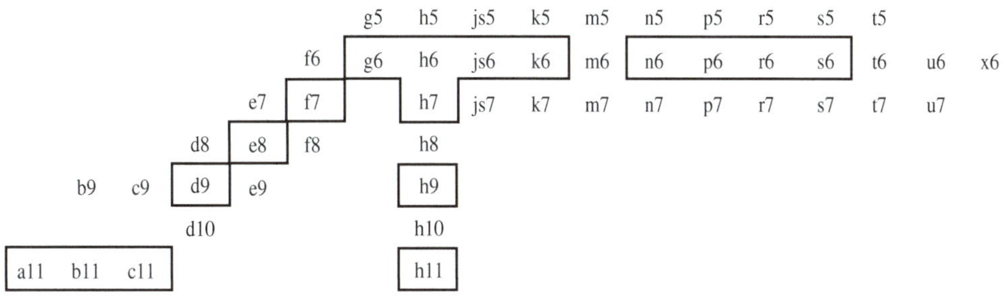

(b) 轴的常用和优先公差带

图 3-13　常用和优先公差带

2. 常用和优先配合

对于配合，GB/T 1800.1—2020 规定基孔制常用配合 45 种，优先配合 13 种，基轴制常用配合 38 种，优先配合 18 种，如图 3-14 所示。

基准孔	孔公差带代号																	
	间隙配合							过渡配合				过盈配合						
h5						G6	H6	JS6	K6	M6		N6	P6					
h6					F7	G7	H7	JS7	K7	M7	N7		P7	R7	S7	T7	U7	X7
h7				E8	F8		H8											
h8			D9	E9	F9		H9											
h10				E8	F8		H8											
			D9	E9	F9		H9											
	B10	C10	D10				H10											

(a) 基轴制配合的优先配合

基准孔	孔公差带代号																	
	间隙配合							过渡配合				过盈配合						
H5						g5	h5	js5	k5	m5		n5	p5					
H7					f6	g6	h6	js6	k6	m6	n6		p6	r6	s6	t6	u6	x6
H8				e7	f7		h7	js7	k7	m7					s7		u7	
			d8	e8	f8		h8											
H9			d8	e8	f8		h8											
H10	b9	c9	d9	e9			h9											
H11	b10	c10	d10				h10											

注：H6/n5、H7/p6 在公称尺寸小于或等于 3 mm 和 H8/r7 在小于或等于 100 mm 时，为过渡配合。

(b) 基孔制配合的优先配合

图 3-14 常用和优先配合

任务 2 装配件的配合选用

一、任务布置

分析如图 3-1 所示钻模的应用情况，完成零件图中标识问号部位的极限与配合的选用，包括基准制选用、公差等级选用、配合性质的选择。

二、理论知识

零件公差与配合的正确合理选用是机械设计中的一项重要工作内容，它对促进互换性生产、提高产品质量、降低制造成本都具有重要意义。

在选用公差与配合时，应遵循三个基本选用原则，即基准制选用原则、公差等级选用原则和配合性质的选择原则，在满足使用要求的前提下，获得最佳的技术经济效益。

1. 基准制选用原则

选用基准制时，应综合考虑工艺性、经济性和零件的结构特点等，一般原则如下。

1）优先选择基孔制

常用尺寸范围（≤500 mm）的配合，一般优先选择基孔制。加工孔和检测孔时要使用钻头、铰刀、拉刀等定值刀具和光滑极限塞规，而每一种定值刀具和塞规只能加工和检验一种特定尺寸和公差带的孔。加工轴时使用车刀，砂轮等通用刀具，使用计量器具测量即可。所以采用基孔制配合可以减少加工刀具、量具的数量，较为经济合理。

例题 3-3　某同公称尺寸的孔、轴，要求实现三种配合，请从加工和检验的角度判断采用何种基准制更合理。

解　如果采用基孔制，加工和检验需要一个定值铰刀、一组车刀和砂轮、一个塞规、一个测量器具。

如果采用基轴制，加工和检验需要三个定值铰刀、一组车刀和砂轮、三个塞规、一个测量器具。

由于基孔制所需的定值刀具和测量器具比基轴制少，所以选择基孔制更合理。

2）部分情况采用基轴制

① 冷拉钢材直接作轴。在农业机械和纺织机械中，常使用具有一般精度（IT9～IT11）的冷拉钢材，不必切削加工而直接作轴来与其他零件的孔配合，因此采用基轴制。

② 结构上的需要。在结构上，轴的同一公称尺寸的各个部分需要装配不同配合要求的孔的零件，这种情况下采用基轴制。

例题 3-4　如图 3-15 所示内燃机的活塞连杆机构中，请判断各孔、轴配合处采用何种基准制更合理。

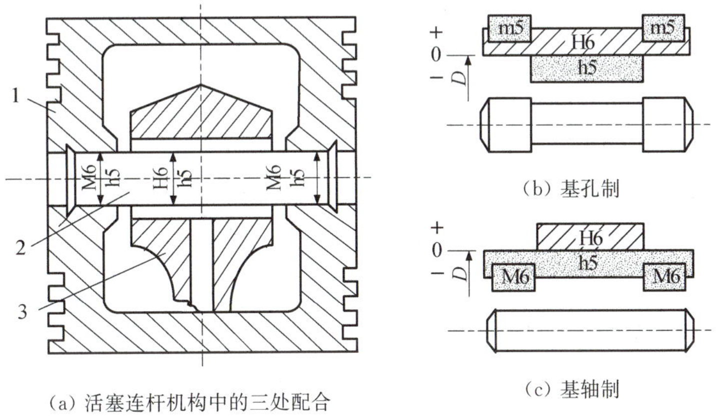

1—活塞；2—活塞销；3—连杆

图 3-15　内燃机的活塞连杆机构配合制

解　在内燃机的活塞连杆机构中，活塞销与两个销孔的配合要求紧些(建议使用过渡配合)，而活塞销与连杆小头孔的配合要求松些(建议使用最小间隙为零的间隙配合)。

若采用基孔制[图 3-15(b)]，则活塞上的两个销孔和连杆小头孔的公差带相同(H6)，而满足两种不同配合要求的活塞销要按两种公差带(h5，m5)加工成阶梯轴，这既不利于加工，又不利于装配(装配时容易将连杆小头孔刮伤)。

若采用基轴制[图 3-15(c)]，活塞销作光轴(h5)，满足不同孔配合(H6，M6)，既方便加工又有利于装配。

所以选择基轴制更合理。

3) 以标准零部件为基准选择配合制

标准零部件通常由专业工厂大量生产，如果孔、轴与标准零部件配合，它们的配合必须以标准零部件为基准来选择配合制。

例题 3-5　滚动轴承与轴承孔和轴头配合时，如图 3-16 所示，判断各自采用何种基准制更合理。

图 3-16　滚动轴承

解　由于滚动轴承的内外圈都是标准件，所以滚动轴承外圈与箱体上轴承孔的配合采用基轴制。滚动轴承内圈与轴头的配合采用基孔制。

4) 在特殊需要时可采用非基准配合

非基准配合是指不包含基本偏差 H 和 h 的任一孔、轴公差带组成的配合。在一些需要经常拆卸和精度要求不高的特殊场合可以采用非基准制。

2. 公差等级选用原则

公差等级选用的高低直接影响到产品使用性能和加工经济性。从如图 3-17 所示的公差等级与生产成本之间的关系可以看出，生产成本随公差等级的提高而增加，当公差等级高于或等于

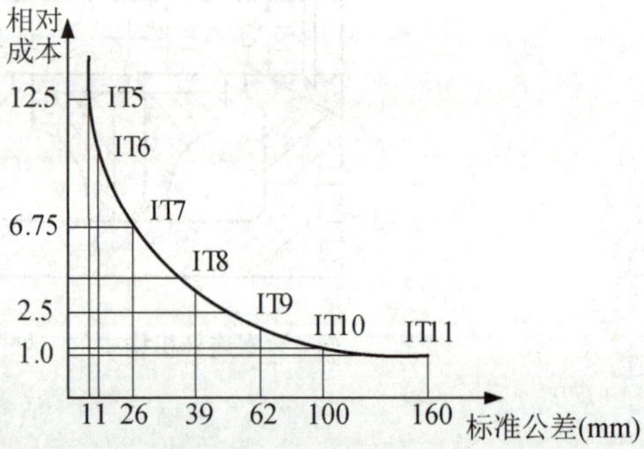

图 3-17　公差等级与生产成本关系图

IT6 时生产成本将急剧增加，因此高于或等于 IT6 的公差等级应慎重选用或尽量不选用。

选用过高的公差等级将使生产成本成倍增加，选用过低的公差等级将不能满足使用要求，因此公差等级选用的原则是在满足产品性能和使用要求的前提下，尽可能选用较低的公差等级。

用类比法选择公差等级时，应掌握公差等级的适用范围和各种加工方法能达到的公差等级、工艺等价性、表面粗糙度等各因素，结合多个因素合理选择公差等级。

1）公差等级的应用范围

公差等级的应用范围见表 3-4。

表 3-4　公差等级的应用范围

应用范围	公差等级(IT)																			
	01	0	1	2	3	4	5	6	7	8	9	10	11	12	13	14	15	16	17	18
量块(高精度标准)	*	*	*																	
量规(检验高精度工件)			*	*	*	*														
零件配合(特别精密)				*	*	*	*													
量规(检验低精度工件) 零件配合(精密)							*	*	*	*	*	*	*	*	*					
原材料尺寸										*	*	*	*	*	*	*				
未注公差尺寸														*	*	*	*	*	*	*

2）各种加工方法所能达到的公差等级

各种加工方法所能达到的公差等级见表 3-5。

表 3-5　各种加工方法所能达到的公差等级

加工方法	公差等级(IT)																	
	01	0	1	2	3	4	5	6	7	8	9	10	11	12	13	14	15	16
研磨	*	*	*	*	*	*	*											
珩磨						*	*	*	*									
内外圆磨							*	*	*	*								
平面磨							*	*	*	*								
金刚石车							*	*	*									
金刚石镗							*	*	*									
拉销							*	*	*	*								
铰孔								*	*	*	*	*						
车									*	*	*	*	*					
镗									*	*	*	*	*					

（续表）

加工方法	公差等级(IT)																
	01	0	1	2	3	4	5	6	7	8	9	10	11	12	13	14	15	16
铣										*	*	*	*					
刨、插												*	*					
钻、孔												*	*	*	*			
滚压、挤压												*	*					
冲压												*	*	*	*	*		
压铸													*	*	*	*		
粉末冶金成型								*	*	*								
粉末液浸烧结									*	*	*	*						
砂型铸造、气割																		*
锻造																	*	

3）遵守工艺等价性

孔、轴加工难易程度应相同。对于公称尺寸≤500 mm的配合，当公差等级高于或等于IT8时，孔的加工难度偏高，推荐选择孔的公差等级比轴低一级；对于公差等级低于IT8或公称尺寸>500 mm的配合，孔与轴的加工难易程度相当，推荐选用同公差等级孔、轴配合，具体选择方法见表3-6。

表3-6　按工艺等价性选择轴的公差等级

要求配合	孔的公差等级	对应轴的公差等级	实例	原因
间隙配合	≤IT8	轴比孔高一级	H7/f6	① ≤500 mm时，孔的加工难度和成本都高于相同尺寸、相同等级的轴，此时工艺不等价，因此孔、轴公差等级相差一级；② >500 mm时，孔、轴配合同级；③ 精度不高时允许孔、轴配合同级
过渡配合	>IT8	轴与孔同级	H9/d9	
过盈配合	≤IT7	轴比孔高一级	H7/p6	
	>IT7	轴与孔同级	H8/s8	

例题3-6　公称尺寸为$\phi 90$ mm的孔、轴配合，要求配合间隙在10～70 μm范围内，试确定孔、轴的公差等级。

解　间隙配合的配合公差 $T_f = |X_{max} - X_{min}| = (+70) - (+10) = 60$ μm

若满足使用要求 $T_D + T_d \leqslant T_f \rightarrow T_D + T_d \leqslant 60$ μm

根据加工经济性（只要满足要求，公差等级尽量低）和工艺等价性原则，

查表选取：$T_D = IT7 = 35$ μm　$T_d = IT6 = 22$ μm　$T_D + T_d = 57$ μm $\leqslant 60$ μm

因此确定孔的公差等级为IT7，轴为IT6。

4）表面粗糙度的要求

因为表面粗糙度是影响配合性质的一个重要因素，所以在选择公差等级时应同时考虑表面粗糙度的要求。公差等级与表面粗糙度的对应关系见表3-7。

表 3-7　按公差等级与表面粗糙度的对应关系

公差等级(IT)	公称尺寸(mm)	表面粗糙度 Ra 值不大于		公差等级(IT)	公称尺寸(mm)	表面粗糙度 Ra 值不大于		公差等级(IT)	公称尺寸(mm)	表面粗糙度 Ra 值不大于	
		轴	孔			轴	孔			轴	孔
5	＜6	0.2	0.2	8	＜3	0.8	0.8	11	＜10	3.2	3.2
	＞6～30	0.4	0.4		＞3～30	1.6	1.6		＞10～120	6.3	6.3
	＞30～180	0.8	0.8		＞30～250	3.2	3.2				
	＞180～500	1.6	1.6		＞250～500	3.2	6.3		＞120～500	12.5	12.5
6	＜10	0.4	0.8	9	＜6	1.6	1.6	12	＜80	6.3	6.3
	＜10～80	0.8	0.8		＜6～120	3.2	3.2		＞80～250	12.5	12.5
	＞80～250	1.6	1.6		＞120～400	6.3	6.3				
	＞250～5 000	3.2	3.2		＞400～500	12.5	12.5		＞250～500	25	25
7	＜0	0.8	0.8	10	＜0	3.2	3.2	13	＜30	6.3	6.3
	＜6～120	1.6	1.6		＜10～120	6.3	6.3		＞30～120	12.5	12.5
	＞120～500	3.2	3.2		＞120～500	12.5	12.5		＞120～250	25	25

3. 配合性质的选择原则

在确定了基准制的基础上，根据机器(部件)的性能、允许间隙或过盈的大小情况，选定非基准件的基本偏差代号，有的配合也同时确定基准件与非基准件的公差等级。选择配合的步骤可分为配合类别的选择和非基准件基本偏差代号的选择。

1）配合类别的选择

配合类别的选择主要取决于使用要求，见表 3-8。

表 3-8　配合类别的选择

<table>
<tr><th>配合类别</th><th colspan="4">工程要求</th></tr>
<tr><td>间隙配合</td><td colspan="4">有相对运动</td></tr>
<tr><td>过渡配合</td><td rowspan="7">无相对运动</td><td rowspan="2">不传递扭矩</td><td colspan="2" rowspan="2">要精确定位</td></tr>
<tr><td>过盈配合(小量)</td></tr>
<tr><td>间隙配合＋紧固件</td><td rowspan="5">要传递扭矩</td><td colspan="2">不要精确定位</td></tr>
<tr><td>过渡配合</td><td rowspan="4">要精确定位</td><td rowspan="2">可拆结合</td></tr>
<tr><td>H/h 间隙配合＋紧固件</td></tr>
<tr><td>过盈配合</td><td>永久结合</td></tr>
</table>

2）非基准件基本偏差代号的选择

非基准件基本偏差代号的选择方法有三种：计算法、试验法和类比法。

① 计算法：根据零件的材料、结构和功能要求，按照一定理论公式的计算结果选择配合的方法。计算法选取较为科学，其关键是确定所需的极限盈隙。

② 试验法：通过模拟实验和分析选择最佳配合的方法。试验法选取最为可靠，但是成本较高，一般只用于特别重要的关键性配合选取。

③ 类比法：参照同类机器或机构，经过实践验证配合的实际情况，通过分析对比来确定配合的方法。

表 3-9 列举了基孔制轴的基本偏差的特性和应用，供选用时参考。此外，工作时需要结合零件间的相对运动情况、承受载荷情况、温度变化、润滑条件、装配变形、装拆情况、生产类型以及材料的物理、化学、机械性能等进行进一步考虑。

表 3-9　基孔制轴的基本偏差特性和应用实例

间隙配合				
基本偏差	a，b，c	d，e，f	g	h
特性及应用说明	大间隙配合，适用于工作条件较差、受力变形大，或为了便于装配的松弛配合，应用很少	较大间隙配合，适用于较松的间隙配合和一般的转动配合	较小间隙配合，制造成本高，除很轻负荷的精密装置外，不推荐用于转动配合	零间隙配合，广泛用于无相对转动及一般定位配合零件。若无温度变形等影响，也用于精密滑动配合
应用实例	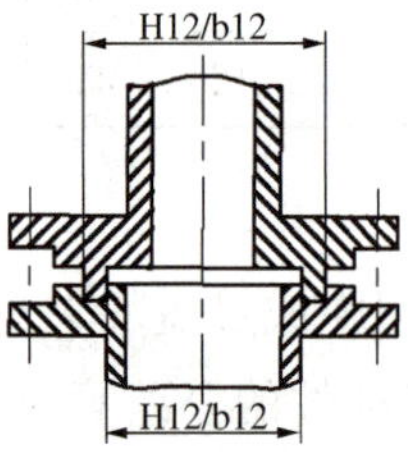	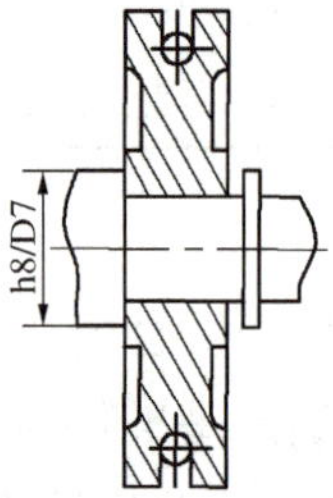	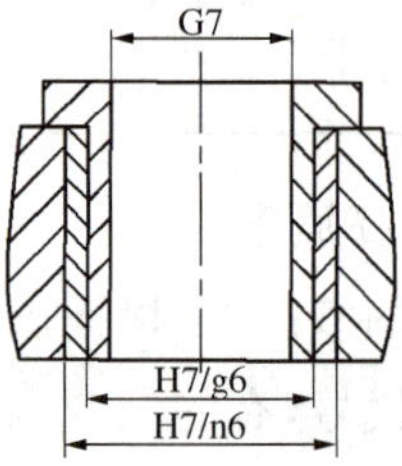	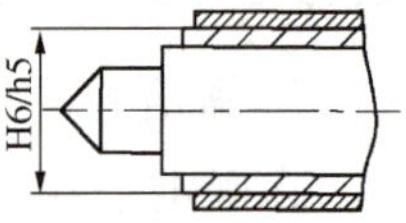
	管道与法兰连接用的配合	滑轮与心轴的配合	转套与衬套的配合	车床尾座座孔与顶尖套筒的配合
过渡配合				
基本偏差	j，s	k	m	n
特性及应用说明	平均间隙较小，略有过盈，偏差对称，一般用于易于装卸的精密零件的定位配合，用手或木锤装配	平均间隙接近零的配合，用于稍有过盈的定位配合，一般用木锤装配	平均过盈较小的配合，组成的配合定位好，用于不允许游动的精密定位，一般用木锤装配	平均过盈比 m 稍大，很少得到间隙，用于定位要求较高且不常拆的配合，用锤或压力机装配
应用实例	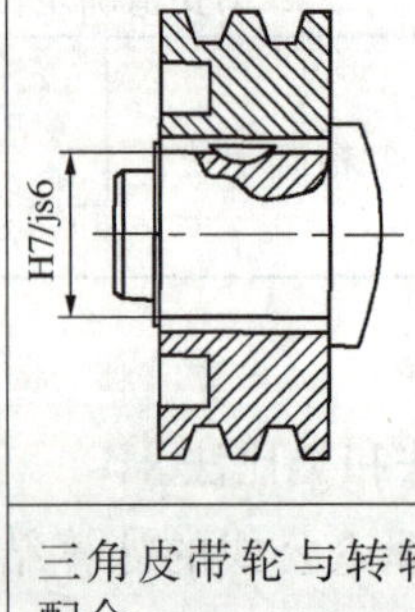	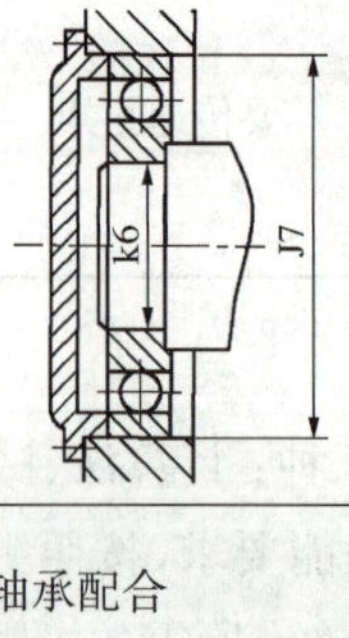	—	—
	三角皮带轮与转轴配合	轴承配合	—	—

（续表）

过盈配合				
基本偏差	p	r	s	t，u，v，x，y，z
特性及应用说明	对钢、铁或铜、钢组件装配时为标准压入配合，对非铁类零件为较轻的压入配合	对铁类零件为中等打入配合，对非铁类零件为轻打入配合，必要时可拆卸	用于钢和铁质零件的永久性和半永久性装配，可产生相当大的结合力，尺寸较大时，为了避免损坏配合表面，需用热膨胀法或冷缩法装配	过盈配合依次增大，一般不采用
应用实例	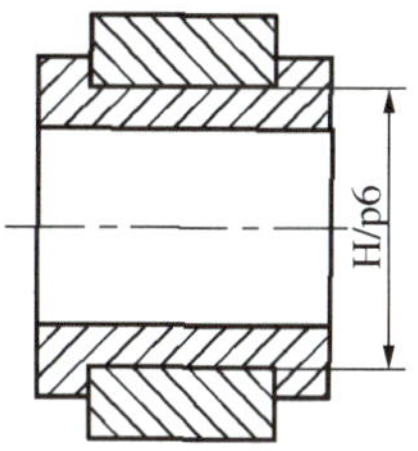	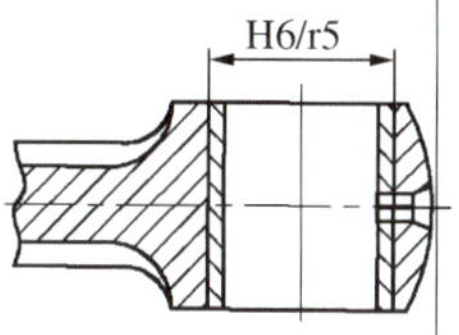		
	轴瓦与轴承底孔的配合	连杆小头孔与衬套的配合	曲柄销与曲拐的配合	联轴器与轴的配合

4. 公差配合选用实例

以下为三种常见零件的公差配合选用实例。

例题 3-7　某孔、轴公称尺寸 $\phi50$，要求其配合间隙范围为 $+45\sim+115\ \mu m$，试确定孔、轴的配合代号，并画出其公差带图。

解　(1) 确定基准制

如果没有特殊说明，一般情况选择基孔制，所以孔的基本偏差代号为 H，EI＝0

(2) 确定公差等级

由题可知 $0.045 \leqslant X_{\min} < X_{\max} \leqslant 0.115$

因为 $T_f = T_D + T_d = |X_{\max} - X_{\min}|$

可得 $T_D + T_d \leqslant (+0.115) - (+0.045) = 0.070$

如果根据工艺等价性原则，孔、轴同一公差等级或孔比轴低一公差等级原则

可以选择 $\begin{cases} T_D = IT8 = 0.039 \\ T_d = IT7 = 0.025 \end{cases}$，满足 $T_D + T_d \leqslant 0.070$

根据孔的下极限偏差 $EI=0$，公差 $T_D = IT8 = 0.039$，可以确定孔的上极限偏差 $ES = EI + T_D = +0.039$

(3) 确定孔、轴的配合代号

由于该配合为基孔制间隙配合，可分析出轴的基本偏差为上极限偏差

根据公式 $\begin{cases} X_{max}=ES-ei\leqslant+0.115 \\ X_{min}=EI-es\geqslant+0.045 \end{cases}\rightarrow\begin{cases} X_{max}=ES-(es-T_d)\leqslant+0.115 \\ X_{min}=EI-es\geqslant+0.045 \end{cases}$

代入数据 $\begin{cases} X_{max}=+0.039-(es-0.025)\leqslant+0.115 \\ X_{min}=0-es\geqslant+0.045 \end{cases}\rightarrow-0.051\leqslant es\leqslant-0.045$

查阅轴的基本偏差表，可以确定轴的基本偏差代号为 e，即 $es=-0.050$

根据轴的上极限偏差与公差值可以确定轴的下极限偏差 $ei=es-T_d=-0.075$

由以上信息可知，孔的公差带代号为 $\phi 50\text{H}8(^{+0.039}_{0})$，轴的公差带代号为 $\phi 50\text{e}7(^{-0.050}_{-0.075})$

孔、轴配合代号为 $\phi 50\dfrac{\text{H8}}{\text{e7}}$

公差带图如下

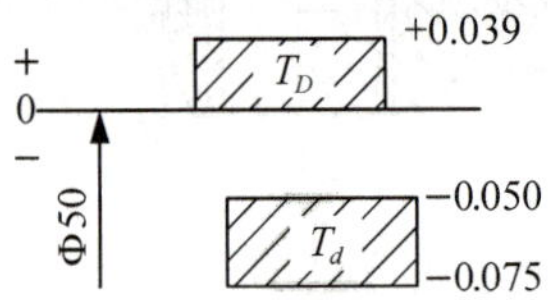

(4) 验证

根据选用的孔、轴公差带代号，计算极限间隙

根据公式 $\begin{cases} X_{max}=ES-ei=+0.039-(-0.075)=+0.104\leqslant+0.115 \\ X_{min}=EI-es=0-(-0.050)=+0.050\geqslant+0.045 \end{cases}$

满足题目配合间隙为 +45～+115 μm 的要求，所以选用的孔、轴公差带代号 $\phi 50\dfrac{\text{H8}}{\text{e7}}$ 可行。

例题 3-8 有一对公称尺寸为 90 mm 的孔、轴成过盈配合，因结构需要采用基轴制，要求配合的最大过盈和最小过盈的临界值分别为 −75 μm 和 −15 μm，试确定孔与轴的配合代号，并画出其公差带图。

解 (1) 确定基准制

题目要求为基轴制，所以轴的基本偏差代号为 h，$es=0$

(2) 确定公差等级

由题可知 $-0.075\leqslant Y_{max}$，$Y_{min}\leqslant-0.015$

因为 $T_f=T_D+T_d=|Y_{max}-Y_{min}|$

可以得出 $T_D+T_d<(-0.015)-(-0.075)=0.060$

如果根据工艺等价性，孔、轴同一公差等级或孔比轴低一公差等级原则

可以选择 $\begin{cases} T_D=\text{IT}7=0.035 \\ T_d=\text{IT}6=0.022 \end{cases}$，满足 $T_D+T_d\leqslant+0.060$

根据轴的上极限偏差 $es=0$，公差 $T_d=\text{IT6}=0.022$，可以确定轴的下极限偏差 $ei=es-T_d=-0.022$

(3) 确定孔、轴的配合代号

由于该配合为基轴制过盈配合，可分析出孔的基本偏差为上极限偏差

根据公式 $\begin{cases}Y_{max}=EI-es\geqslant-0.075\\Y_{min}=ES-ei\leqslant-0.015\end{cases}\rightarrow\begin{cases}Y_{max}=(ES-T_D)-es\geqslant-0.075\\Y_{min}=ES-ei\leqslant-0.015\end{cases}$

代入数据 $\begin{cases}Y_{max}=(ES-0.035)-0\geqslant-0.075\\Y_{min}=ES-(-0.022)\leqslant-0.015\end{cases}\rightarrow-0.040\leqslant ES\leqslant-0.037$

由于孔的公差等级高于 IT7，所以孔的基本偏差需要修正，查阅孔的基本偏差表，可以确定孔的基本偏差代号为 R，修正值 $\Delta=0.013$，即 $ES=-0.050+0.013=-0.038$

根据孔的上极限偏差和公差值可以确定轴的下极限偏差 $EI=ES-T_D=-0.073$

由以上信息，可知孔的公差带代号为 $\phi90\text{R}7(^{-0.038}_{-0.073})$，轴的公差带代号为 $\phi90\text{h}6(^{0}_{-0.022})$

孔、轴配合代号为 $\phi90\dfrac{\text{R}7}{\text{h}6}$；

公差带图如下：

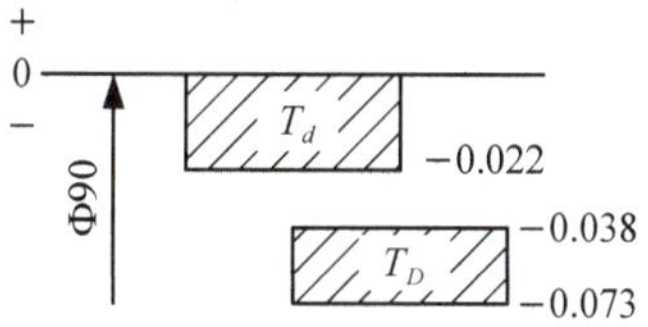

(4) 验证

根据选用的孔、轴公差带代号，计算极限间隙

根据公式 $\begin{cases}Y_{max}=EI-es=-0.073-0=-0.073\geqslant-0.075\\Y_{min}=ES-ei=-0.038-(-0.022)=-0.016\leqslant-0.015\end{cases}$

结果满足题目中最大过盈和最小过盈临界值分别为 −75 μm 和 −15 μm 的要求，所以选用的孔、轴公差带代号 $\phi90\dfrac{\text{R}7}{\text{h}6}$ 可行。

例题 3-9　某减速器结构中孔、轴采用过渡配合，公称尺寸为 $\phi50$ mm，要求配合的最大间隙为 +32 μm，最大过盈为 −14 μm，因结构原因需要采用基孔制，试确定孔与轴的配合代号，并画出其公差带图。

解　(1) 确定基准制

题目要求为基孔制，所以孔的基本偏差代号为 H，$EI=0$

(2) 确定公差等级

由题可知 $X_{max}\leqslant0.032$，$-0.014\leqslant Y_{max}$

因为 $T_f = T_D + T_d = |X_{max} - Y_{max}|$

可以得出 $T_D + T_d \leqslant (+0.032) - (-0.014) = 0.046$

如果根据工艺等价性，孔、轴同一公差等级或孔比轴低一公差等级原则

可以选择 $\begin{cases} T_D = IT7 = 0.025 \\ T_d = IT6 = 0.016 \end{cases}$，满足 $T_D + T_d \leqslant +0.046$

根据孔的下极限偏差 $EI = 0$，公差 $T_D = IT7 = 0.025$，可以确定孔的上极限偏差 $ES = EI + T_D = +0.025$

(3) 确定孔、轴的配合代号

由于该配合为基孔制过渡配合，同时根据题目的盈隙范围，可分析出轴的基本偏差为下极限偏差

根据公式 $\begin{cases} X_{max} = ES - ei \leqslant +0.032 \\ Y_{max} = EI - es \geqslant -0.014 \end{cases} \rightarrow \begin{cases} X_{max} = ES - ei \leqslant +0.032 \\ Y_{max} = EI - (ei + T_d) \geqslant -0.014 \end{cases}$

代入数据 $\begin{cases} X_{max} = +0.025 - ei \leqslant +0.032 \\ Y_{max} = 0 - (ei + 0.016) \geqslant +0.014 \end{cases} \rightarrow -0.007 < ei < -0.002$

查阅轴的基本偏差表，可以确定轴的基本偏差代号为 j，即 $ei = -0.005$

根据轴的上极限偏差和公差值可以确定轴的上极限偏差 $es = ei + T_d = +0.011$

由以上信息，可知孔的公差带代号为 $\phi 50H7(^{+0.025}_{0})$，轴的公差带代号为 $\phi 50j6(^{+0.011}_{-0.005})$

孔、轴配合代号为 $\phi 50\,\dfrac{H7}{j6}$；

公差带图如下：

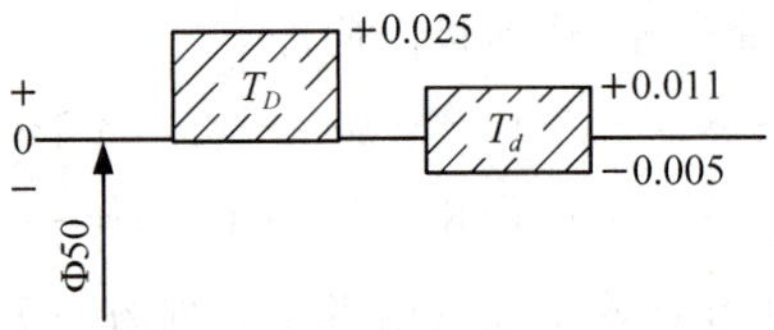

三、任务实施

1. 读取任务要求

图 3-1 钻模中三个“?”标识皆为孔、轴配合连接，请结合钻模的应用情况确定这三处配合的配合公差带代号，并完善钻模装配图。

2. 分析钻模有关部位的极限与配合情况

钻模装配中需要考虑磨损、排屑等因素，综合实际应用情况分析极限与配合的综合需求。

① 钻模图标识的孔、轴配合中基准制的选用。

② 钻模图标识的孔、轴配合中公差等级的选用。

③ 钻模图标识的孔、轴配合中配合性质的选用。

3. 完善钻模的工程图

绘制钻模装配件的工程图，将分析得到的孔、轴极限与配合信息正确标注到钻模的工程图中。

4. 保养测量器具并整理实训室

整理任务所用的所有测量器具，进行归类、保养，整理实训室卫生，确保水、电、通道等安全。

5. 编写任务报告

自行编写任务报告，包括任务名称、任务目的、任务用品、任务步骤、任务结果等。

四、知识拓展

1. 三坐标测量机

三坐标测量机是集光、电、气、机械与计算机技术为一体的精密测量仪器，其通用性强、测量范围大、精度高、性能好，能够与柔性制造系统相连接，被广泛应用于机械制造、汽车、航空航天、船舶重工、军工、风电、新能源等工业产品的尺寸、形状和位置等检测。

1）三坐标测量机的原理

将被测物体置于三维测量空间，通过探测传感器（探头）与测量空间轴线运动的配合，获得被测物体上各测点的坐标位置，然后通过一定的数学计算，实现对所测得点（点群）的分析拟合，还原出被测的几何元素，从而完成对被测物体的几何尺寸、形状和位置的测量。

2）三坐标测量机的作用

① 测量几何元素（点、线、圆、面、球、弧、椭圆、圆柱、圆锥、键槽、曲线、曲面）。

② 构造几何元素（投影、中分、相交、相切、镜像、拟合、平移、垂直、平行、组合、旋转、偏置线、偏置）。

③ 测量形位公差[直线度、平面度、圆度、圆柱度、圆锥度、球度、距离、夹角、垂直度、平行度、倾斜度、位置度（二维与三维）、对称度、同轴度、同心度、跳动等]。

④ 扫描三维实体。

⑤ 与数控机床直接进行数据交换，以实现对生产现场的控制。

3）三坐标测量机的分类

(1) 按测量范围分类

三坐标测量机按测量范围分为小型三坐标测量仪、中型三坐标测量仪和大型三坐标测量仪。

① 小型三坐标测量仪在其最长一个坐标轴方向（一般为 X 轴方向）上的测量范围小于 500 mm，主要用于小型精密模具、工具和刀具等的测量。

② 中型三坐标测量仪在其最长一个坐标轴方向上的测量范围为 500 ～ 2 000 mm，是应用最多的机型，主要用于箱体、模具类零件的测量。

③ 大型三坐标测量仪在其最长一个坐标轴方向上的测量范围大于 2 000 mm，主要用

于汽车与发动机外壳、航空发动机叶片等大型零件的测量。

(2) 按结构形式分类

三坐标测量机按结构形式分为悬臂式、桥式、水平臂式和龙门式,如图 3-18 所示。

① 悬臂式三坐标测量机结构刚性好,操作方便,测量精度高,是小测量空间的测量机典型形式。

② 桥式三坐标机又可分为固定桥式和活动桥式两种,主要应用于中等测量空间。

③ 水平臂式测量机是典型的大测量范围、低精度坐标机。操作性能很好,移动质量小,因而非常快速。机器人柔性化测量机多是建立在这种测量机基础上的。

④ 龙门式三坐标测量机是超大型机器,水平轴最大可到数十米,由于其刚性要比水平臂式更好,因而对大尺寸而言具有足够的精度。

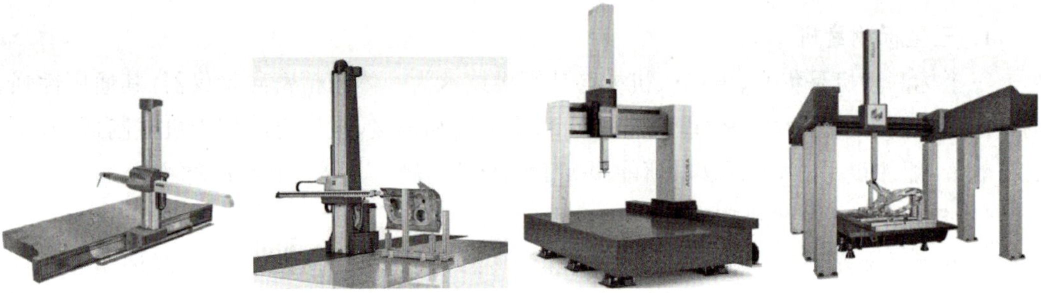

(a) 悬臂式　　(b) 桥式　　(c) 水平臂式　　(d) 龙门式

图 3-18　按结构分类的四种典型三坐标测量仪

4) 三坐标测量机的结构

① X 向横梁:采用精密梁技术。

② Y 向横梁:采用直接加工在工作台上的整体结构。

③ Z 向主轴:采用可调节的启动平衡装置,提高了定位精度。

④ 导轨形式:采用自洁式预载荷高精度空气轴承组成的四面环抱式静压气浮导轨。

⑤ 驱动系统:采用高性能直流伺服电动机和柔性同步齿形带传动装置,各轴均有限位和电子控制,传动更快捷,运动性能更佳。

⑥ 控制系统:采用计算机三坐标专用控制系统。

⑦ 机器系统:采用计算机辅助 3D 误差修正技术,保证了系统的长期稳定性和高精度。

⑧ 测量软件:采用与三坐标测量机配套软件,具有完善的测量功能和联机功能。

2. 三坐标测量机的使用方法

1) 测量前

① 打开气泵,调节压缩空气的压力,确保三坐标测量机轨道的顺畅移动。

② 打开计算机,启动测量软件。

③ 分析零件的测量要素,对三坐标测量机的测头进行检定。

④ 分析零件的设计基准和加工基准,在零件上建立测量坐标系。

2）测量中

① 测量零件各要素。

② 进行几何测量与几何元素构造。

③ 测量几何误差。

④ 在公差评价界面中评价零件合格性。

⑤ 以报告形式(坐标值)或 PDF 格式保存测量结果。

3）测量后

(1) 关闭测量软件。

(2) 将三坐标测量机恢复到初始位置并把控制速度调节至零。

(3) 按下三坐标测量机的急停开关,关闭计算机。

项目练习

一、判断题

(　　)1. 由于基准孔是基孔制配合中的基准件,基准轴是基轴制配合中的基准件,因而基准孔和基准轴不能组成配合。

(　　)2. 机械加工方法中,加工精度最高的是研磨。

(　　)3. 凡在配合中可能出现间隙的,其配合性质一定是属于间隙配合。

(　　)4. 在孔、轴的配合中,若 $EI \geqslant es$,则此配合必为间隙配合;若 $EI \leqslant es$,则此配合必为过盈配合。

(　　)5. 选用公差带时,应按常用、优先、一般公差带的顺序选取。

二、单项选择题

1. 下列配合中,公差等级选择不当的是(　　)。

A. H7/g6　　B. H9/g9　　C. H7/f8　　D. M8/h8

2. 配合代号 ϕ60P7/h6 表示(　　)。

A. 基孔制过渡配合　　B. 基轴制过渡配合

C. 基孔制过盈配合　　D. 基轴制过盈配合

3. 在基轴制配合中,基本偏差代号为:A—H 的孔与基准轴组成(　　)配合。

A. 过盈配合　　B. 间隙配合　　C. 过渡配合　　D. 不能确定

4. 与 ϕ40H7/k6 配合性质相同的是(　　)。

A. ϕ40H7/p6　　B. ϕ40K7/k6　　C. ϕ40F7/h6　　D. ϕ40H6/js6

5. 在下列情况中,不能采用基轴制配合的是(　　)。

A. 滚动轴承外圈与壳体孔的配合　　B. 柴油机中活塞连杆组件的配合

C. 滚动轴承内圈与转轴轴颈的配合　　D. 采用冷拔圆型材所作的轴

三、计算题

1. 公称尺寸为 ϕ50 mm,基孔制配合,孔的公差等级为 8 级,轴的基本偏差为 f,公差等级为 7 级，试写出它们的公称尺寸和配合代号。

2. 查表确定 ϕ20H7/p6 配合与 ϕ20P7/h6 配合的极限偏差，计算两种配合的极限盈隙，并画出公差带图。

3. 公称尺寸为 ϕ56 mm 的基轴制配合，已知配合公差 $T_f=0.049$ mm，轴的下极限偏差 $ei=-0.019$ mm，孔的上极限尺寸 $D_{max}=55.945$ mm。

求：(1) 分别写出孔、轴的公差带标注形式。

(2) 轴的精度高还是孔的精度高？

(3) 此配合的极限盈隙。

项目四

零件的几何误差测量

知识目标

- 识图认图，理解零件的功能与技术要求
- 识读几何公差的符号、定义
- 理解几何公差的公差带特点
- 掌握几何公差的正确标注

技能目标

- 掌握水平仪、百分表、圆度仪等测量器具的使用和保养
- 根据测量对象，能够选择合适的测量器具、确定误差测量方案并实施测量
- 掌握误差评定方法
- 掌握报告编制能力

素质目标

- 培养学生分析问题能力
- 培养学生解决问题能力
- 培养学生动手操作能力

齿轮传动是常用的机械传动形式，齿轮轴是齿轮传动的核心组成部件之一。齿轮轴由齿轮和轴制为一体，通过齿轮、皮带轮、链轮等支撑并带动另一个零件与之共同回转以传递运动、扭矩或弯矩，实现功率的传递。齿轮轴的工作性能、承载能力、使用寿命和工作精度等都与传动质量密切相关，而传动质量和效率又取决于零件精度，包括尺寸精度和几何精度。

如图 4-1 所示为主动齿轮轴零件工程图，可以看到图纸中不仅有已经学习的各种尺寸信息，还包括|↗|0.015|A-B|、|○|0.015|、|≡|0.05|C|等几何精度要求，本项目介绍几何精度的相关知识以及几何误差的测量与评定方法。

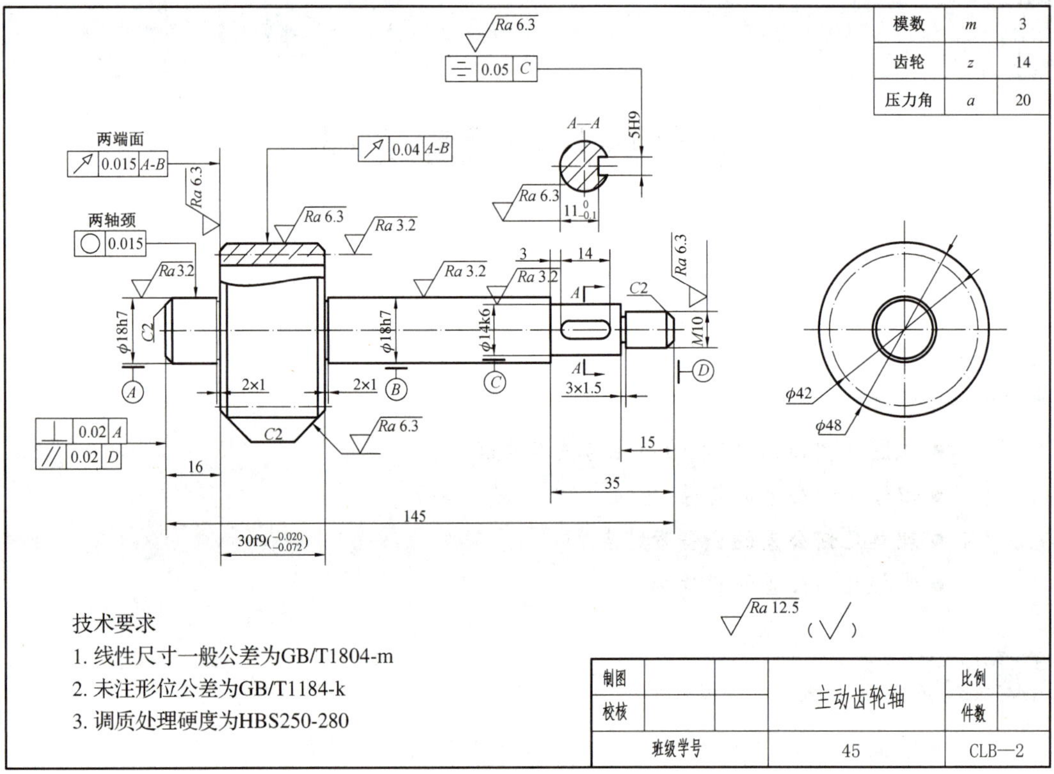

图 4-1　主动齿轮轴零件

任务 1　几何公差的识读与标注

一、任务布置

将下列技术要求正确标注在图 4-2 上。

(1) 左端提取表面的平面度公差为 0.01 mm。

(2) 右端提取表面对左端面的平行度公差为 0.01 mm。

(3) ϕ40 mm 通孔的提取中心线对左端面的垂直度公差为 ϕ0.02 mm。

(4) ϕ120 mm 外圆的提取中心线对 ϕ40 mm 通孔轴线的同轴度公差为 ϕ0.03 mm。

(5) ϕ20 mm 孔轴线的直线度公差为 ϕ0.15 mm。

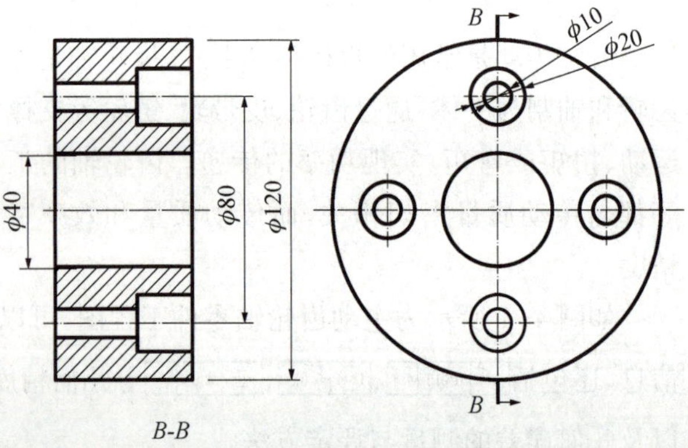

图 4-2　几何公差标注

(6) ϕ120 mm 外圆对 ϕ40 mm 通孔轴线的径向全跳动公差为 0.05 mm。

二、理论知识

对于机械零件，为了保证其装配质量和使用性能，不仅要给出尺寸公差要求，还需要对机械零件的形状、位置等提出要求，这也是机械零件加工精度的重要指标，它影响零件的配合性质、功能要求和可装配性。

1. 几何要素及其分类

几何要素是零件形体的点、线、面。任何零件都是由点、线、面等几何要素组成的，其可从不同的角度进行分类，见表 4-1。

表 4-1　几何要素的分类

分类方式	种类	定义	说明
按几何特征	组成要素	构成零件外形的几何要素（可见的、可感受的）	图 4-3 中的球面、圆锥面、环状端平面、圆柱面、圆锥顶点、素线、两平行平面
	导出要素	对称中心的几何要素（不可见的、不可感受的）	图 4-3 中的轴线、球心、中心平面
按所处的地位	被测要素	图样上给出的形状或位置公差要求的几何要素	图 4-5 中的 ϕd_1 的圆柱度要求 图 4-5 中的 ϕd_2 的同轴度要求
	基准要素	确定被测要素方向和位置的几何要素	图 4-5 中的 ϕd_1 的中心轴线
按存在的状态	公称要素	具有几何学意义的几何要素（绝对准确）	图 4-4 中的理想轴线、理想截面圆、理想圆柱面
	实际要素	零件上实际存在的几何要素（存在误差）	图 4-4 中的实际轴线、实际截面圆、实际圆柱面
按功能要求	单一要素	仅对其本身给出形状公差要求，或仅涉及其形状公差要求时的要素，与基准要素无关	图 4-5 中的 ϕd_1 的圆柱面
	关联要素	相对其他要素有功能要求而给出的位置公差的要素，与基准有关	图 4-5 中的 ϕd_1 的阶梯右端面 图 4-5 中的 ϕd_2 的中心轴线

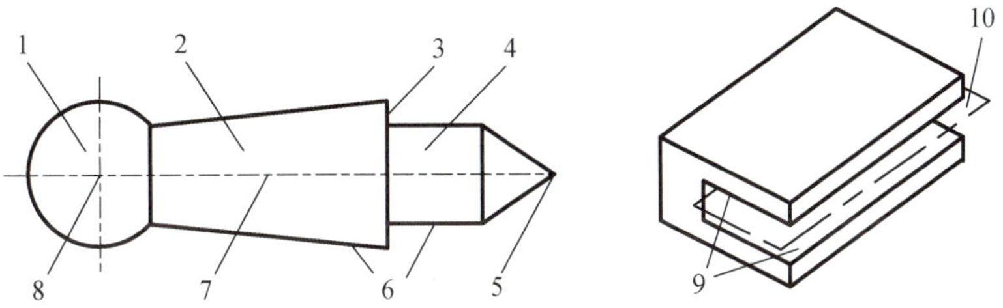

1—球面；2—圆锥面；3—环状端平面；4—圆柱面；5—圆锥顶点；6—素线；
7—轴线；8—球心；9—两平行平面；10—中心平面

图 4-3　零件的几何要素

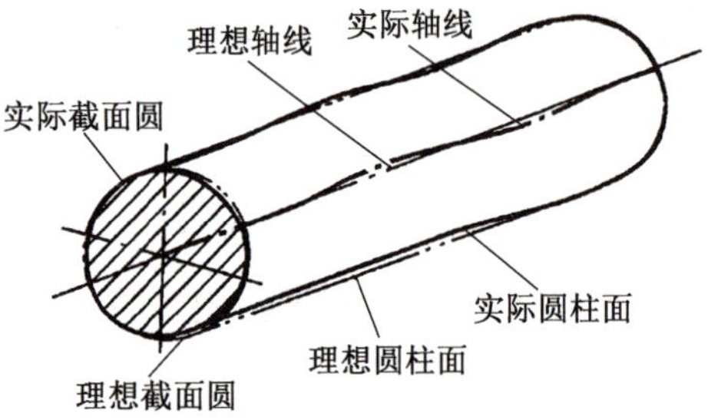

图 4-4　圆柱体示意

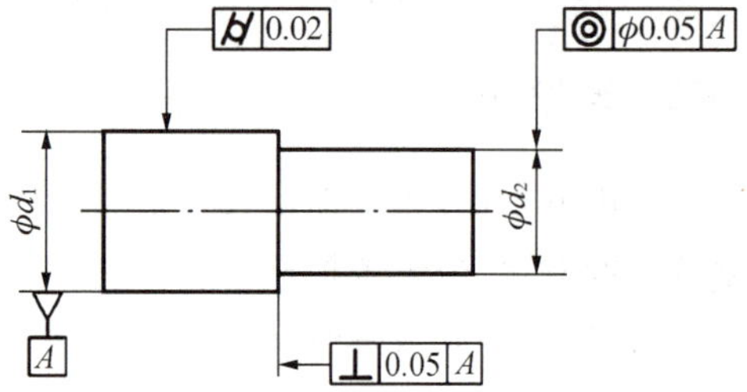

图 4-5　阶梯轴示意

2. 几何公差的项目和符号

几何误差：加工后的零件会有尺寸误差，因而构成零件几何特征的几何要素的实际形状、方向、相互位置、跳动等与理想几何体就存在误差，即几何误差。

几何公差：对几何要素的形状、方向、位置、跳动等所提出的精度要求。包括形状公差、方向公差、位置公差和跳动公差。

几何公差的绘制与标注

几何公差特征项目符号共 14 项，见表 4-2。当对几何公差有进一步的要求的时候，需要应用附加符号，各附加符号的应用将在后续内容中说明。

表 4-2　几何公差的项目和符号

类型	几何特征	符号	有无基准	类型	几何特征	符号	有无基准
形状公差	直线度	⏤	无	位置公差	位置度	⌖	有
	平面度	⏥	无		同心度	◎	有
	圆度	○	无		同轴度	◎	有
	圆柱度	⌭	无		对称度	⌯	有
	线轮廓度	⌒	无		线轮廓度	⌒	有
	面轮廓度	⌓	无		面轮廓度	⌓	有
方向公差	平行度	∥	有	跳动公差	圆跳动	↗	有
	垂直度	⊥	有				
	倾斜度	∠	有		全跳动	⌰	有
	线轮廓度	⌒	有				
	面轮廓度	⌓	有				

小贴士

如果功能需要，可以规定一种或多种几何特征的公差以限定要素的几何误差。限定几何要素某种类型几何误差的几何公差，亦能限制该要素其他类型的几何误差。

① 几何要素的形状公差只能控制该几何要素的形状误差。

② 几何要素的方向公差可同时控制该几何要素的方向误差和形状误差。

③ 几何要素的位置公差可同时控制该几何要素的位置误差、方向误差和形状误差。

3. 几何公差的标注

1）几何公差的框格

如图 4-6 所示，几何公差的标注采用几何公差框格代号标注，该框格由两格或多格组成，可水平或垂直放置。水平绘制时，框格从左到右填写，垂直绘制时，框格从上到下填写。以水平绘制示意说明，从左到右依次内容如下：

① 第一框格——被测要素几何公差项目符号。

② 第二框格——被测要素几何公差数值和有关符号（有关符号不是必需内容）。

③ 第三框格及之后各框格——基准符号字母和有关符号（有关符号不是必需内容）。

几何公差的框格线型为细实线，第一框格绘成正方形，其他框格绘成正方形或矩形。框格高度等于两倍字高。

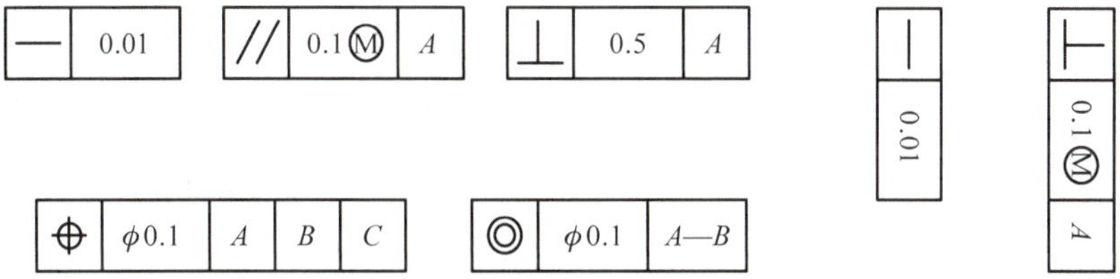

图 4-6　几何公差的框格示例

2）基准符号

在几何公差的标注中，与被测要素相关的基准用一个大写字母表示。如图 4-7 所示，字母标注在基准方格内，与一个涂黑或空白的三角形以细实线连接（涂黑的和空白的基准三角形含义相同）。基准符号字母不得采用 E、I、J、M、O、P、L、R、F。当字母不够用时可加脚注，如 A_1、A_2、…、B_1、B_2、…。基准字母一般不允许与图样中任何方向视图的字母相同。基准符号可以水平绘制、垂直绘制、倾斜绘制，不论方向如何，其方框内的字母都应水平书写。

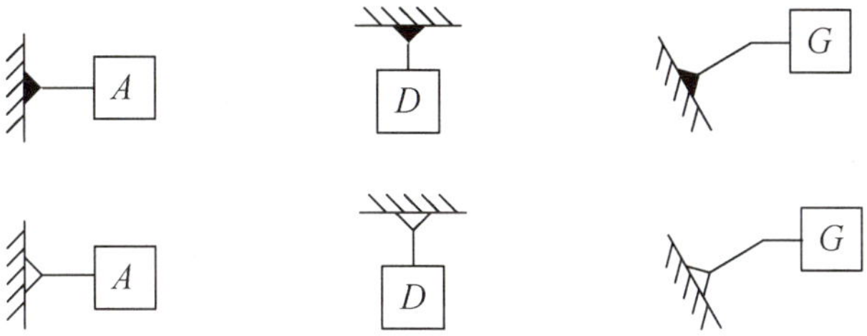

（a）水平绘制　（b）垂直绘制　（c）倾斜绘制

图 4-7　基准符号绘制示例

基准可以分成单一基准、组合基准和基准体系，如图 4-8 所示。

① 单一基准：由一个要素建立的基准，用一个字母表示。

② 组合基准：由两个要素建立的基准，用横线隔开的两个字母在一个框格内表示。

③ 基准体系：由互相垂直的两个或三个要素构成的一个基准体系，用两个或三个字母分别放在不同框格内表示。

3）被测要素几何公差的标注方法

被测要素几何公差的标注由公差框格、带箭头的指引线和基准符号组成，如图 4-9 所示。带箭头的指引线将被测要素与公差框格的一端相连，指引线的箭头指向被测要素公差带的宽度或直径方向。

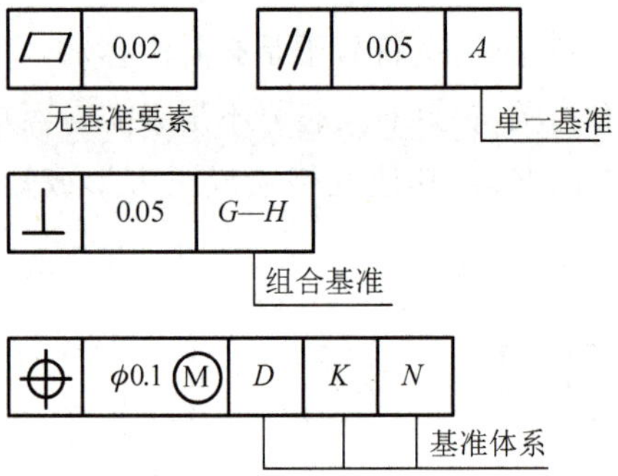

图 4-8　基准实例示意

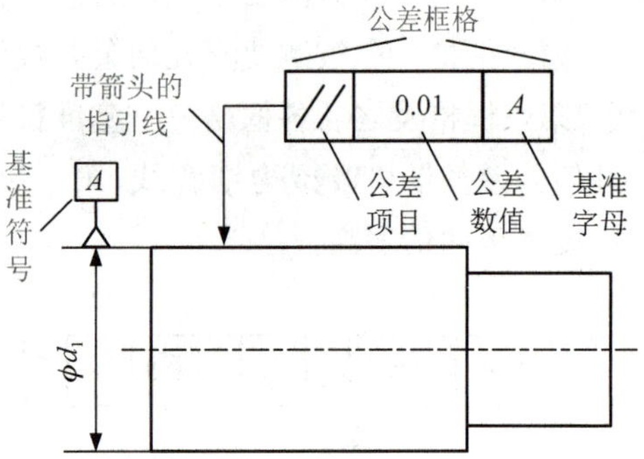

图 4-9　被测要素几何公差标注示意

① 几何公差框格应水平或垂直绘制，且指引线从框格一端的中间位置引出，标注方法如图 4-10 所示。

② 当被测要素是组成要素时，指引线的箭头应指向该要素的轮廓线或其延长线上，箭头需要明显与尺寸线错开，一般大于 4 mm，标注方法如图 4-11 所示。

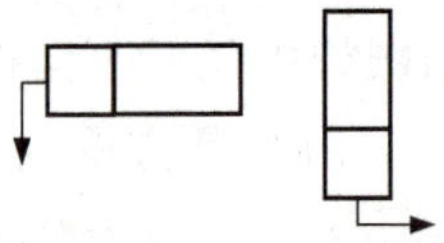

图 4-10　几何公差框格标注

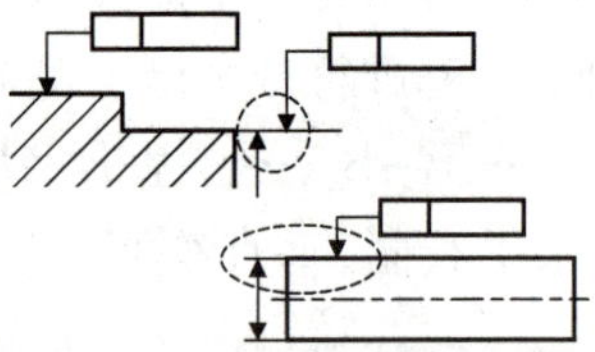

图 4-11　组成要素标注

③ 当被测要素是导出要素时，指引线的箭头应与确定该要素的轮廓尺寸线对齐，标注方法如图 4-12 所示。

④ 当同一被测要素有多项几何公差要求，且测量方向相同时，可将这些框格绘制在一起，并共用一根指引线，标注方法如图 4-13 所示。

⑤ 当不同被测要素有相同几何公差要求时，可从框格引出的指引线上绘制多个指示箭头并分别与各被测要素相连，标注方法如图 4-14 所示。

⑥ 公差框格中所标注的几何公差有其他附加要求时，可在公差框格的上方或下方附加文字说明，标注方法如图 4-15 所示。

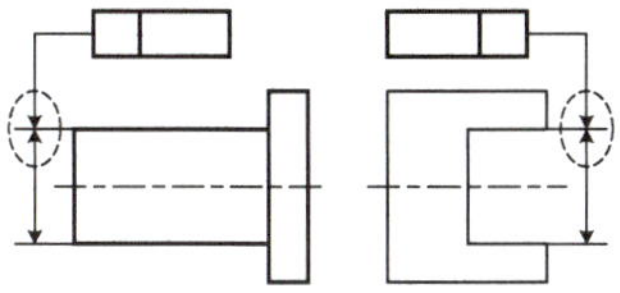

图 4-12　导出要素标注

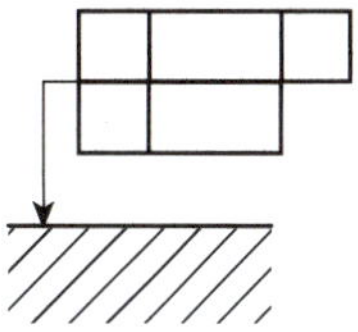

图 4-13　测量方向相同的几何公差标注

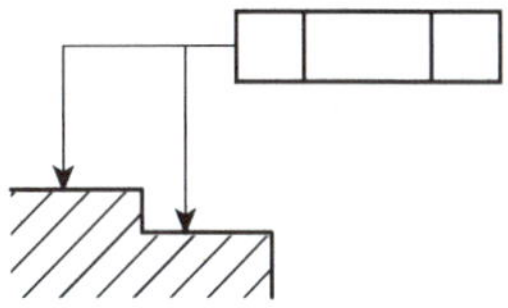

图 4-14　相同几何公差标注

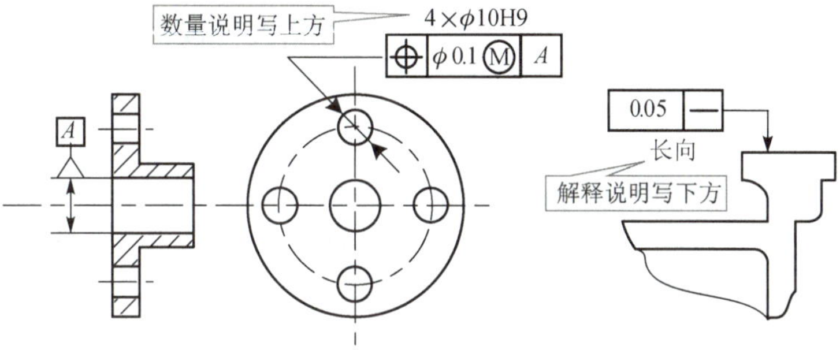

图 4-15　附加要求标注

4）基准要素的标注方法

基准要素采用基准符号标注，应该与几何公差框格中的第三格起相应的基准符号字母相同，基准符号中的连线应与基准要素垂直。

① 当基准要素为组成要素时，基准符号的连线应该指向该元素的轮廓线或其延长线，并明显与尺寸线错开，标注方法如图 4-16 所示。

② 当基准要素为导出要素时，基准符号的连线应与确定该元素的轮廓尺寸线对齐，标注方法如图 4-17 所示。

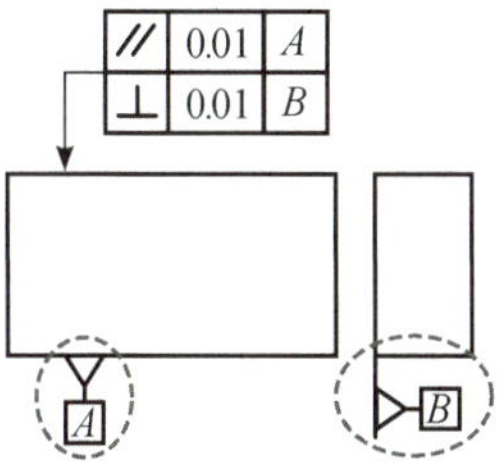

图 4-16　组成要素标注

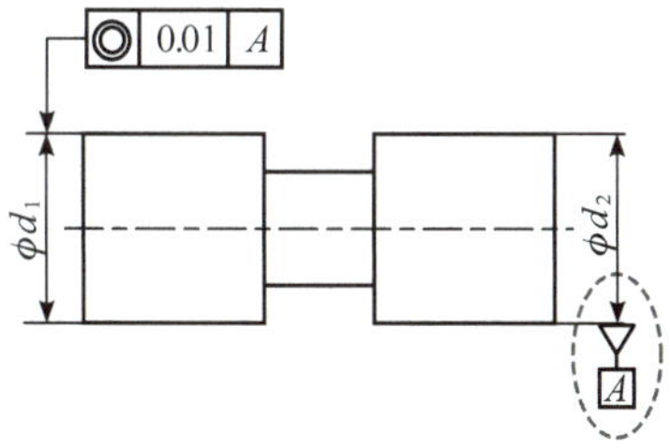

图 4-17　导出要素标注

③ 当基准要素为公共轴心线时，标注方法如图 4-18 所示。

5）几何公差的其他标注规定

① 公差框格中所标注的公差值如无附加说明，则被测范围为箭头所指的整个组成要素或导出要素，标注方法如图 4-19 所示。

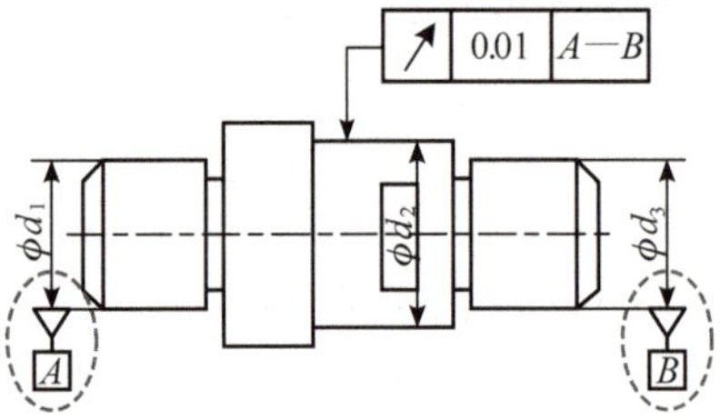

图 4-18　公共轴心线标注

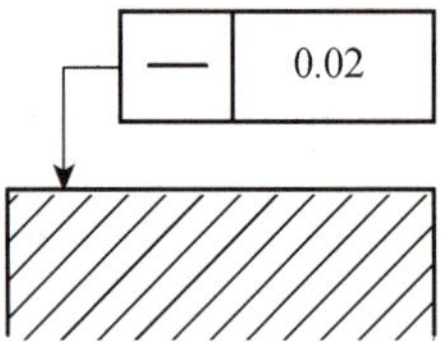

图 4-19　无附加说明标注

② 如果被测范围仅为被测要素的一部分时，应用粗点画线画出该范围，并标出尺寸，标注方法如图 4-20 所示。

③ 给定的公差带形状为圆或圆柱时，应该在公差数值前加注“ϕ”，当给定的公差带形状为球时，应该在公差数值前加注“$S\phi$”，标注方法如图 4-21 所示。

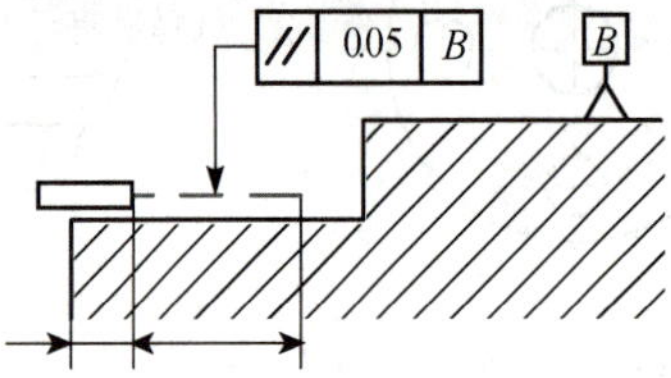

图 4-20　被测范围标注

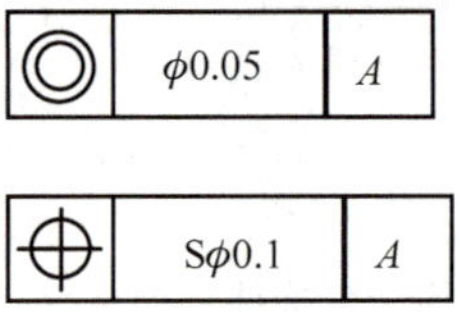

图 4-21　圆或圆柱及球形标注

(4) 若需给出被测要素任一固定长度上(或范围)的公差值，标注方法如图 4-22 所示。

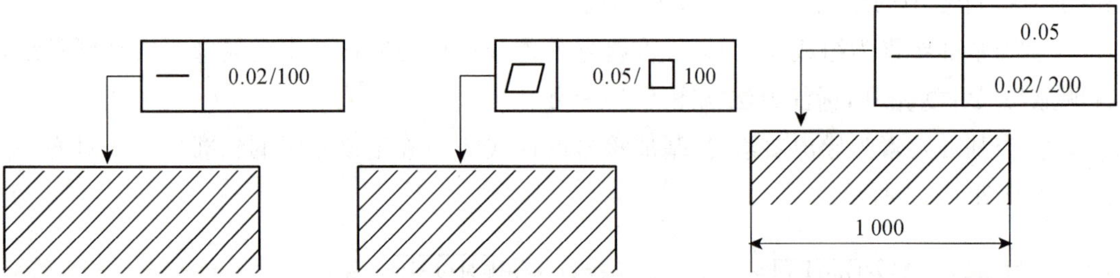

(a) 100 mm 上直线度公差 0.02 mm　(b) 100 mm^2 上平面度公差 0.05 mm　(c) 1 000 mm 上直线度公差 0.05 mm 且任 200 mm 上为 0.02 mm

图 4-22　给出被测要素任一固定长度上(或范围)公差值的标注

(5) 若被测要素有误差，标注方法如图 4-23 所示。

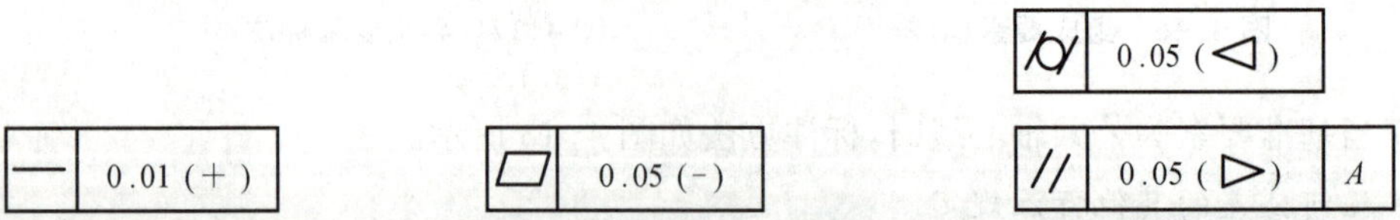

(a) 只允许中间向材料外凸起　(b) 只允许中间向材料内凹陷　(c) 只允许中间按符号的小端方向逐渐缩小

图 4-23　若被测要素有误差的标注

4. 几何公差的公差带

几何公差要求是用公差带概念来控制的，其与尺寸公差带概念一致，但它比尺寸公差带复杂。尺寸公差带仅是对单一线性尺寸的控制，几何公差带是由一个或若干个理想的几何线、面、体所限定的平面区域或空间区域，几何公差数值表示其区域的大小。可以通过以下两个例题进行比较。

例题 4-1　绘制孔 $\phi60^{+0.030}_{0}$ 的尺寸公差带。

解　尺寸公差带表示该尺寸的波动范围。

尺寸公差带只对尺寸的最大和最小值的数值限制。

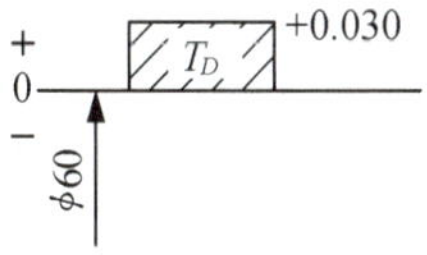

例题 4-2　绘制图中被测对象的几何公差带。

解　几何公差带表示该被测对象应该在相距 0.02 mm 两平行平面（图示中两个虚线对应平面）的空间区域之间。

几何公差带不仅需要两个平行面所限定的区域，还需要这个区域的数值限制。

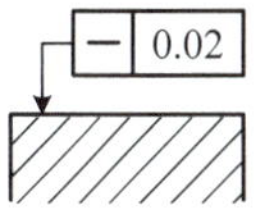

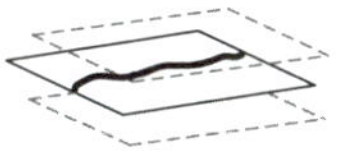

几何公差的公差带用于限制实际要素变动的区域，涉及零件要素的形状、大小、方向和位置四个方面。

1）形状

形状即由几何要素组成的特定的几何图形，构成了控制几何误差变动的区域。公差带呈何种形状，取决于被测要素的特征和设计要求（包括几何公差项目要求和给定方向等）。常用的公差带形状有九种，见表 4-3。

表 4-3　常用公差带形状

序号	特征	公差带形状	适用要素
1	两平行直线之间的区域		直线度（给定平面）
2	两平行平面之间的区域	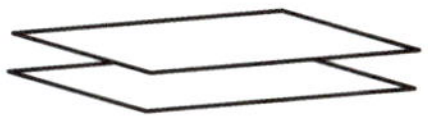	直线度（一个方向）、平面度、平行度（面对线、线对面、面对面）、垂直度（面对线、线对面、面对面）、倾斜度（线对线）、对称度、端面全跳动
3	两对平行平面之间的区域		直线度（两个方向）
4	圆柱面区域		直线度（任意方向）、平行度（线对线）、垂直度（线对面）、倾斜度（线对面）、同轴度、位置度、端面圆跳动

（续表）

序号	特征	公差带形状	适用要素
5	两同心圆之间的区域	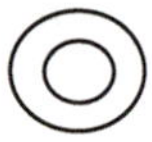	圆度、径向圆跳动、斜向圆跳动
6	两同轴圆柱之间的区域		圆柱度、径向全跳动
7	两等距包络线之间的区域		线轮廓度
8	两等距包络面之间的区域	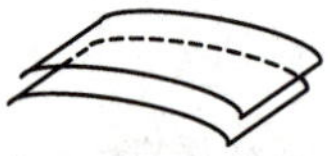	面轮廓度
9	球内区域	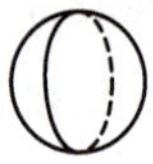	同轴度（点为基准）

2）大小

大小即公差带的宽度或直径值，它是控制零件几何精度的重要指标。该数值是根据零件的功能需求，选取适宜的精度等级所确定的。

公差带的数值是宽度还是直径，取决于被测要素的形状和设计的功能要求。对于圆度、圆柱度、线（面）轮廓度、平面度和跳动等，所给定的公差值只能是公差带的宽度值；对于同轴度和任意方向上轴线的直线度、平行度、倾斜度及位置度，所给出的公差值是圆或圆柱面的直径；对于点的位置度所给出的公差值是圆或球的直径值。

3）方向

方向即公差带放置的方向。该方向直接影响着误差评定的准确性。

公差带的方向按几何公差项目性质不同，分别按下述方法确定：

① 对于形状公差的公差带，其放置方向应符合最小条件。

② 对于方向公差的公差带，其放置方向由被测要素与基准的几何关系（垂直、平行或给定倾斜角度）确定。

③ 对于位置公差的公差带，其放置方向由相对于基准的理论正确尺寸确定。如同轴度、对称度分别由基准轴线、基准中心面来确定（即理论正确尺寸为零），而位置度则由三坐标体系中给出的理论正确尺寸确定。

4）位置

位置即公差带应处位置。

形状公差没有位置要求，它只用来限制被测要素的形状误差。如圆度公差带只用来限制被测圆截面的轮廓形状，至于该轮廓在哪个位置上，并不影响实际轮廓圆度误差的数值。

但形状公差带应在相应的尺寸公差带内浮动。

方向和位置公差带是相对于基准的要求，其位置是由相对于基准的尺寸公差或理论正确尺寸确定的。对于由尺寸公差定位的方向公差，被测要素只要位于尺寸公差带内，且不超出给定的位置公差值，即为合格。如平面度公差带位置，可在相应尺寸公差带范围内上、下浮动；平行度公差带则是由理论正确尺寸定位，其位置是固定不变的。

三、任务实施

1. 读取任务要求

分析图 4-2 零件的组成要素、导出要素、被测要素、基准要素、理想要素、实际要素。按照任务布置要求，确定各几何公差的标注方法，绘制零件图，并完成几何公差的正确标注。

2. 实施任务

① 利用 AutoCAD 绘制零件图 4-2。

② 在零件图中根据任务要求完成平面度公差标注任务。

③ 在零件图中根据任务要求完成平行度公差标注任务。

④ 在零件图中根据任务要求完成垂直度公差标注任务。

⑤ 在零件图中根据任务要求完成同轴度公差标注任务。

⑥ 在零件图中根据任务要求完成直线度公差标注任务。

⑦ 在零件图中根据任务要求完成全跳动公差标注任务。

3. 保养测量器具并整理实训室

整理任务所用的所有测量器具，进行归类、保养，整理实训室卫生，确保水、电、通道等安全。

4. 编写任务报告

自行编写任务报告，包括任务名称、任务目的、任务用品、任务步骤、任务结果等。

四、知识拓展

评定几何误差的基本原则是应该符合最小条件。在评定形状误差时，应将被测实际要素与其理想要素相比较，二者之间最大偏离量即为其误差值。但是，理想要素与被测实际要素相对位置不同时，二者之间的最大偏离量（即误差值）不尽相同。因此规定：只有二者使其最大偏离量为最小时，才能作为误差评定的标准，即符合最小条件要求。

1. 评定形状误差

包容区：用相应公差带形状紧紧地将被测实际要素包容在中间所形成的区域。将不同方向的理想线与被测实际要素相比较，其所得误差值也各不相同，误差值可由包容区域的宽度或直径来表示。其中宽度或直径最小的包容区，为最小包容区。

如图 4-24(a)所示，在评定被测实际要素的直线度误差时，针对该被测实际要素可以作出多条不同方向的理想平行线（直线度公差带形状）将其包容，如 A1-B1、A2-B2、A3-B3 三组平行线，对应的包容区宽度分别为 h_1、h_2、h_3 且 $h_3 < h_1 < h_2$，其中 h_3 是宽度最小的包容

区，即为该被测实际要素的直线度误差。

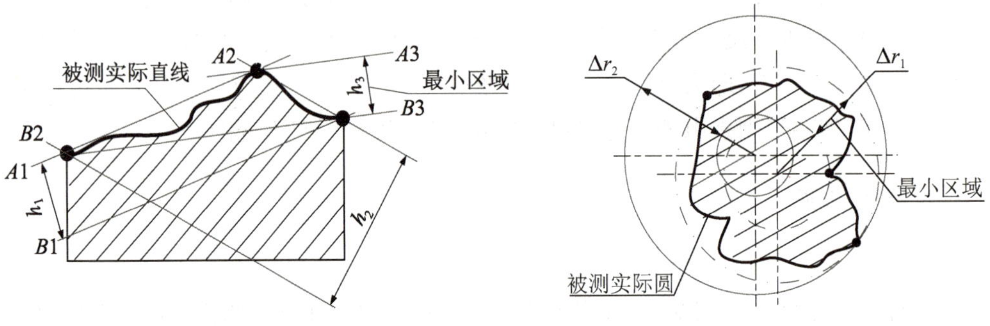

(a) 评定直线度形状误差　　(b) 评定圆度形状误差

图 4-24　评定形状误差

如图 4-24(b)所示，评定被测实际圆的圆度误差时，针对该被测实际要素可以作出多组不同的同心圆(圆度公差带形状)将其包容，如图中有两个半径差 Δr_1、Δr_2 对应的同心圆包容区，其中 $\Delta r_1 < \Delta r_2$，即半径差 Δr_1 为被测圆符合最小条件的圆度误差。

2. 评定方向误差

评定方向误差时，因被测要素为关联要素，它与基准要素之间有定向或定位要求的限制，因此，确定最小包容区时，首先应使包容面符合给定的方向(平行、垂直、给定的倾斜角)要求，然后使其包容区域最小，称定向最小包容区。

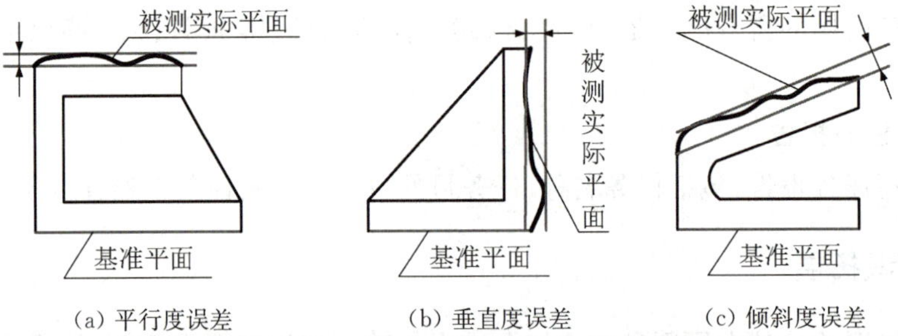

(a) 平行度误差　　(b) 垂直度误差　　(c) 倾斜度误差

图 4-25　评定方向误差

如图 4-25(a)所示，评定被测实际平面对基准平面平行度误差时，应该用两平行平面包容被测实际平面。该两平行平面应平行于基准平面，且两平行平面距离为最小值，该距离即为被测实际平面对基准平面的平行度误差。

如图 4-25(b)所示，评定被测实际平面对基准平面垂直度误差时，应该用两平行平面包容被测实际平面，该两平行平面应垂直于基准平面，且两平行平面距离为最小值，该距离即为被测实际平面对基准平面的垂直度误差。

如图 4-25(c)所示，评定被测实际平面对基准平面倾斜度误差时，应该用两平行平面包容被测实际平面，该两平行平面应与基准平面间保持给定的理想角度，且两平行平面间的距离为最小，该距离即为该被测实际平面对基准平面的倾斜度误差。

3. 评定位置误差

评定位置误差时，首先应使包容面符合给定的理论正确位置，然后使包容区域最小，称为定位最小包容区。

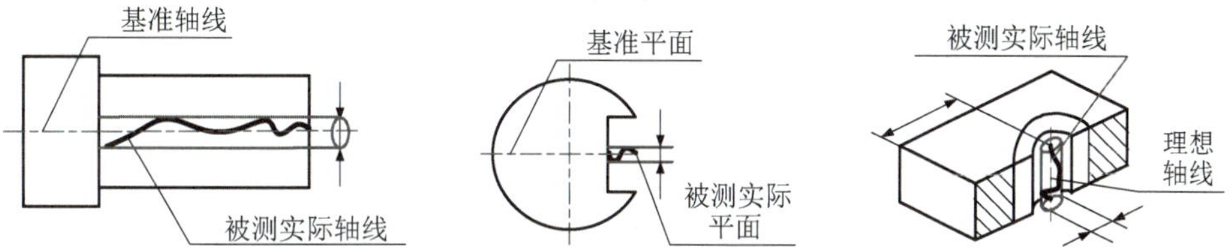

(a) 同轴度误差　　(b) 对称度误差　　(c) 位置度误差

图 4-26　评定位置误差

如图 4-26(a)所示，评定被测实际轴线对基准轴线的同轴度误差时，首先确定基准轴线的位置，然后以此为中心作一几何圆柱面包容被测实际轴线，且使圆柱面直径值为最小值，该定位最小包容区的直径值为该被测轴线的同轴度误差。

如图 4-26(b)所示，评定被测实际中心面对基准中心面对称度误差时，首先确定基准中心面的位置，然后以此为中心面作两平行平面包容被测实际中心面，且使其距离为最小，该定位最小包容区域的宽度即为该被测中心面的对称度误差。

如图 4-26(c)所示，评定被测孔的轴线对由三基面体系所确定的理想位置的位置度误差。首先根据由基准要素所确定的三基面体系和给定的理论正确尺寸，确定理想轴线的位置，然后以此为中心作一几何圆柱面包容被测实际轴线，且使其直径值为最小，该定位最小包容区域的直径值即为该被测轴线的位置度误差。

按照上述最小条件的评定误差原则，可使误差评定标准一致，且获得唯一的评定结果，按照这一原则评定几何误差，可在满足零件功能要求的前提下，达到最大限度通过合格件的目的。因此世界各国均采用这一误差评定原则，有利于国际技术交流。

任务 2　导轨直线度误差的测量与评定

一、任务布置

直线导轨是一种重要的机械基础件，用于工业机器人、数控机床和其他自动化装置中。它的作用是提供一个准确的直线运动轨道，使得设备能够在预定的路径上进行精确的移动。

如图 4-27(a)所示为一直线导轨实物图，在如图 4-27(b)所示的工程图中对其上表面内的任一直线提出了直线度要求。请正确识读图中导轨直线度公差含义，选择合适的测量器具、确定合理的测量方案，对直线导轨实物上表面内任一直线的直线度误差进行测量与评定，并根据图示中的公差要求判定其合格性。

(a) 任务对象实物图

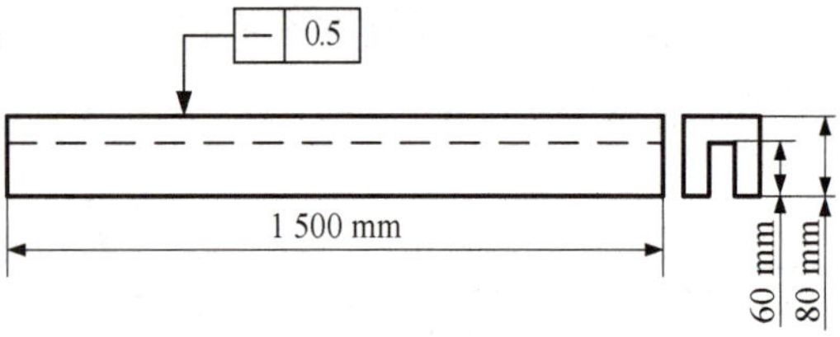

(b) 任务对象工程图

图 4-27　任务对象示意

二、理论知识

直线度公差与误差

直线度误差：实际被测直线对理想直线的实际变动量，即实际被测直线上各点跳动或偏离理想直线的程度。

直线度公差：规定单一实际直线所允许的变动全量，以根据功能要求来控制工件上实际直线的直线度误差。直线度公差及公差带示例见表 4-4。

表 4-4　直线度公差及公差带示例

公差项目	标注和解释	公差带说明
给定平面内的直线度公差	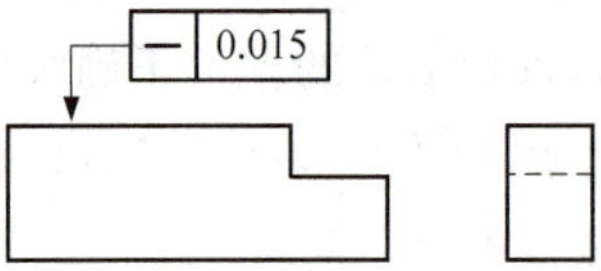 箭头所指工件上表面任意一条直线的直线度误差值不得超过给定的公差值 0.015 mm	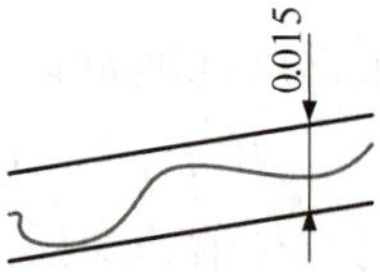 在给定平面内，公差带是距离为公差值 0.015 mm 的两条平行直线之间的区域
给定一个方向上的直线度公差	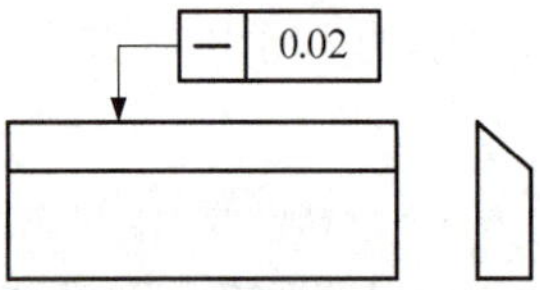 箭头所指工件上提取棱线的直线度误差值不得超过给定的公差值 0.02 mm	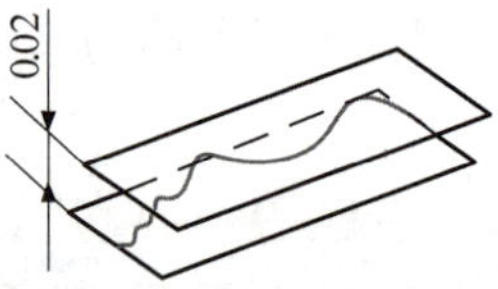 在给定方向内，公差带是距离为公差值 0.02 mm 的两平行平面之间的区域
给定两个互相垂直方向上的直线度公差	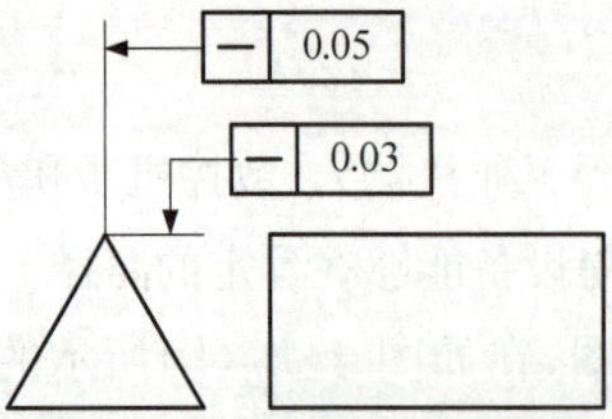 箭头所指工件上提取棱线的直线度误差值必须位于水平方向距离为公差值 0.05 mm、垂直方向距离为公差值 0.03 mm 的四棱柱内	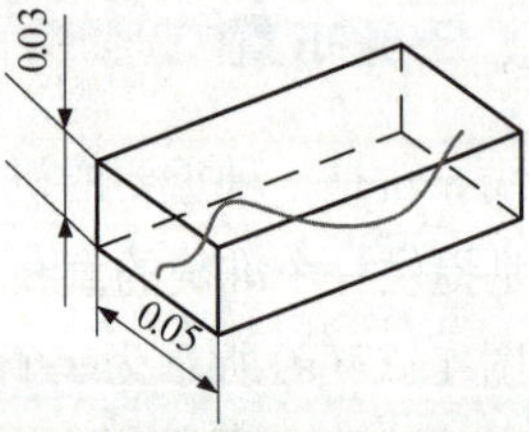 在给定的两个垂直方向上，公差带是截面尺寸公差值 0.05 mm×0.03 mm 的四棱柱内的区域

（续表）

公差项目	标注和解释	公差带说明
任意方向上的直线度公差	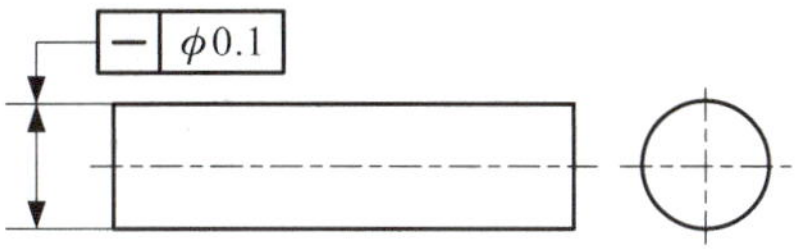 箭头所指被测回转体的提取轴线必须位于直径为公差值 0.1 mm 的圆柱体内	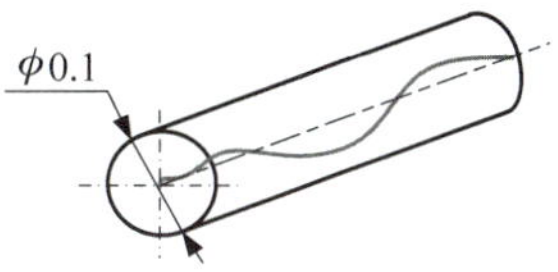 在任意方向内，公差带是在公差值为直径 0.1 mm 的圆柱内区域

三、技能知识

1. 水平仪

水平仪是利用液体流动和液面水平的原理，以水准泡直接显示相对于水平和铅垂位置微小倾斜角度的一种通用角度测量器具。水平仪主要用于检验机床上导轨的直线度、检测设备安装的水平/垂直位置、检测带有 V 型槽的工作面、测量圆柱工件的安装平行度以及安装的水平/垂直位置等。

按水平仪的外形不同可分为尺式水平仪和框式水平仪两种。尺式水平仪一般由水平仪主体、盖板、主水准器和零位调整装置等零部件构成。框式水平仪一般由水平仪主体、横向水准器、绝热手把、主水准器、盖板和零位调整装置等零部件组成，如图 4-28 所示。

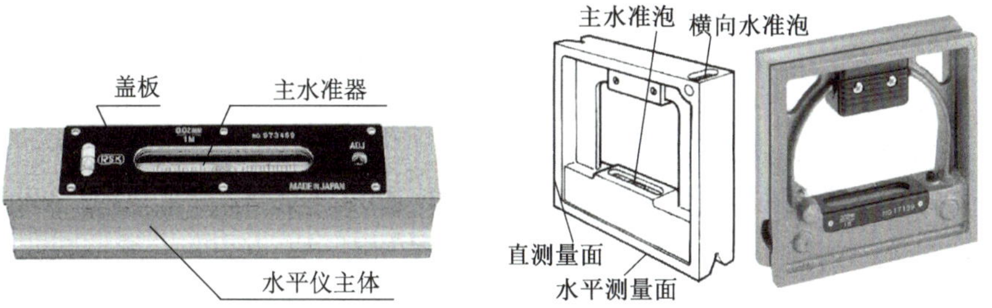

(a) 尺式水平仪　　(b) 框式水平仪

图 4-28　水平仪

水平仪的水准器由玻璃制成，水准器内壁是一个具有一定曲率半径的曲面，管内装有液体，当水平仪发生倾斜时，水准器中气泡就向水平仪升高的一端移动，从而确定水平面的位置，如图 4-29 所示。水准器内壁曲率半径越大，分辨率就越高，曲率半径越小，分辨率越低，即水准器曲率半径决定了水平仪的精度。

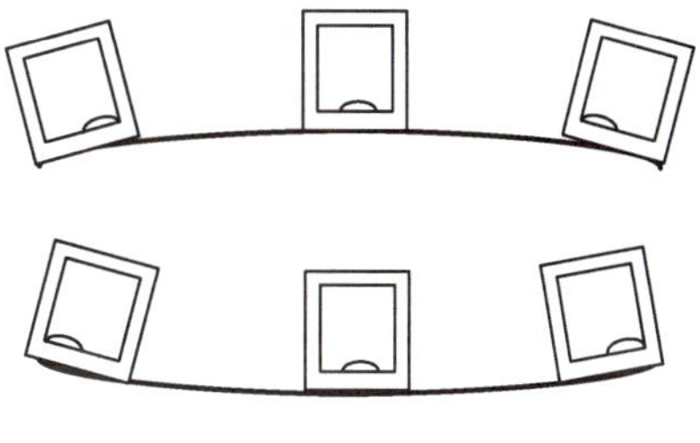

图 4-29　水准器气泡的移动示意

2. 合像水平仪

合像水平仪是一种测量角的精密仪器，用自然水平面作为测量基准。合像水平仪的结构如图 4-30 所示。

1）工作原理与分度值

合像水平仪的水准器8是一个密封的玻璃管，管内注入精馏乙醚，并留有一定量的空气，以形成气泡。管的内壁在长度方向具有一定的曲率半径。气泡停住时，气泡的位置必然垂直于重力方向，就是说，当水平仪倾斜时，气泡本身并不倾斜，而始终保持水平。利用这个原理，将水平仪放在桥板上使用，便能测出实际被测直线上相距一个桥板跨距的两点间高度差。合像水平仪的分度值为1″，这相当于在1 m长度上，对边高0.01 mm的角度，这时分度值也用0.01 mm/m或0.01 mm/1 000 mm表示，如图4-31所示。

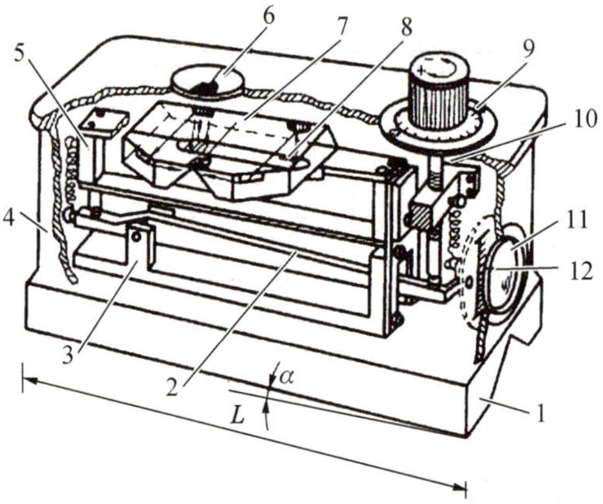

1—底板；2—杠杆；3—支承；4—壳体；5—支承架；
6—放大镜；7—棱镜；8—水准器；9—微分筒；
10—测微螺杆；11—放大镜；12—刻线尺

图4-30　合像水平仪

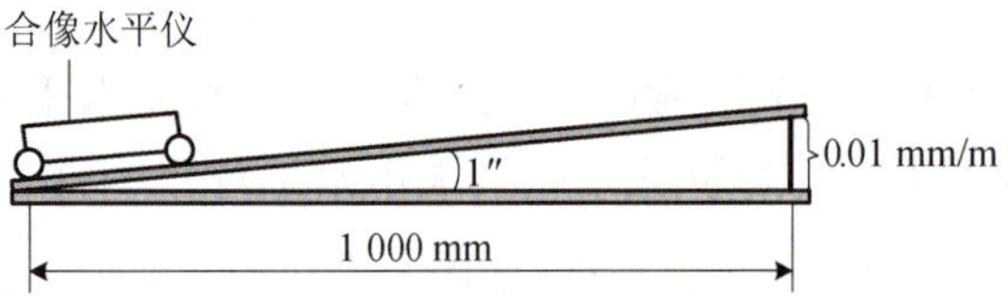

图4-31　合像水平仪分度值示意

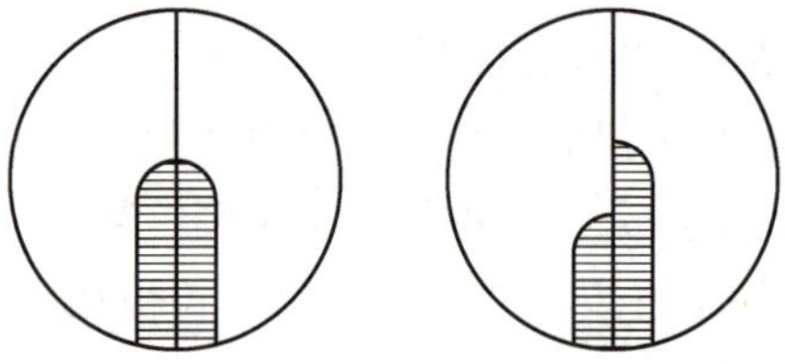

（a）相合两半像　　（b）不相合两半像

图4-32　合像水平仪气泡示意

2）读数方法

为了确定气泡偏移量的数值，转动测微螺杆10使水准器8倾斜一个角度，以使气泡返回到棱镜7两边的对称位置上。从放大镜11中观察到气泡从如图4-32(b)所示的不相合两半像恢复成如图4-32(a)所示的相合两半像。偏移量由两部分组成，先由刻线尺12读数，它反映测微螺杆10转动的整圈数，再从微分筒9(测微螺杆手轮)的分度盘读数(该盘每格为刻线尺一格的百分之一)，它是测微螺杆10转动不足一圈的细分读数。合像水平仪直接读数读的是格子数，还需结合分度值转换为长度单位。例如对于分度值为0.01 mm/m的合像水平仪，一个格子对应的偏移量数值为0.01 mm，10个格子对应的偏移量数值为0.1 mm。

3. 基于合像水平仪进行某板材直线度误差的测量与评定

以一长方形板材为例，说明直线度误差的测量与评定过程。

1）测量对象

测量并评定如图4-33所示的长方形板材上表面任意直线的直线度误差。以合像水平仪(分度值0.01 mm/m)为测量器具，为确保测量的稳定性，选用正弦规作板桥(桥板跨距$L=200$ mm)，试用最小区域法和首尾相连法确定直线度误差。

2）直线度误差的测量

① 如图 4－34 所示，被测对象长度为 1 300 mm，两端各留出 50 mm 距离空间，中间部分按 200 mm 分段并标注各测段的位置，共划分为 6 段，跨距为 200 mm 的正弦规作为桥板，将合像水平仪放置其上，以提高测量过程的稳定性和精度。

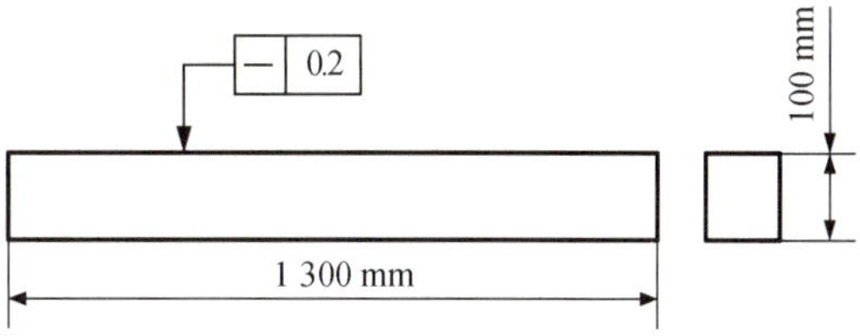

图 4-33　测量对象

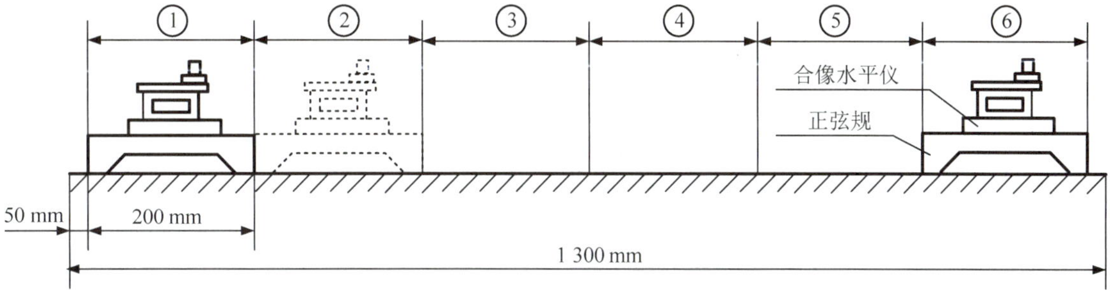

图 4-34　测量对象

② 测量时，首先把正弦规/合像水平仪分别放置在被测对象①和⑥两个分段并观察合像水平仪示值，确保两端的示值不要相差太大(即将实际被测直线调整到大致水平)。

③ 沿着①～⑥分段移动正弦规/合像水平仪，按顺序将合像水平仪的示值(格子数)记录到表 4-5 中(顺测数据)。

④ 沿着⑥～①分段反向移动正弦规/合像水平仪，按顺序将合像水平仪的示值(格子数)记录到表 4-5 中(反测数据)。

⑤ 表 4-5 中的平均值为顺测和反测数据的平均值，以平均值为参考，记录每个测值与前面所有测值的累积值，将之作为各点的测量数据。

⑥ 将表 4-5 中的测量数据以测点序号作为横坐标、以累积值作为纵坐标绘制直线图形，分别用首尾相连法和最小区域法进行直线度误差的评定。

小贴士

① 每次移动板桥时，应使桥板的支承在前后位置上首尾相连，且合像水平仪不得相对于桥板产生位移。由始测段顺测到终测段后，再由终测段返测到始测段。反测时，桥板切勿掉头。

② 若某个测量段顺测和反测示值的差异较大，则标明测量不正常，查明原因后重测。

③ 对同一个测量位置进行顺测、反测后取平均，是为了能够减少随机误差，提高测量精度。

表 4-5　合像水平仪测量数据

测点序号		1	2	3	4	5	6
测量值（格数）	顺测	298	300	304	301	300	303
	反测	296	298	302	299	298	299
	平均值	297	299	303	300	299	301
累积值(格数)		0	+2	+6	+3	+2	+4

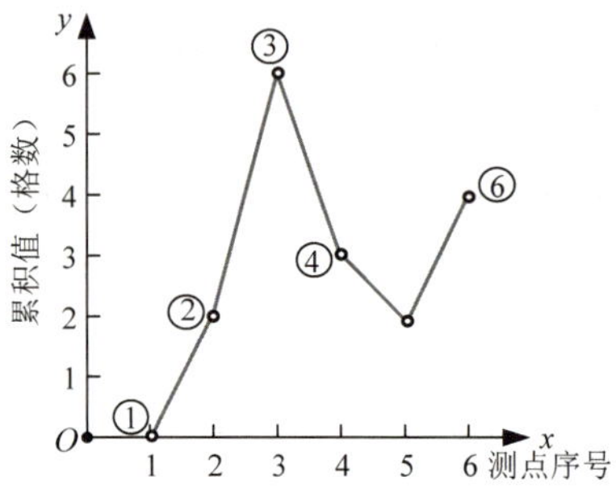

3）直线度误差的评定方法

直线度误差的评定方法说明，见表 4-6。

表 4-6　直线度误差评定方法

评定方法	方法说明	方法图示
首尾相连法	直线首尾两端点 A 和 B 的连线 L_{AB} 作为评定基准，取连线 L_{AB} 上方的最大偏离点 P，过点 P 作评定基准的平行线，取连线 L_{AB} 下方的最大偏离点 Q，过点 Q 作评定基准的另一条平行线，两平行线之间的最短距离即为被测实际直线的直线度误差	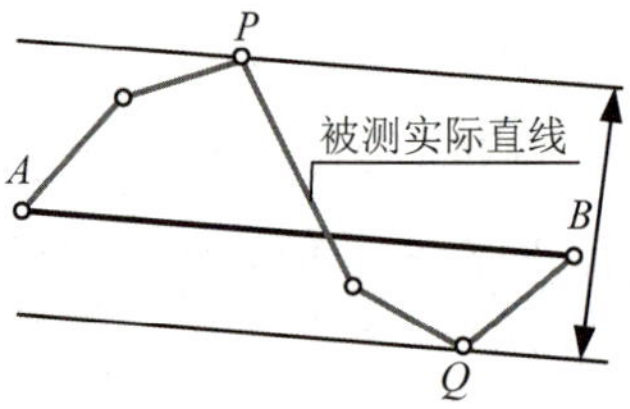
最小包容法	取被测直线的两个高点作连线作为评定基准，在两高点之间取一个低点作两高点的平行线，并确保所有测点均被平行直线包容。 或取被测直线的两个低点作连线作为评定基准，在两低点之间取一个高点作两低点的平行线，并确保所有测点均被平行直线包容。 这两条直线之间的区域称为最小包容区域。最小包容区域的宽度即为符合最小条件的直线度误差值。 注意：两平行直线包容被测实际直线时，被测实际直线的测点中应至少有三个测点分别与这两条直线接触(成高一低一高三极点或低一高一低三极点相间接触)	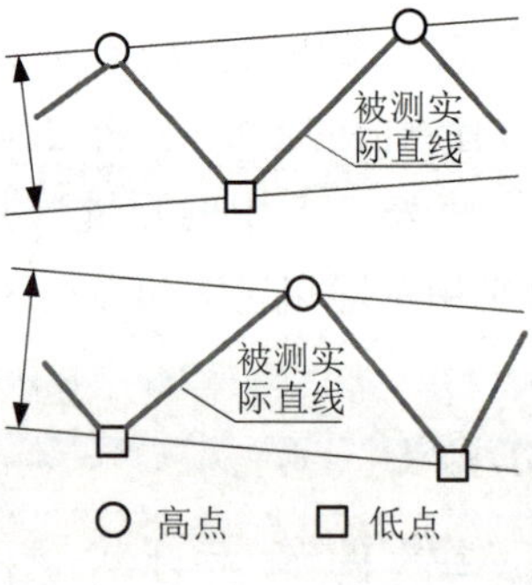

4）直线度误差评定步骤

本示例直线度误差的评定步骤，见表 4-7。

表 4-7　本示例直线度误差评定步骤

首尾相连法进行直线度误差的评定		
序号	步骤	图示
1	将首尾①点和⑥点相连，即首尾相连线段	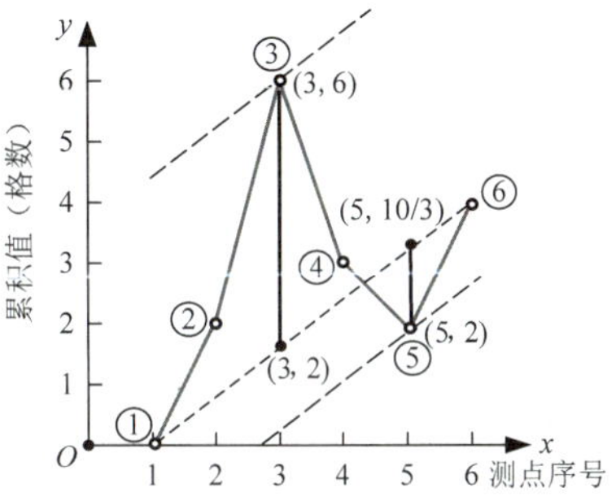
2	根据①点坐标（1，0）和⑥点坐标（6，4），得到首尾相连线段的函数关系为 $y=\frac{2x}{3}$	
3	首尾相连线段上方最大偏离点为点③（3，6），首尾相连线段下方最大偏离点为点⑤（5，2），分别过两点作首尾相连线段的平行线，两平行线的包络线可以包络住被测量直线	
4	点③（3，6）与首尾相连线段对应点（3，2）的距离为 4。点⑤（5，2）与首尾相连线段对应点（5，10/3）的距离为 4/3	
5	两距离之和$\frac{16}{3}$，近似为两平行线之间的距离	
最小区域法进行直线度误差的评定		
1	分析被测直线，可以按照低-高-低原则，即①点和⑤点为低点，③点为高点，将①点和⑤点相连，并过③作①点和⑤点相连线段的平行线	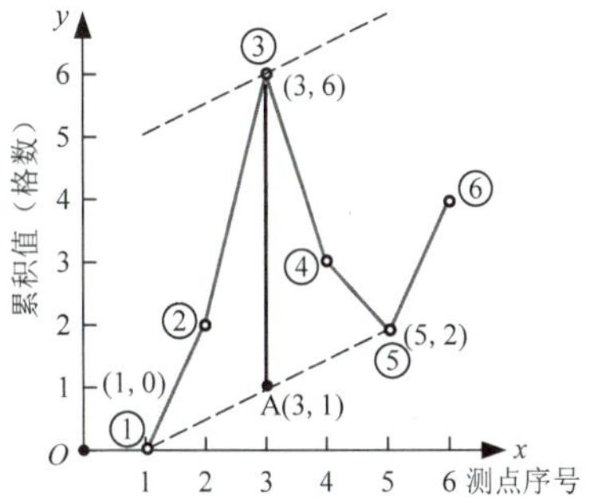
2	根据①点坐标（1，0）和⑤点坐标（5，2），得到该线段的函数关系为 $y=\frac{1}{2}x-\frac{1}{2}$，在该线段上可以获知 A 点（3，1）	
3	点③（3，6）与点 A（3，1）线段的距离为 5，近似为两平行线之间的距离	

5）直线度误差的计算

以上首尾相连法和最小区域法分析的数据分别为 16/3 和 5，该数据单位是格子数，并不是最终的误差值，要想得到直线度误差值还需要结合合像水平仪的分度值等信息进行计算。合像水平仪的分度值为 0.01 mm，含义是在 1 000 mm 的测量范围内，合像水平仪每一个小格可以测得的直线度误差为 0.01 mm，如图 4-35 所示。在该示例中，合像水平仪的跨距为 200 mm，因此在每个跨距范围内每个小格可以测得的直线度误差为 200 mm × 0.01 mm/1 000 mm = 2 μm/格。

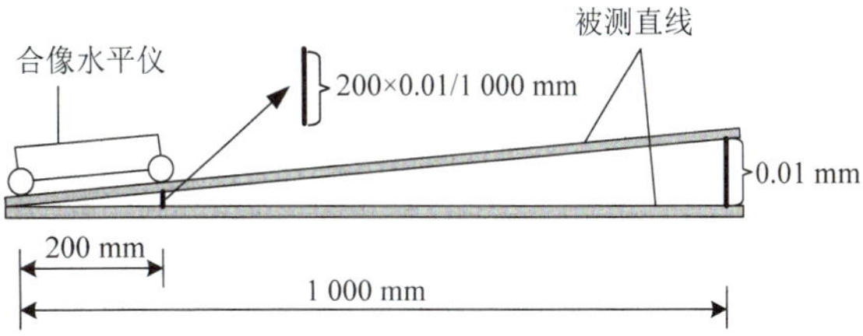

图 4-35　合像水平仪分度值应用

首尾相连法评定结果：直线度误差

为$\frac{16}{3}$格×$\frac{2\ \mu m}{格}$=$\frac{32}{3}$ μm≈10.7 μm。

最小区域法评定结果：直线度误差为 5 格×$\frac{2\ \mu m}{格}$=10 μm。

6）直线度合格性判定

最小区域法得到的评定结果数值 10 μm 更小，取该值作为直线度误差值，图 4-33 中直线度公差值为 0.2 mm，误差值小于公差值，所以该工件的直线度合格。

四、任务实施

1. 读取任务要求

根据图 4-27 的零件工程图，解读图中直线度公差的含义，确定直线度的类型（直线度分为给定平面内的直线、给定方向上的直线、任意方向的直线三种情况），选择合适的测量器具、确定合理的测量方案、执行正确的测量步骤、正确进行误差的测量与评定，完成合格性判定。

2. 实施直线度误差的测量

① 选用合适的测量装置，合像水平仪、正弦规、钢尺、水笔等。

② 确定合理的测量方案。

③ 实施测量、记录数据、填写表格、绘制图形等。

3. 实施直线度误差的评定

① 根据首尾相连法进行直线度误差的评定。

② 根据最小区域法进行直线度误差的评定。

③ 选用首尾相连法和最小区域法评定误差值中最小的误差值作为零件直线度误差值。

4. 进行零件合格性判定

将评定后的误差值与图 4-27 中直线度公差的值进行比对，完成零件合格性判定。

5. 保养测量器具并整理实训室

整理任务所用的所有测量器具，进行归类、保养，整理实训室卫生，确保水、电、通道等安全。

6. 编写任务报告

自行编写任务报告，包括任务名称、任务目的、任务用品、任务步骤、任务结果等。

五、知识拓展

1. 刀口形直尺

刀口形直尺是一类测量面呈刃口状的直尺形的测量器具，如图 4-36 所示，用于测量工件平面形状误差。刀口形直尺应选择合金工具钢、轴承钢或其他类似性能的材料制造，测量面上不应有影响使用性能的锈蚀、碰伤、崩刃等缺陷，同时需安装隔热护板，避免手温影响测量精度。

图 4-36　刀口形直尺

2. 刀口形直尺进行直线度误差的测量

光隙法：观察通过实际间隙的可见光隙量的多少来判断间隙大小，是确定直线度误差的一种测量方法。凡是小于 0.01 mm 的间隙，只要能产生可见光隙，都可以用光隙法测量。光隙法操作简便、测量准确度较高，在车间和计量室中应用很广。

1）标准光隙的建立

如图 4-37(a)所示，标准光隙由量块、刀口形直尺和平晶块组合而成。使用时先将相同尺寸的两个量块研合在平晶上，使得平晶反面观察不到干涉和衍射带，刀口形直尺的刀刃和量块接触，根据光线（平行光最适宜）通过刀刃和量块之间的狭缝时，呈现不同颜色的光素来鉴别标准光隙的大小。一般来说，当间隙大于 2.5 μm 时，呈白色；间隙为 1.25～1.75 μm时，呈红色；间隙约为 0.8 μm 时，呈蓝色；间隙小于 0.5 μm 时，则不透光。

2）利用光隙法测量直线度误差

如图 4-37(b)所示，利用光隙法测量直线度误差时，刀口形直尺与被测实际直线接触后调至相对位置符合最小条件。如果光隙偏小，根据被测直线和测量基线（刀口形直尺）间形成的光隙与标准光隙相比较确定；如果光隙偏大，则用塞尺测量。按上述方法测量若干条直线，取其中最大的误差值作为该测量零件的直线度误差。

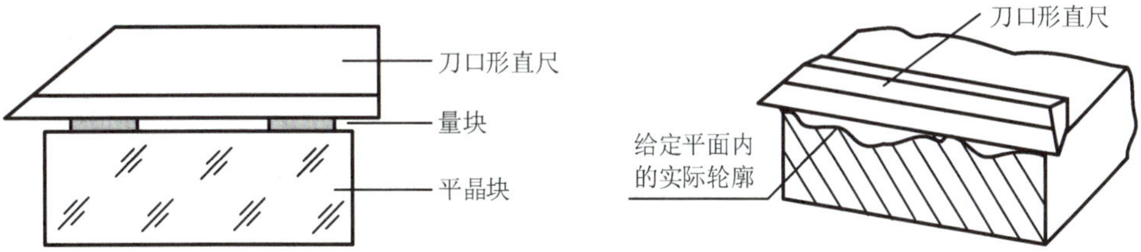

（a）标准光隙的建立　　（b）利用光隙法测量直线度误差

图 4-37　光隙测量法

任务 3　垫块平面度误差的测量与评定

一、任务布置

如图 4-38 所示为本任务对象，工程图对其上表面提出了平面度要求。请正确识读图中平面度公差含义，选择合适的测量器具、确定合理的测量方案，对该平面度误差进行测量与评定，并根据图示中的公差要求判定其合格性。

(a) 任务对象实物图

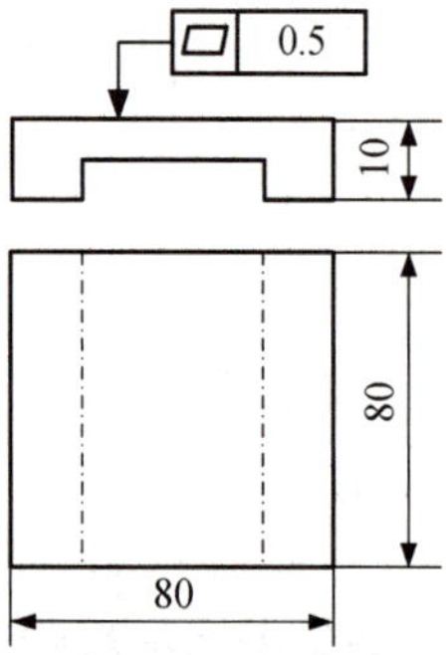

(b) 任务对象工程图

图 4-38　任务对象示意

二、理论知识

平面度误差：被测实际表面相对其理想平面的变动量，理想平面的位置应符合最小条件。

平面度公差：规定单一实际平面所允许的变动全量，以根据功能要求来控制工件上实际平面的平面度误差。平面度公差的图样标注及公差带见表 4-8。

表 4-8　平面度公差及公差带说明

公差项目	标注和解释	公差带说明
平面度公差	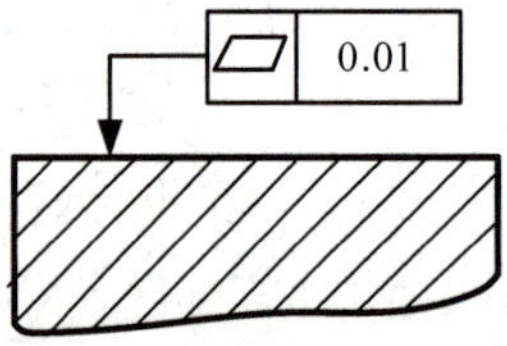 箭头所指工件上表面的平面度误差值不得超过给定的公差值 0.01 mm	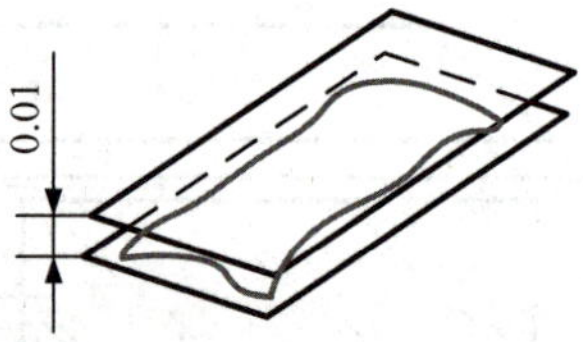 公差带是距离为公差值 0.01 mm 的两平行平面之间的区域

三、技能知识

1. 百分表

百分表是利用齿条、齿轮或杠杆齿轮传动，将测杆的直线位移变为指针角位移的计量器具，它是一种精度较高的量具，既能测出相对数值，也能测出绝对数值。百分表主要用于测量形状误差和位置误差(如圆度、圆跳动、平面度、平行度、直线度等)，也可用于机床上安装工件时的精密找正。百分表属于指示表类量具，指示表类量具还包括杠杆百分表、千分表，内径百分表、千分表，深度百分表等。

1）结构原理

如图 4-39 所示，当测杆 8 向上或向下移动 1 mm 时，通过齿轮传动系统带动长指针 5 转一圈（对应刻度表盘圆周上的 100 个等分格），同时转数指针 6 转一格。因为刻度表盘圆周上一圈共有 100 个等分格，即每个等分格对应测杆 8 上/下位移量为 0.01 mm。因为转数指针 6 一共五个等分格，一个等分格对应测杆 8 上/下位移量为 1 mm，五个等分格对应 5 mm，这就是百分表分度值 0.01 mm 和测量范围 0～5 mm 的由来（不同的百分表测量范围不一样，有 0～3 mm、0～5 mm、0～10 mm 等多种），这两个数值分别标注在表盘中部左右两侧。

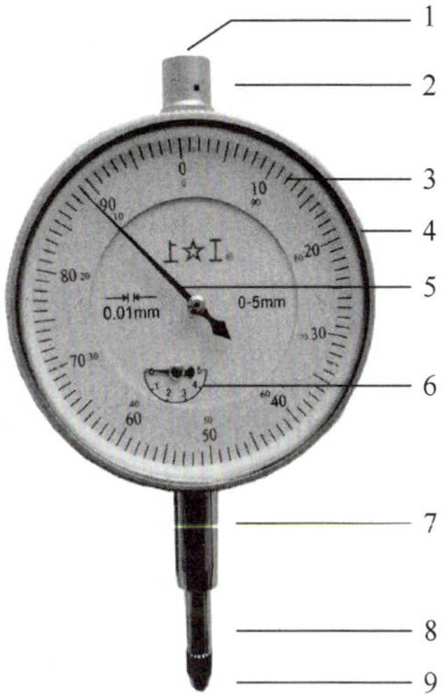

1—测帽；2—上轴套；3—刻度表盘；4—表圈；5—长指针；6—转数指针；7—下轴套；8—测杆；9—测头

图 4-39　百分表示意

2）读数方法

测量时可以根据指针读数的变动量确定测杆对应的尺寸变化量。刻度盘可以转动，以便测量前大指针对准零刻线，方便对零。百分表的读数方法：

① 先读取转数指针 6 刻度数。

② 再读取长指针 5 转过的刻度线并估读一位（即小数部分），将该数据乘以 0.01。

③ 两部分相加结果即是所测量数值。

例题 4-3　读取图中百分表数值。

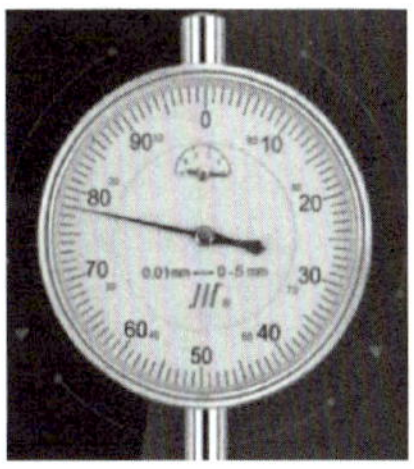

解　（1）读取转数指针刻度值：该指针在 0～1 之间，取 0 mm。

（2）读取长指针刻度值：70.0×0.01=0.700 mm。

（3）两部分相加：0+0.700 mm=0.700 mm。

3）使用与保养方法

（1）使用前，应检查测量测杆活动的灵活性，轻轻推动测杆时，测杆在套筒内的移动要灵活，没有任何轧卡现象，每次手松开后，指针能回到原来的刻度位置。

（2）使用时，必须把百分表固定在可靠的夹持架上，需要预压一圈或两圈，保证百分表测头接触到表架里的量杆，如图 4-40 所示。

（3）测量时，不要使测杆的行程超过它的测量范围，不要使表头突然撞到工件，也不要用百分表测量表面粗糙或有显著凹凸的工件。

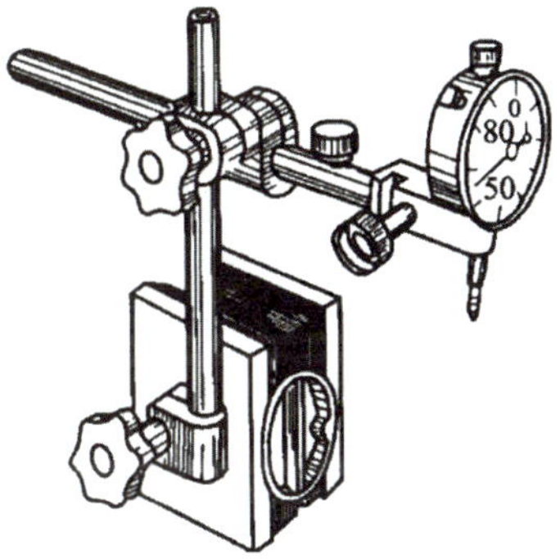

图 4-40　百分表使用方法示意

(4) 测量平面时，百分表的测量杆要与平面垂直，测量圆柱形工件时，测量杆要与工件的中心线垂直，否则，将使测量杆活动不灵或测量结果不准确。

(5) 为方便读数，在测量前一般将大指针指到刻度盘的零位。

(6) 不要把精密量具放置在磁场附近，以免造成百分表机件感受磁性，失去应用精度。

2. 基于百分表进行某板材平面度误差的测量与评定

以一正方形板材为例，说明其上表面平面度误差的测量与评定过程。

1) 测量对象

测量并评定如图 4-41 所示的正方形板材上表面平面度误差。以百分表为测量器具，试分别用最小区域法、对角线平面法和三远点平面法三种评定方法评定平面度误差。

2) 平面度误差的测量

① 被测平面尺寸为 100 mm×100 mm，四边各留出 5 mm 空间，中间部分画出等间距的田字格，并标注上 a_1、a_2、a_3、b_1、b_2、b_3、c_1、c_2、c_3 九个测点。

② 将被测工件和夹持架放置在大理石平台上，将百分表固定在夹持架上，调整百分表的测杆使之与被测工件上表面垂直，使用百分表在九个测点上粗测一遍，确保每个测点示值不要超过百分表测量范围，如图 4-42 所示。

③ 沿着 $a_1 \rightarrow a_2 \rightarrow a_3 \rightarrow b_1 \rightarrow b_2 \rightarrow b_3 \rightarrow c_1 \rightarrow c_2 \rightarrow c_3$ 的顺序依次测量并记录各点的高度值[图 4-43(a)]，每个点测量三次取平均值，原始数据如图 4-43(b)所示。

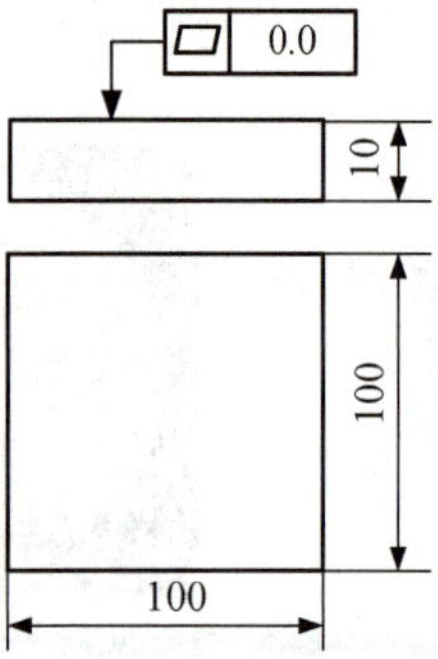

图 4-41 测量对象

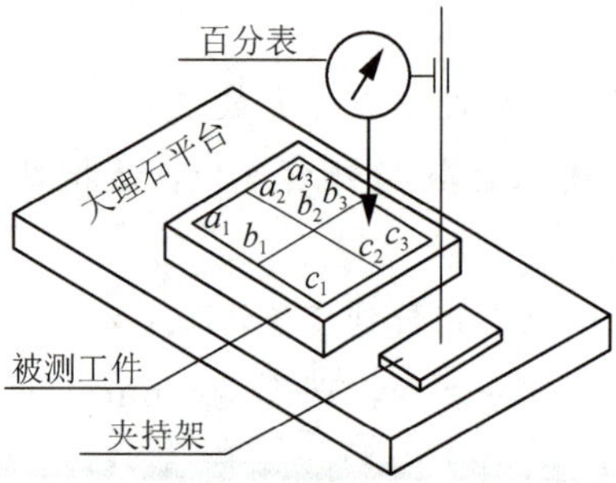

图 4-42 测量示意

④ 分析原始数据可知，九个示值都在 300 上下，因此将各测量减少 300(平面度属于形状公差，与位置无关，所以这并不影响被测平面的平面度误差)，这样可以减少后续误差评定的工作量，优化后数据如图 4-43(c)所示。

小贴士

① 被测对象和百分表的夹持装置应该放置在大理石平台进行。

② 测量之前应该将被测对象的被测量面进行清理，确保没有水、油、铁锈等杂质和污物。

③ 测量过程中，百分表的测头应该始终与被测对象的上表面保持垂直。

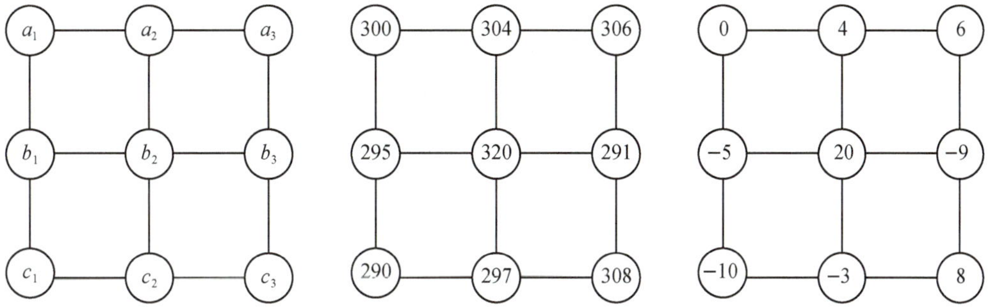

(a) 测点序号　　(b) 原始数据　　(c) 优化数据

图 4-43　测量原始数据

3) 平面度误差的评定方法说明

(1) 最小区域法

由两平行平面包容实际被测表面时，至少有三点或四点与被测表面接触，且符合三角形准则、交叉准则以及直线准则中的任一准则，见表 4-9。

表 4-9　最小区域法的三个准则说明

准则	准则说明	准则图示
三角形准则	实际被测平面上有三个等值最高点(或等值最低点)，还有一个最低点(或最高点)，且该点在前述三点构成的三角形内或在三角形的一条边上。最高点与最低点的差值为平面度误差值	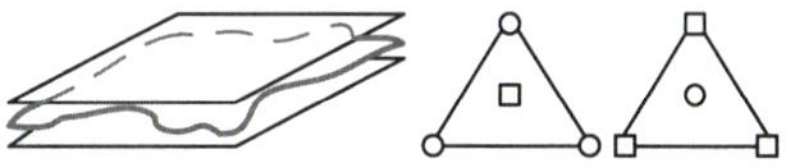
交叉准则	实际被测平面上有两个等值最高点，还有两个等值最低点，前两个最高等值点连线与后两个最低等值点连线在包容平面上的投影成交叉状态。最高点与最低点的差值为平面度误差值	
直线准则	实际被测平面上有两个等值最高点(或两个等值最低点)，还有一个最低点投影位于前两点连接而成的直线上。最高点与最低点的差值为平面度误差值	

(2) 对角线平面法

被测平面上取两点调整成等值点，并连成一条线，在被测平面上取另两个点调整成等值点，并连成另一条线，这两条线的投影需要相交，则被测平面上所有测得点坐标值中最大值与最小值之差即为平面度误差值。

(3) 三远点平面法

被测平面上取三个较远点调整成等值，则被测平面上所有测得点坐标值中最大值与最小值之差即为平面度误差值。

4）平面度误差的评定

对如图 4-43(c)所示的优化测量数据进行平面度误差评定。

① 最小区域法(三角形准则)图解平面度误差，见表 4-10。

表 4-10　最小区域法(三角形准则)图解平面度误差

序号	步骤说明	步骤图示
1	假定选择 (a_1，b_3，c_1) 为组成三角形的三个点(目标将该三个点调整成等值点并且是九个测点的最低点)，b_2 为其三角形内部的一个点(目标将该点调整成九个测点的最高点)	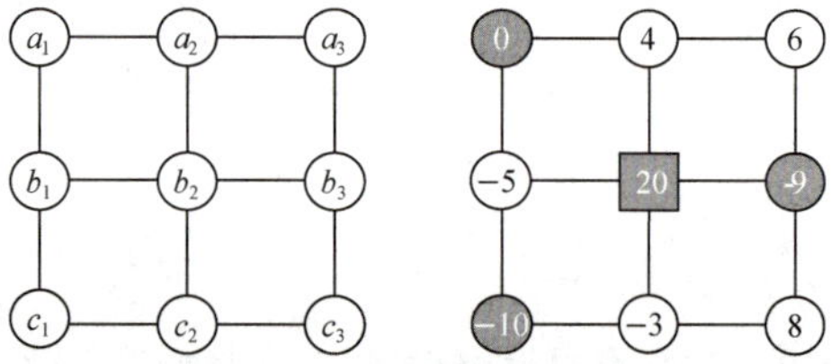
2	以 (a_1，a_2，a_3) 为固定轴，(b_1，b_2，b_3) 整体抬高 +5，(c_1，c_2，c_3) 整体抬高 +10；经调整后，a_1 与 c_1 调成等高点	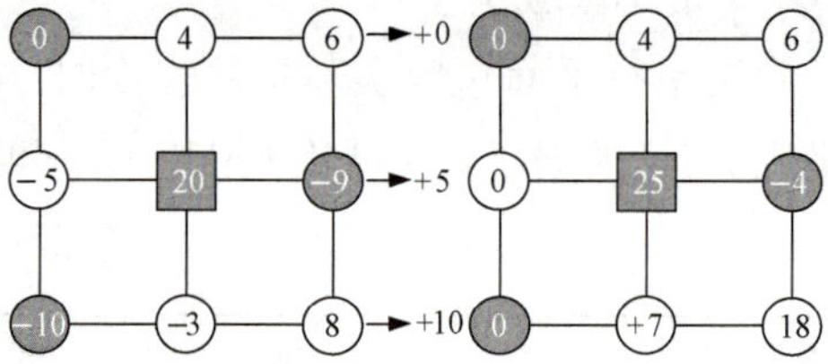
3	选择 (a_1，b_1，c_1) 为固定轴，(a_2，b_2，c_2) 整体抬高 +2，(a_3，b_3，c_3) 整体抬高 +4；经调整后，(a_1，c_1，b_3) 点调成等高点且为九个点的最低点，b_2 点为九个点的最高点； 形成三低包一高的区域，满足最小包容区域——三角形准则	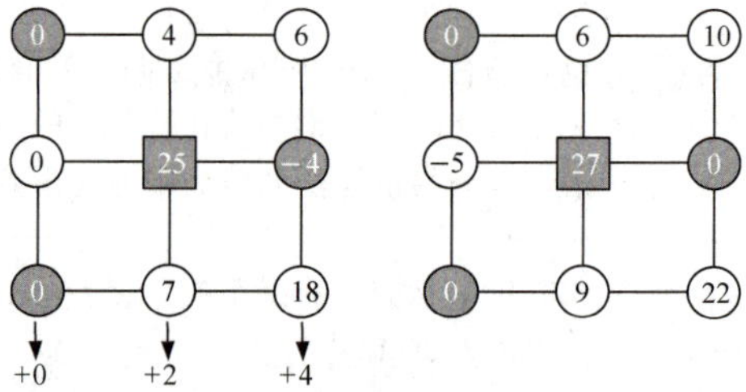
4	取最高值 +27，最低值 0，它们的差值为 +27，因此最终的平面度误差为 27×0.01=0.27 mm(百分表的分度值为 0.01 mm)	

② 对角线平面法图解平面度误差，见表 4-11。

表 4-11　对角线平面法图解平面度误差

序号	步骤说明	步骤图示
1	假定选择 (a_1，c_3) 为一组对角线(目标将这两个点调整成等高点)，(a_3，c_1) 为另一组对角线(目标将这两个点调整成等高点)，两条对角线投影相交	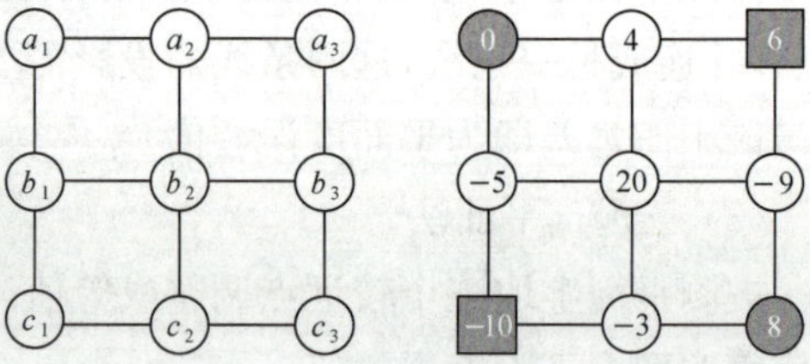

（续表）

序号	步骤说明	步骤图示
2	以（c_1，c_2，c_3）为固定轴，（b_1，b_2，b_3）整体抬高＋4，（a_1，a_2，a_3）整体抬高＋8。 经调整后，a_1 与 c_3 调成等高点	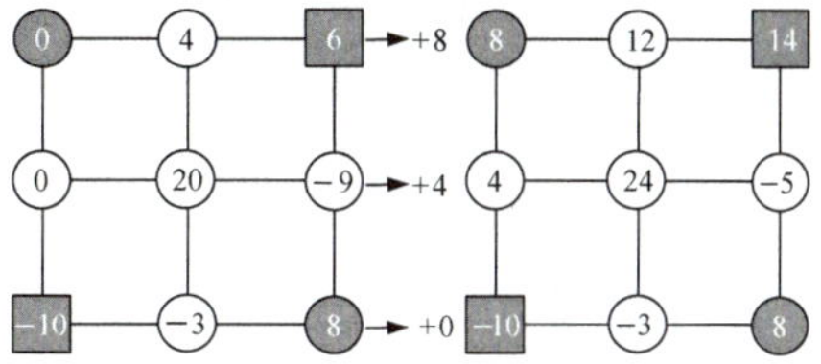
3	选择（a_1，b_2，c_3）为固定轴，（a_2，b_3）整体调整－6，a_3 调整－12；（b_1，c_2）整体调整＋6，c_1 调整＋12。 经调整后，a_1 与 c_3 调成一组等值点，a_3 与 c_1 为另一组等值点。 满足对角线平面法评定准则	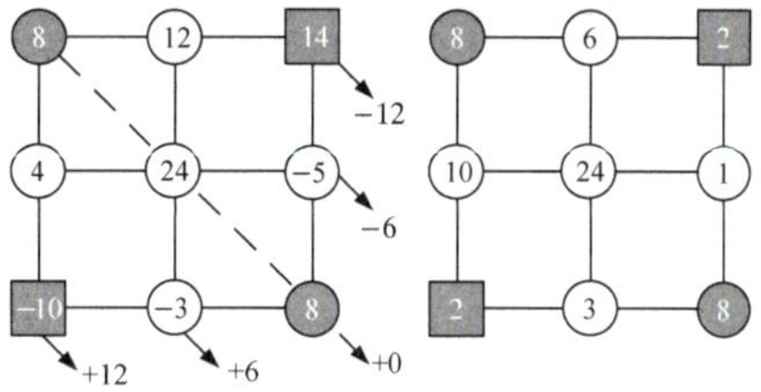
4	取九个点的最高值＋24，最低值＋2，它们的差值为＋22，因此最终的平面度误差为 22×0.01＝0.22 mm（百分表的分度值为 0.01 mm）	

③ 三远点平面法图解平面度误差，见表 4-12。

表 4-12　三远点平面法图解平面度误差

序号	步骤说明	步骤图示
1	假定选择（a_3，c_3，c_1）为三个远点（目标将该三个点调整为等高点）	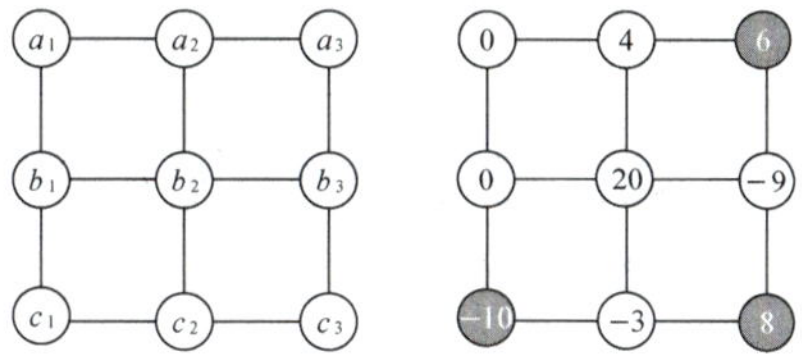
2	以（c_1，c_2，c_3）为固定轴，（b_1，b_2，b_3）整体抬高＋1，（a_1，a_2，a_3）整体抬高＋2； 经调整后，a_3 与 c_3 调成等高点	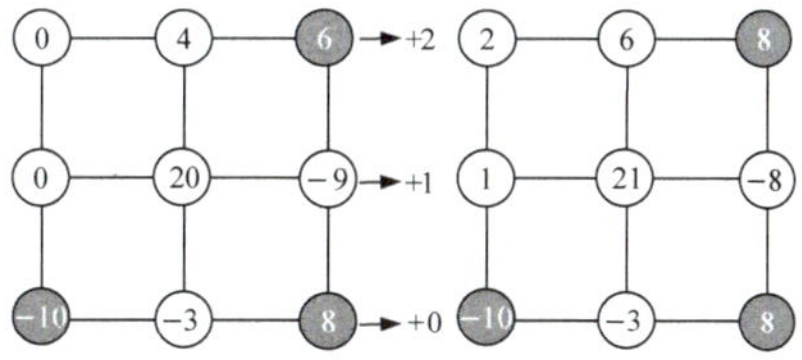
3	选择（a_3，b_3，c_3）为固定轴，（a_2，b_2，c_2）整体调整＋9，（a_1，b_1，c_1）整体调整＋18； 经调整后，（a_3，c_3，c_1）为三个等高远点； 满足三远点平面法评定准则	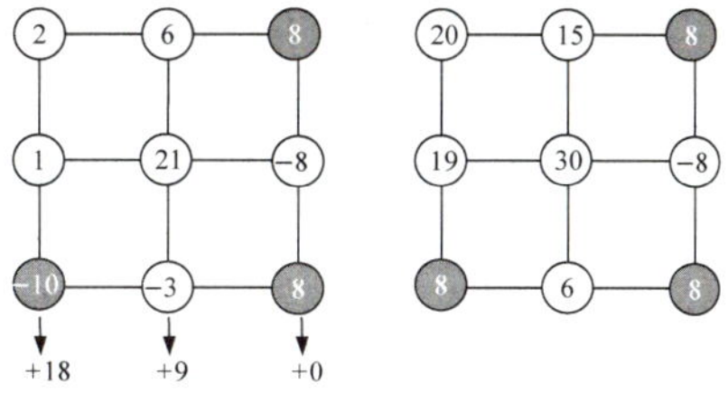
4	取最高值＋30，最低值－8，它们的差值为＋38，因此最终的平面度误差为 38×0.01＝0.38 mm（百分表的分度值为 0.01 mm）	

4）结论

最小区域法(三角形准则)评定的误差值为 0.27 mm，对角线平面法评定的误差值为 0.22 mm，三远点平面法评定的误差值为 0.38 mm，其中对角线平面法评定的误差数值最小，取该值 0.22 mm 作为平面度误差值，即图 4-41 平面的平面度公差值为 0.2 mm，误差值大于公差值，所以该工件的平面度不合格。

四、任务实施

1. 读取任务要求

根据图 4-38 的零件工程图，解读图中平面度公差的含义，选择合适的测量器具、确定合理的测量方案、执行正确的测量步骤、正确进行误差的测量与评定，完成合格性判定。

2. 实施平面度误差的测量

① 选用合适的测量装置，百分表、支架、大理石平板、水笔等。

② 确定合理的测量方案。

③ 实时测量、记录数据。

3. 实施直线度误差的评定

① 根据最小区域法进行平面度误差的评定。

② 根据对角线平面法进行平面度误差的评定。

③ 根据三远点平面法进行平面度误差的评定。

④ 选用以上三种方法中最小的误差值作为零件平面度误差值。

4. 进行零件合格性判定

将评定后的误差值与图 4-38 中平面度公差的值进行比对，完成零件合格性判定。

5. 保养测量器具并整理实训室

整理任务所用的所有测量器具，进行归类、保养，整理实训室卫生，确保水、电、通道等安全。

6. 编写任务报告

自行编写任务报告，包括任务名称、任务目的、任务步骤、任务结果等。

五、知识拓展

平面度误差的其他测量方法如下。

1. 塞尺测量法

塞尺主要用来测量间隙间距，只能粗略测量平面度。使用塞尺前，必须清除塞尺和工件上的污垢和灰尘。使用时，可将一片或几片重叠插入缝隙，以感觉有点迟缓为宜。测量时动作要轻，由于其精度低、检测效率低、结果不完整，只能检测零件的边缘。

2. 平晶干涉法

用光学平晶的工作面体现理想平面，直接以干涉条纹的弯曲程度确定被测表面的平面度误差值。主要用于测量小平面，如量规的工作面和千分尺测头测量面。直线度测量中直尺法、光学准直法、光学自准直法、重力法等也适用于测量平面度误差。测量平面度时，先测出若干截面的直线度，再把各测点的量值按平面度公差带的定义，利用图解法或计算法进行数据处理即可得出平面度误差。

3. 液平面法

以连通器的工作原理为基础，由于重力影响，连通器的两侧液面等高，以液体构成的平面作为测量基准，按照提前设定的布点测量出被测平面上各点相对测量基准的偏移量，经过数据处理进而获得平面度误差。此法适合于测量连续或者不连续大平面的平面度。由于工作液体有一定的黏度，测量过程中要使连通器两边的液位保持一定时间，故测量时间较长。由于液体对温度的变化非常敏感，使得实际测量中读数不准确，分散性大，故用于测量精度较低的平面。

4. 光束平面法

采用准值望远镜和瞄准靶镜进行测量，选择实际表面上相距最远的三个点形成的光束平面作为平面度误差的测量基准面。

5. 激光平面度测量仪法

激光平面度测量仪用于测量大型平面的平面度误差。

任务 4　齿轮轴圆度误差的测量与评定

一、任务布置

如图 4-44 所示为任务对象——钢制加工刀具的实物图与工程图，图中对其刀柄部分的圆柱面提出了圆度要求。请正确识读图中圆度公差含义，选择合适的测量器具、确定合理的测量方案，对该圆度误差进行测量与评定，并根据图示中的公差要求判定其合格性。

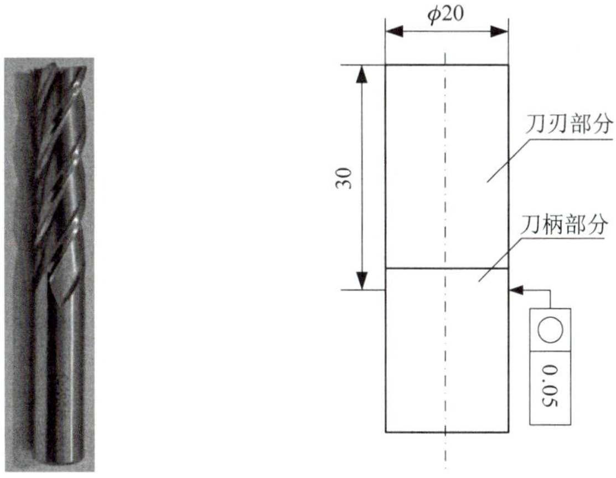

(a) 任务对象实物图　　(b) 任务对象工程图

图 4-44　任务对象示意

二、理论知识

1. 圆度公差与误差

圆度误差：回转体（圆柱、圆锥、圆球）同一横截面内（径向截面，即垂直于轴线或通过球心的截面）被测实际圆对其理想圆的变动量。

圆度公差：规定单一实际圆所允许的变动全量，以根据功能要求来控制工件上实际圆的圆度误差。圆度公差的图样标注及公差带见表 4-13。

表 4-13　圆度公差及公差带说明

公差项目	标注和解释	公差带说明	
被测表面为圆柱的圆度公差	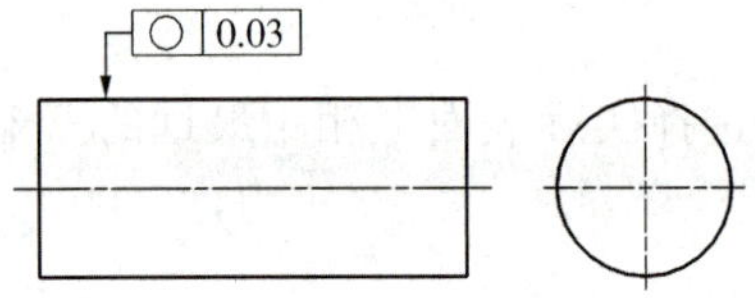 箭头所指圆柱体的任一径向截面上，所截取圆的圆度误差值不得超过给定的公差值 0.03 mm	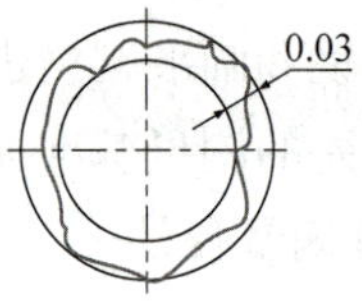	公差带是半径差为 0.03 mm 的两同心圆之间的圆环区域
被测表面为圆锥的圆度公差	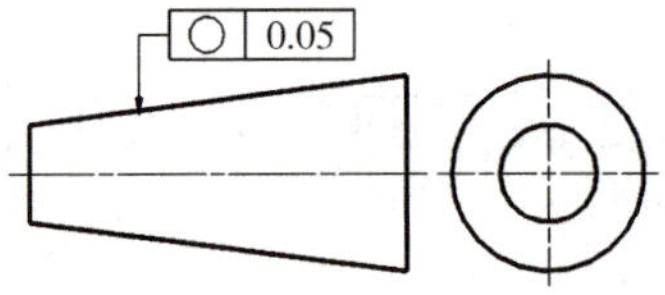 箭头所指圆锥体的任一径向截面上，所截取圆的圆度误差值不得超过给定的公差值 0.05 mm	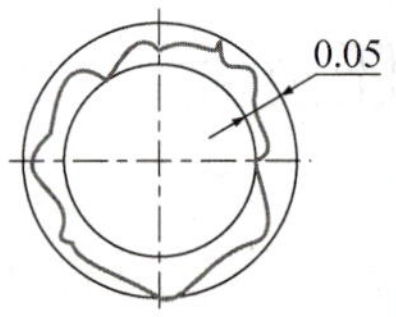	公差带是半径差为 0.05 mm 的两同心圆之间的圆环区域

2. 圆柱度公差与误差

圆柱度误差：实际圆柱面要素对理想圆柱面的变动量，包含了轴剖面和横剖面两个方面的误差。

圆柱度公差：规定单一实际圆柱所允许的变动全量，以根据功能要求来控制工件上实际圆柱的圆柱度误差。圆柱度公差的图样标注及公差带见表 4-14。

表 4-14　圆柱度公差及公差带说明

公差项目	标注和解释	公差带说明
圆柱度公差	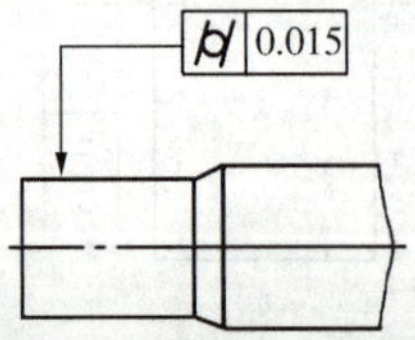 箭头所指圆柱面的圆柱度误差值不得超过给定的公差值 0.015 mm	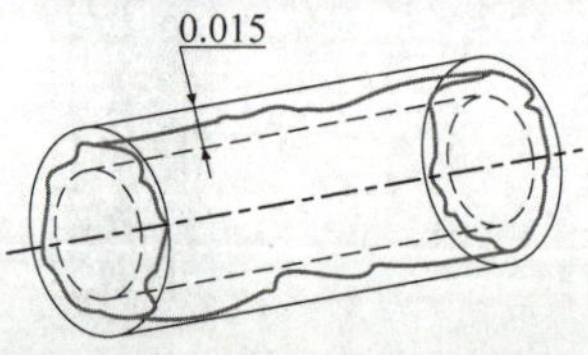 公差带是半径差为 0.015 mm 的两同轴圆柱体之间的区域

三、技能知识

1. 圆度仪

圆度仪是一种利用回转轴法测量工件圆度误差的测量工具。利用精密轴系中的轴回转一周所形成的圆轨迹(理想圆)与被测圆比较,两圆半径上的差值由电学式长度传感器转换为电信号,经电路处理和电子计算机计算后由显示仪表指示出圆度误差,或由记录器记录出被测圆轮廓图形。圆度仪由传感器、放大器、滤波器、输出装置组成,若仪器配有计算机,则计算机也包括在此系统内,如图4-45所示。

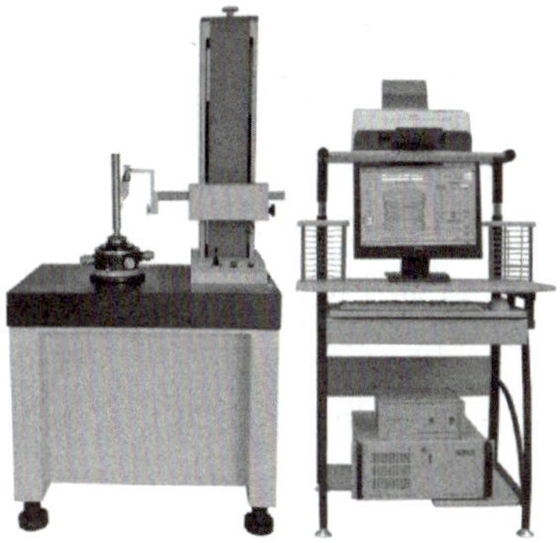

图 4-45　圆度仪

圆度仪分为传感器回转式和工作台回转式两种型式,如图 4-46 所示。

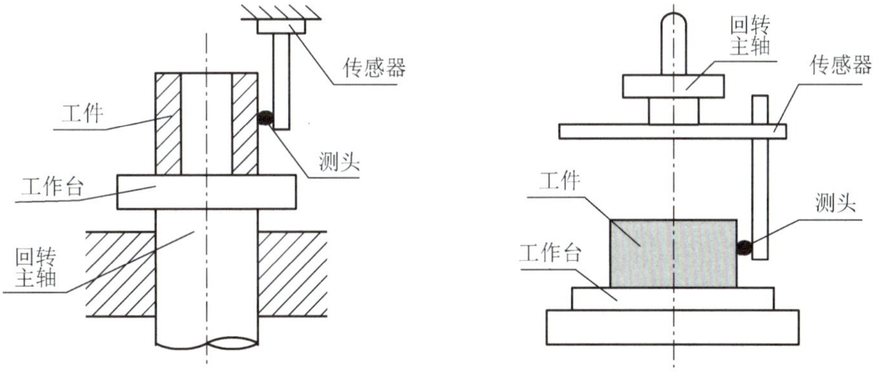

(a) 传感器回转式　　(b) 工作台回转式

图 4-46　圆度仪的两种型式

① 传感器回转式:把位移量转换为电量,经过放大、滤波、运算等程序处理后即由显示仪表指示出圆度误差,也常用圆记录器记录出或用阴极射线管显示出被测圆轮廓放大图。传感器回转式圆度仪结构复杂,但精密轴系不受被测件重量影响,测量精确度较高,适宜于测量较重工件以及高精度圆度测量。

② 工作台回转式:结构简单,但精密轴系受被测件重量载荷后会影响回转精度,故适用于测量较轻工件(如轴承滚道)或小型工件。圆度仪精密轴系的回转精度可达 0.025 μm,采用误差分离法,利用电子计算机自动补偿精密轴系的系统误差,并采用多次测量方法减小偶然误差,可将测量精确度提高到 0.005 μm。

2. 圆度误差的评定

(1) 最小区域法

最小区域法是以最小区域圆为评定基准圆来评定圆度误差,最小区域圆是包容被测圆的轮廓且半径差为最小的两个同心圆,该半径差即为圆度误差。

（2）最小二乘圆法

最小二乘圆法是以最小二乘圆为基准圆来评定圆度误差。最小二乘圆是被测圆轮廓上的各点到该圆的距离平方和为最小的圆，被测圆轮廓上各点到最小二乘圆圆心的最大距离与最小距离之差，即为圆度误差值。

（3）最小外接圆法

最小外接圆法是利用从被测实际圆轮廓外部包容实际圆轮廓时，具有最小半径的圆来评定圆度误差，它与实际圆轮廓一般呈三点接触，也可能与构成直径的两点接触。如图 4-47 所示，从被测圆找到偏靠外侧的三个点连接成最小外接圆，在被测圆中找到一个最偏内侧的点，绘制与外接圆同心的圆，两个圆的半径差即为圆度误差。

（4）最大内切圆法

最大内切圆法是利用内切于被测圆实际轮廓且具有最大半径的圆来评定圆度误差，它与实际圆轮廓一般呈三点接触或两点接触。如图 4-48 所示，从被测圆找到偏靠内侧的三个点连接成最大外切圆，从被测圆找到一个最偏外侧的点，绘制与内切圆同心的圆，两个圆的半径差即为圆度误差。

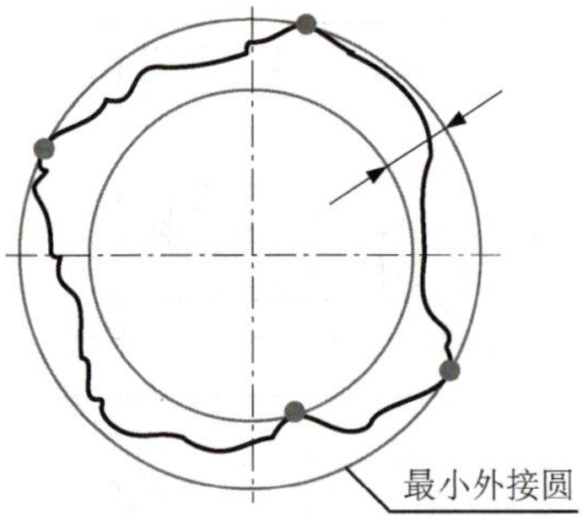

图 4-47　最小外接圆法示意

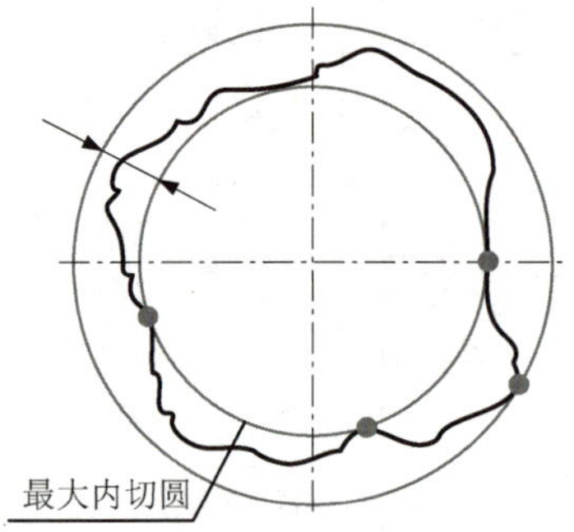

图 4-48　最大内切圆法示意

四、任务实施

1. 读取任务要求

根据如图 4-44 所示的零件工程图，解读图中圆度公差的含义，选择合适的测量器具、确定合理的测量方案、执行正确的测量步骤、正确进行误差的测量与评定，完成合格性判定。

2. 实施圆度误差的测量

① 选用合适的测量装置：圆度仪、电脑、记录本等。

② 确定合理的测量方案。

③ 实时测量、记录数据。

选用工作台回转式圆度仪，将被测回转体安装到圆度仪，校准后进行测量（为了保证测量的准确性，应该在刀柄不同位置进行多次测量并评定），测量圆图像放大后会同步到电脑屏幕。

3. 实施圆度误差的评定

分别用最小区域法、最小二乘法、最小外接圆法、最大内切圆法进行圆度误差的评定。

4. 进行零件合格性判定

选用以上四种方法中最小的误差值作为零件圆度误差值，将评定后的误差值与图 4-44 中圆度公差的值进行比对，完成零件合格性判定。

5. 保养测量器具并整理实训室

整理任务所用的所有测量器具，进行归类、保养，整理实训室卫生，确保水、电、通道等安全。

6. 编写任务报告

自行编写任务报告，包括任务名称、任务目的、任务用品、任务步骤、任务结果等。

五、知识拓展

1. 圆度误差的其他测量与评定方法

除了基于圆度仪进行回转轴圆度误差测量与评定，还有三点法、两点法、投影法和坐标法。

1）三点法

常将被测工件置于 V 形块中进行测量。测量时，使被测工件在 V 形块中回转一周，从测微仪读出最大示值和最小示值，两示值差之半即为被测工件外圆的圆度误差。此法适用于测量具有奇数棱边形状误差的外圆或内圆，常用角为 90°、120°或 72°、108°的两块 V 形块分别测量。

2）两点法

常用千分尺、比较仪等测量，以被测圆某一截面上各直径间最大差值之半作为此截面的圆度误差。此法适于测量具有偶数棱边形状误差的外圆或内圆。

3）投影法

常在投影仪上测量，将被测圆的轮廓影像与绘制在投影屏上的两极限同心圆比较，从而得到被测件的圆度误差。此法适用于测量具有刃口形边缘的小型工件。

4）坐标法

按预先选择的直角坐标系统测量出被测圆上若干点的坐标值，通过电子计算机按所选择的圆度误差评定方法计算出被测圆的圆度误差。

2. 圆柱度误差的测量方法

1）回转轴法

如图 4-49 所示，使用圆度仪等设备，将被测件的轴线调整到与仪器同轴，测量并记录被测件回转一周过程中截面上各点的半径差，在测头没有径向偏移的情况下，按需要重复上述方法测量若干个横截面，计

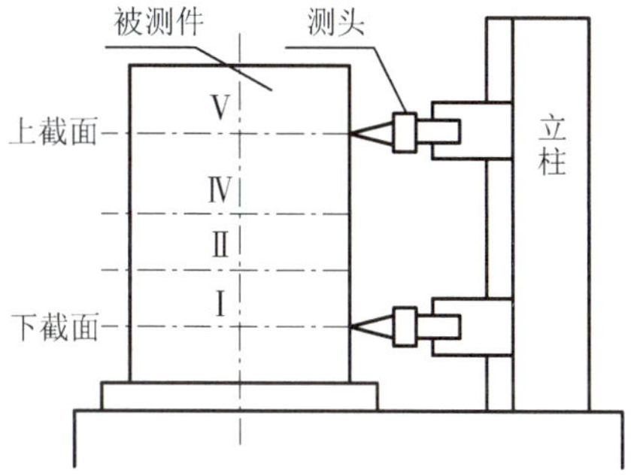

图 4-49　回转轴法测量圆柱度误差

算机按最小条件确定圆柱度误差，也可用极坐标图近似求圆柱度误差。

2）投影法

如图 4-50 所示，使用三坐标等设备，将被测件放在仪器上，并将其轴线调整到与 Z 轴平行，在被测面的横截面上，测量若干个坐标值，按需要测量若干个截面，计算机根据最小条件确定圆柱度误差。

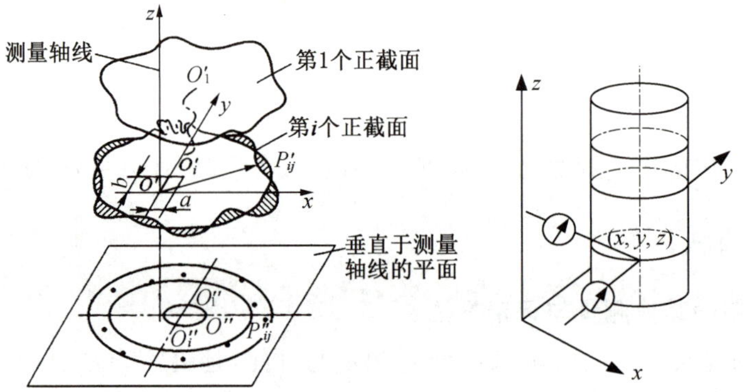

图 4-50　投影法测量圆柱度误差

3）三点法

使用平板、V 形座、带指示表的测架，将 V 形座放在平板上，被测件放在比它长的 V 形座上。被测件回转一周过程中，测取该横截面上的最大与最小读数，将最大读数与最小读数之差的一半作为圆柱度误差值。按上述方法测量若干个横截面，根据最小条件确定圆柱度误差，此法适用于测量奇数棱形状的外表面，如图 4-51 所示。

4）两点法

使用平板、直角座、带指示表的测架，将被测件放在平板上，并紧贴直角座。被测件回转一周过程中，测取该横截面上的最大与最小读数，将最大读数与最小读数之差的一半作为圆柱度误差值。按上述方法测量若干个横截面，根据最小条件确定圆柱度误差，此法适用于测量偶数棱形状的外表面，是近似测量圆柱度误差的方法，如图 4-52 所示。

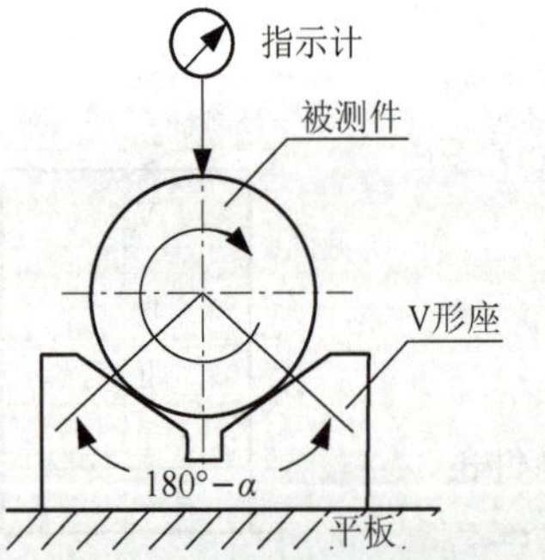

图 4-51　三点法测量圆柱度误差

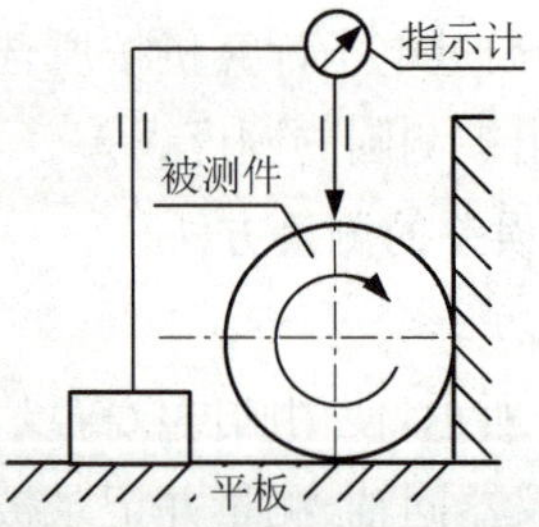

图 4-52　两点法测量圆柱度误差

任务5　阶梯轴平行度和垂直度误差的测量与评定

一、任务布置

如图 4-53 所示为任务对象——阶梯轴的实物图与工程图，图中对其上端面提出了平行度与垂直度要求。请正确识读图中平行度与垂直度的公差含义，选择合适的测量器具、确定合理的测量方案，对其平行度与垂直度误差进行测量与评定，并根据图示中的公差要求判定其合格性。

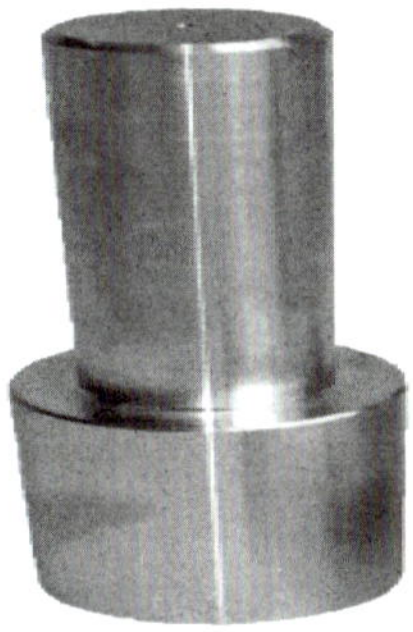

(a) 阶梯轴实物图

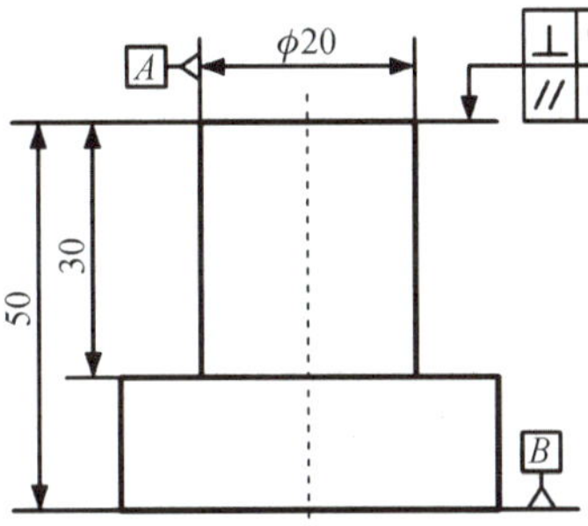

(b) 阶梯轴工程图

图 4-53　阶梯轴示意

二、理论知识

平行度公差与误差

1. 方向公差项目

方向公差是关联被测要素对基准要素在规定方向上所允许的变动全量。方向公差分为平行度、垂直度、倾斜度和轮廓度共四个项目。

2. 平行度公差与误差

平行度误差：被测实际要素相对于基准在平行方向上的变动量，包括线对面的平行度误差、线对线的平行度误差、面对面的平行度误差、面对线的平行度误差。

平行度公差：规定关联被测实际要素对具有确定方向的基准在二者平行方向(即对基准的理想正确角度为 0°)所允许的变动全量，以根据功能要求来控制被测实际要素的平行度误差。平行度公差的图样标注及公差带见表 4-15。

3. 垂直度公差与误差

垂直度误差：被测实际要素相对于基准垂直方向上的变动量，包括线对面的垂直度误差、线对线的垂直度误差、面对面的垂直度误差、面对线的垂直度误差。

垂直度公差：规定关联被测实际要素对具有确定方向的基准在二者垂直方向(即对基准的理想正确角度为 90°)所允许的变动全量，以根据功能要求来控制被测实际要素的垂直度误差。垂直度公差的图样标注及公差带见表 4-16。

表 4-15　平行度公差及公差带说明

公差项目		标注和解释	公差带说明
线对面的平行度公差		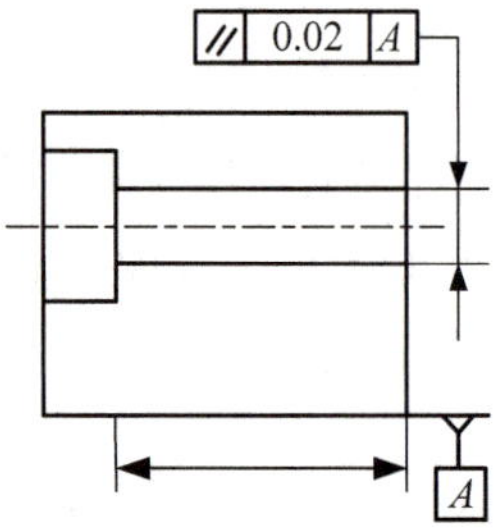 箭头所指孔轴线对底面(基准面 A)在箭头所指方向上的平行度误差值不得超过给定的公差值 0.02 mm	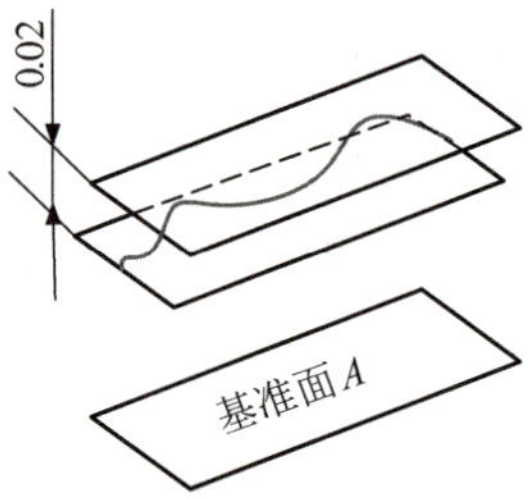 公差带是相距为 0.02 mm 的两平行平面之间的区域,且该两平行平面与基准平面 A 平行
线对线的平行度公差	给定一个方向	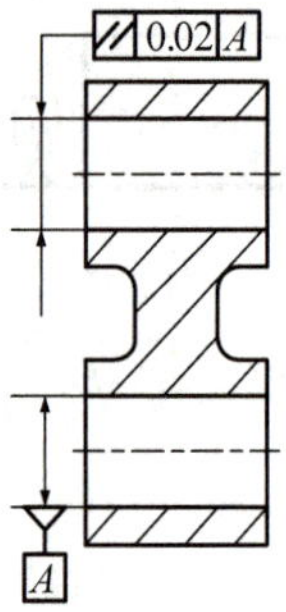 箭头所指零件上端通孔的轴线对下端通孔轴线(基准线 A)的平行度误差不得超过给定的公差值 0.02 mm	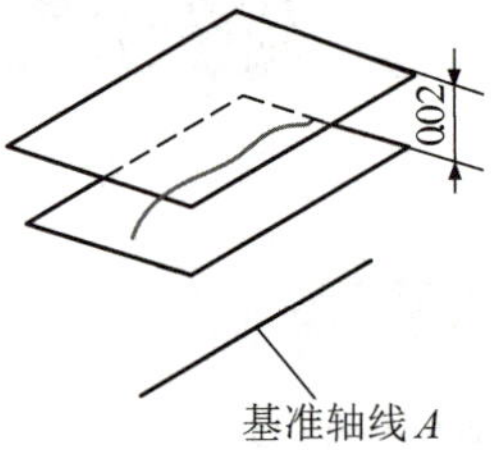 公差带是相距 0.02 mm 的两平行面,且该组平行面平行于基准轴线 A
	给定两个相互垂直方向	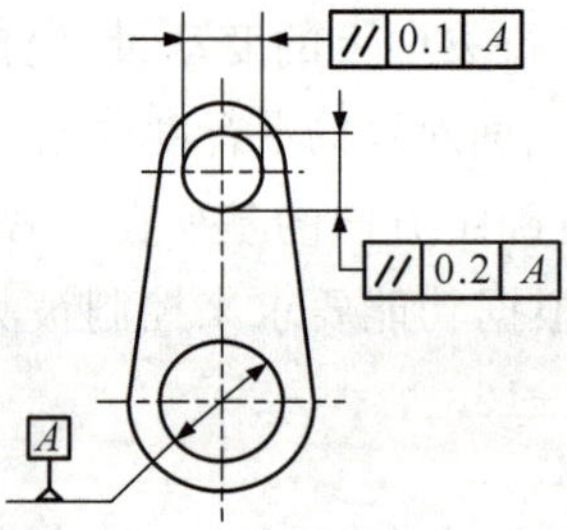 箭头所指零件上端孔的轴线对下端孔轴线(基准线 A)在图示水平方向的平行度误差不得超过给定的公差值 0.1 mm,在图示垂直方向的平行度误差不得超过给定的公差值 0.2 mm	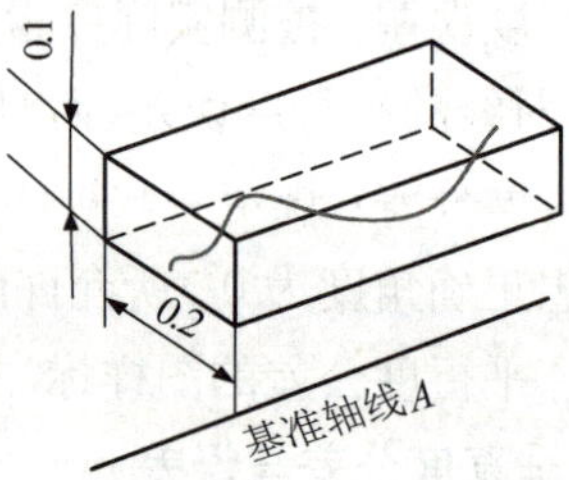 公差带是与基准轴线 A 分别在水平方向和垂直方向的两组平行平面之间的长方体区域,水平方向的两平行平面之间的距离为 0.1 mm,垂直方向的两垂直平面之间的距离为 0.2 mm

（续表）

<table>
<tr><th colspan="2">公差项目</th><th>标注和解释</th><th>公差带说明</th></tr>
<tr><td>线对线的平行度公差</td><td>任意方向</td><td>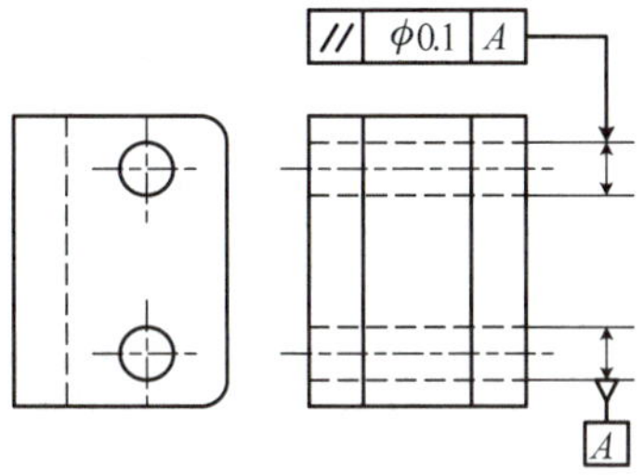

箭头所指零件上端通孔轴线对下端通孔轴线（基准线 A）在图示任意方向的平行度误差不得超过给定的公差值 0.1 mm</td><td>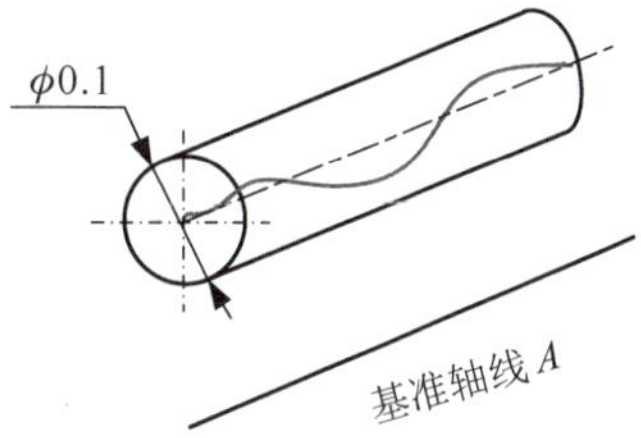

公差带是于直径为 0.1 mm 的圆柱体内的区域，且该圆柱体的直径与基准轴线 A 平行</td></tr>
<tr><td colspan="2">面对面的平行度公差</td><td>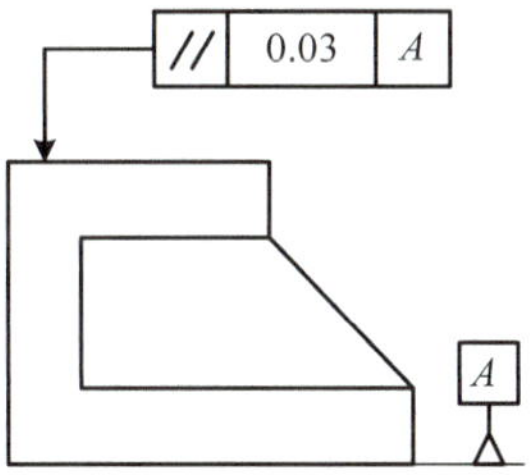

箭头所指零件上平面对零件底平面（基准面 A）的平行度误差不得超过给定的公差值 0.03 mm</td><td>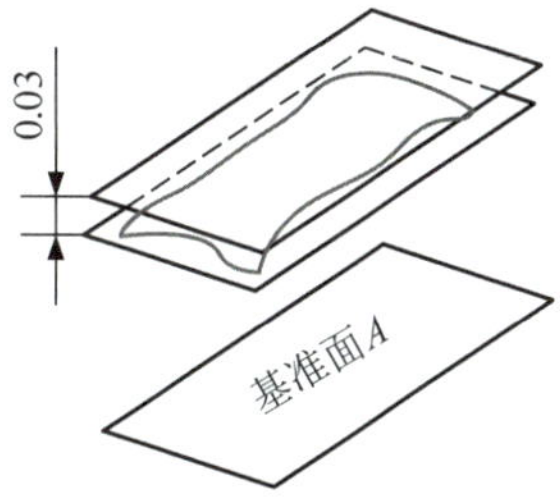

公差带是相距为 0.03 mm 的两平行平面之间的区域，且该两平行平面与基准平面 A 平行</td></tr>
<tr><td colspan="2">面对线的平行度公差</td><td>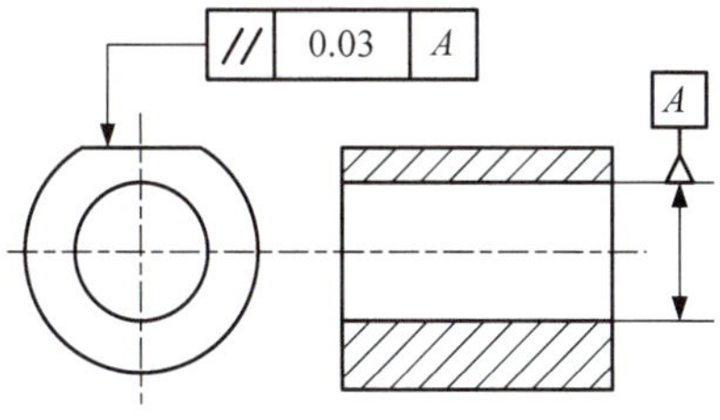

箭头所指零件上平面对零件内孔轴线（基准线 A）的平行度误差不得超过给定的公差值 0.03 mm</td><td>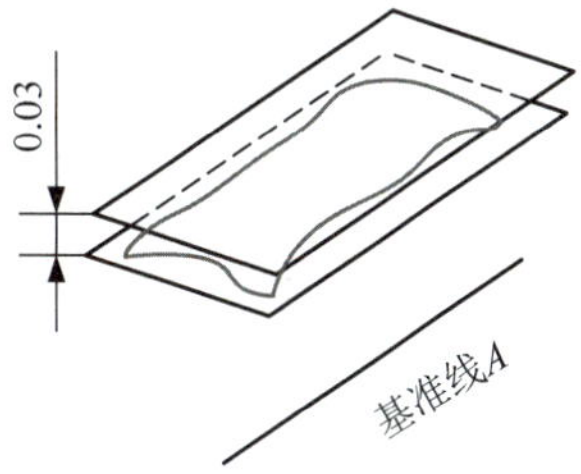

公差带是相距为 0.03 mm 的两平行平面之间的区域，且该两平行平面与基准轴线 A 平行</td></tr>
</table>

表 4-16 垂直度公差及公差带说明

公差项目		标注和解释	公差带说明
线对面的垂直度公差	给定一个方向	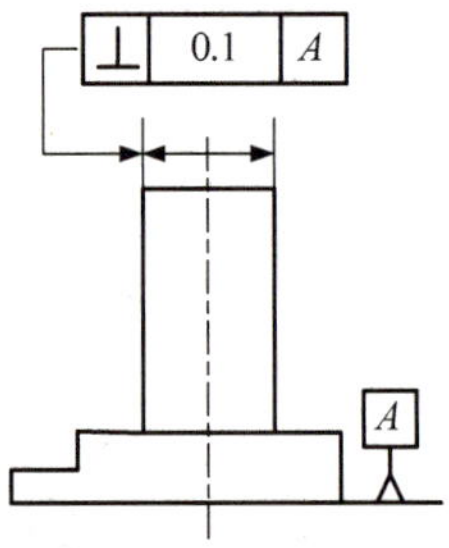 箭头所指圆柱台的轴线对零件底面(基准面A)的垂直度误差不得超过给定的公差值 0.1 mm	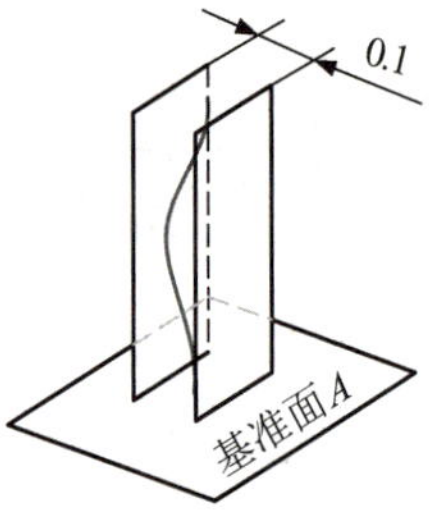 公差带是相距为 0.1 mm 的两平行平面之间的区域，且该两平行平面与基准平面 A 垂直
	给定两个方向	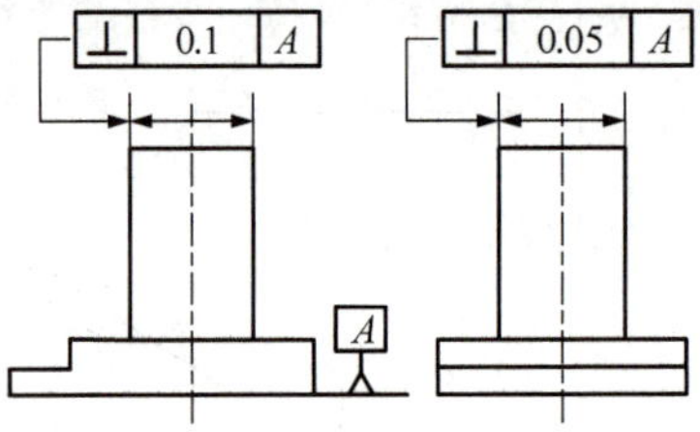 箭头所指圆柱台轴线对下端面(基准面 A)在图示水平方向的垂直度误差不得超过给定的公差值 0.1 mm，在图示垂直方向的垂直度误差不得超过给定的公差值 0.05 mm	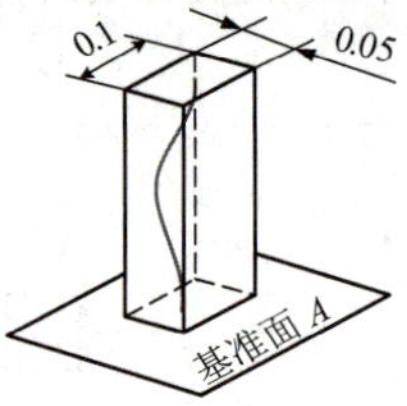 公差带是与基准轴线 A 分别在水平方向和垂直方向垂直的两组平行平面之间的长方体区域，水平方向的两平行平面之间的距离为 0.1 mm，垂直方向的两垂直平面之间的距离为 0.05 mm
	任意方向	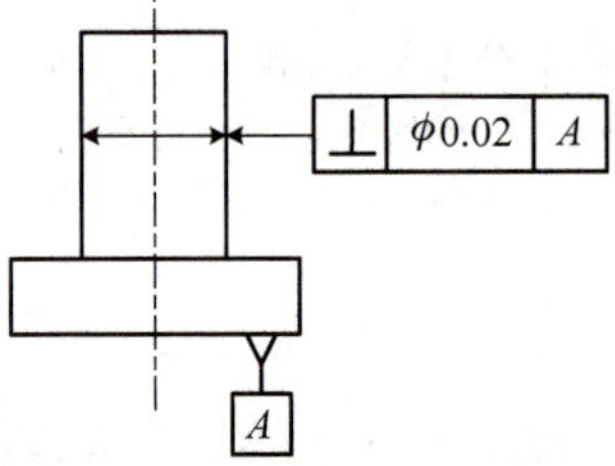 箭头所指回转体轴线对零件底面(基准面A)的垂直度误差值不得超过给定的公差值 0.02 mm	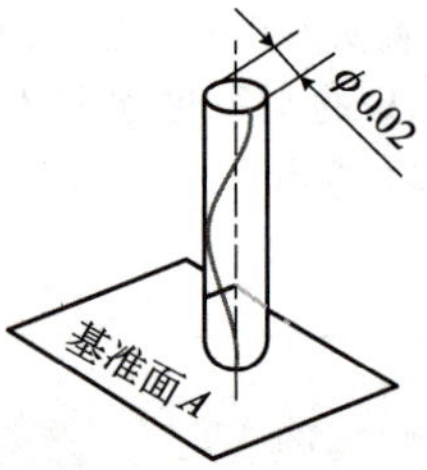 公差带是直径为 0.02 mm 的圆柱体内的区域，且该圆柱体的轴线垂直于基准平面 A
线对线的垂直度公差		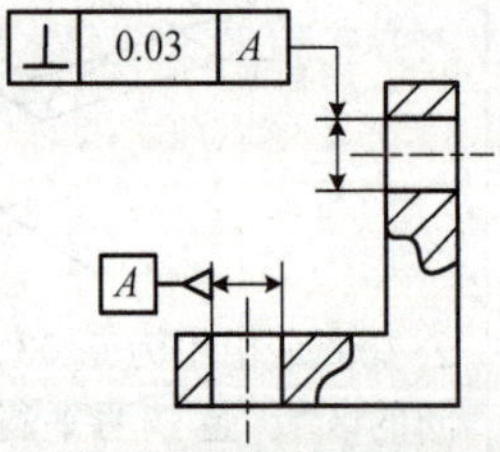 箭头所指零件上端通孔轴线对下端通孔轴线(基准线 A)的垂直度误差不得超过给定的公差值 0.03 mm	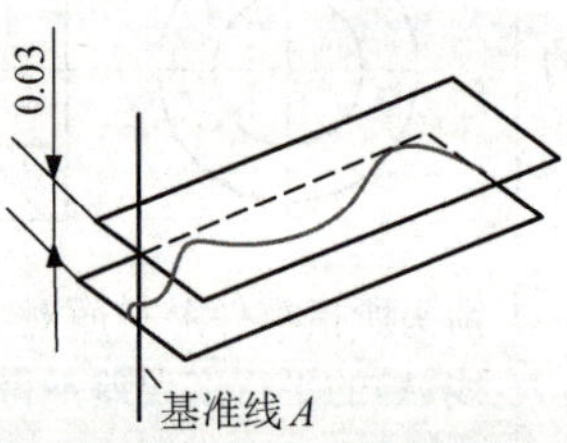 公差带是相距为 0.03 mm 的两平行平面之间的距离，且该两平行平面与基准线 A 垂直

（续表）

公差项目	标注和解释	公差带说明
面对面的垂直度公差	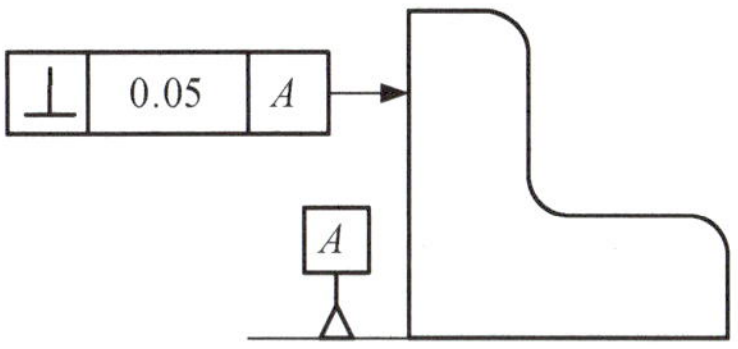 箭头所指零件左端面对零件底平面（基准面A）的垂直度误差不得超过给定的公差值 0.05 mm	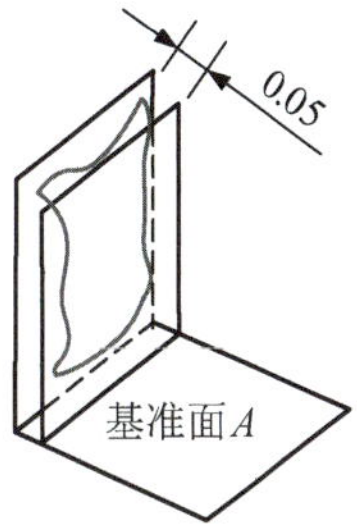 公差带是相距为 0.05 mm 的两平行平面之间的区域，且该两平行平面与基准平面 A 垂直
面对线的垂直度公差	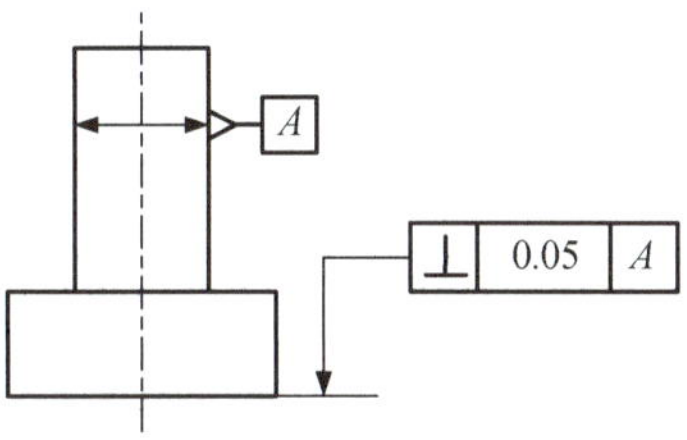 箭头所指零件底面对圆柱台轴线（基准线A）的垂直度误差不得超过给定的公差值 0.05 mm	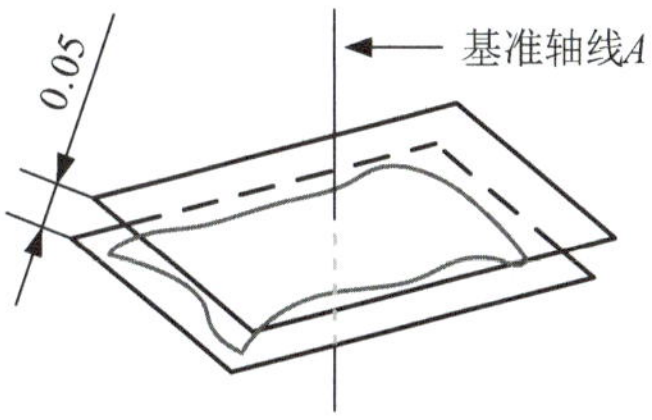 公差带是相距为 0.05 mm 的两平行平面之间的区域，且该两平行平面与基准轴线 A 垂直

三、技能知识

1. 平行度误差的测量与评定

将被测零件放置在平板上，用指示表在整个被测工件上表面进行多点测量，记录数据，指示表的最大值与最小值之差即为该零件的平行度误差值，如图 5-54 所示。

2. 垂直度误差的测量与评定

将被测零件放置在导向块内（由导向块模拟基准轴线，即基准 A），用指示表在整个被测工件上表面进行多点测量，记录数据，指示表的最大值与最小值之差即为该零件的垂直度误差值，如图 5-55 所示。

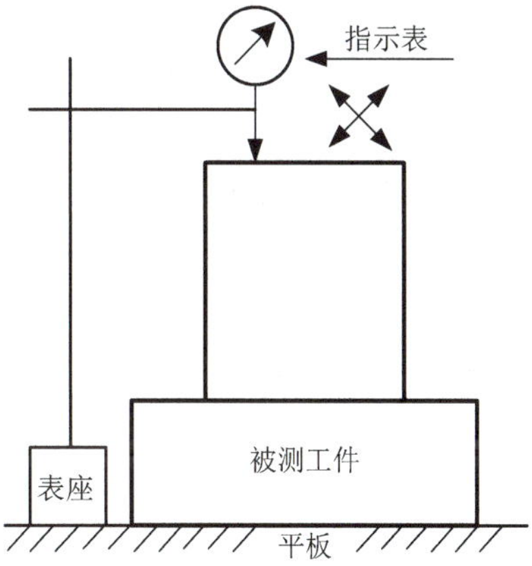

图 5-54　平行度误差测量示意

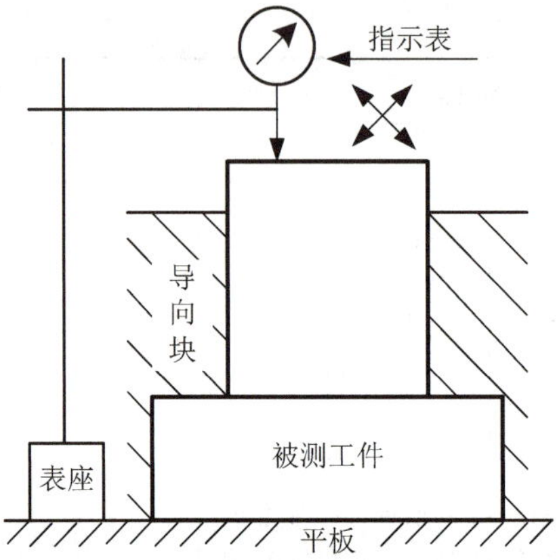

图 5-55 垂直度误差测量示意

四、任务实施

1. 读取任务要求

根据如图 4-53 所示的零件工程图，解读图中平行度和垂直度公差的含义，选择合适的测量器具、确定合理的测量方案、执行正确的测量步骤、正确进行误差的测量与评定，完成合格性判定。

2. 实施平行度误差的测量与评定

① 确定合适的测量器具：测量平台、百分表、百分表支架、导向块等。

② 确定合理的测量方案。

③ 实施测量并记录测量结果，测量结果测量三次取平均值。

3. 实施垂直度误差的测量与评定

① 确定合适的测量器具：测量平台、百分表、百分表支架、导向块等。

② 确定合理的测量方案。

③ 实施测量并记录测量结果，测量结果测量三次取平均值。

4. 进行零件合格性判定

将评定后的误差值与图 4-53 中平行度和垂直度公差数值进行比对，完成零件合格性判定。

5. 保养测量器具并整理实训室

整理任务所用的所有测量器具，进行归类、保养，整理实训室卫生，确保水、电、通道等安全。

6. 编写任务报告

自行编写任务报告，包括任务名称、任务目的、任务步骤、任务结果等。

五、知识拓展

1. 倾斜度公差与误差

倾斜度误差：被测实际要素相对于基准倾斜方向上的变动量，包括面对线的倾斜度误差、面对面的倾斜度误差。

倾斜度公差：规定关联被测实际要素对具有理论正确角度的基准所允许的变动全量，以根据功能要求来控制被测实际要素的倾斜度误差。倾斜度公差的图样标注及公差带见表 4-17。

表 4-17　倾斜度公差及公差带说明

<table>
<tr><th>公差项目</th><th>标注和解释</th><th>公差带说明</th></tr>
<tr><td>面对线的倾斜度公差</td><td>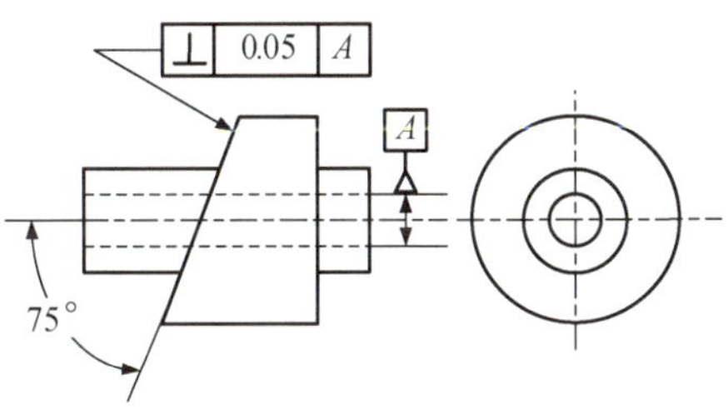

箭头所指圆柱左端面对中轴线（基准线 A）的倾斜度误差值不得超过给定的公差值 0.05 mm</td><td>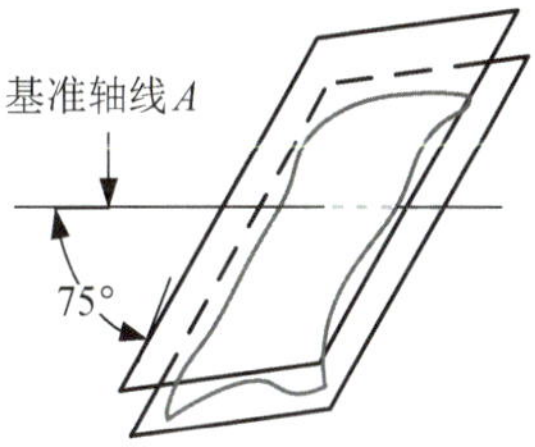

公差带是相距为 0.05 mm 的两平行平面之间的区域，且该两平面与基准轴线 A 的夹角为 75°</td></tr>
<tr><td>面对面的倾斜度公差</td><td>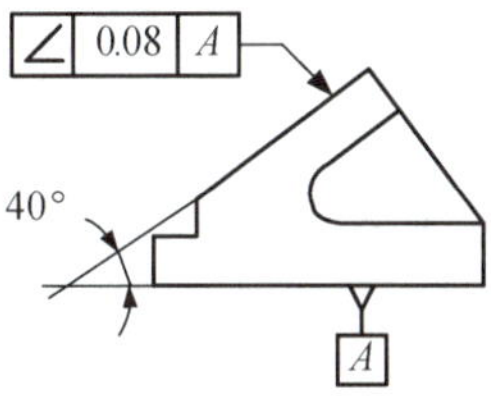

箭头所指零件斜上表面对底面（基准面 A）的倾斜度误差值不得超过给定的公差值 0.08 mm</td><td>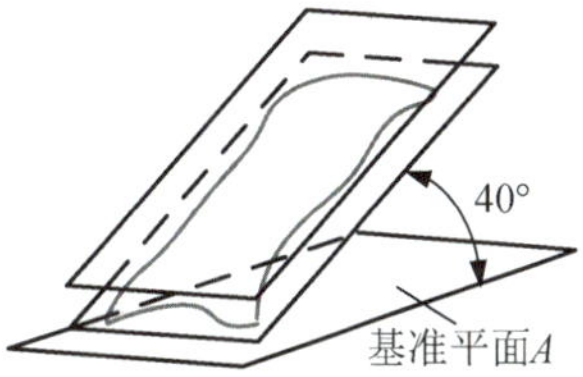

公差带是相距为 0.08 mm 的两平行平面之间的区域，且该两平面与基准平面 A 的夹角为 40°</td></tr>
</table>

2. 轮廓度公差和误差

轮廓度公差：是用于描述曲面或曲线形状准确度的一种指标，它反映了被测实际轮廓相对于理想轮廓的变动情况。轮廓度公差可以分为线轮廓度公差和面轮廓度公差。

线轮廓度公差：实际被测要素（轮廓线要素）相对理想轮廓线的允许变动量。其公差带沿被测要素的每个线要素的理论正确轮廓均匀分布，是二维的公差带。

线轮廓度误差：被测实际轮廓线相对于理想轮廓的变动情况。

面轮廓度公差：实际被测要素（轮廓面要素）相对理想轮廓面的允许变动量。其公差带是沿着被测要素的长度、宽度、高度方向延伸的三维公差带。

面轮廓度误差：被测实际轮廓面相对于理想轮廓的变动情况。

轮廓度公差可以带基准也可以不带基准，不带基准时用于控制要素相对于理论轮廓的尺寸和形状，带基准时其公差带形状和位置由理论正确尺寸和基准确定，公差带的位置是固定的。线轮廓度以及面轮廓度公差的图样标注及公差带见表 4-18 和表 4-19。

表 4-18　线轮廓度公差及公差带说明

公差项目	标注和解释	公差带说明
线轮廓度 （无基准）	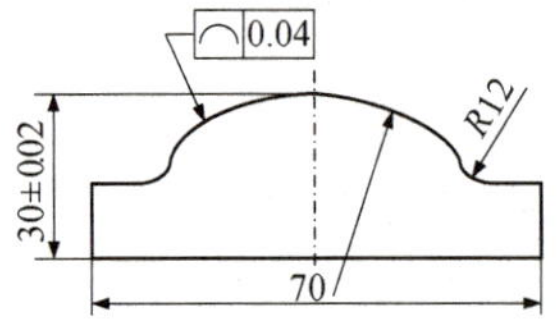 箭头所指在平行于图样所示投影面的任一截面上，被测轮廓线必须位于包络一系列直径为公差值 0.04 mm，且圆心位于具有理论正确几何形状的两包络线之间	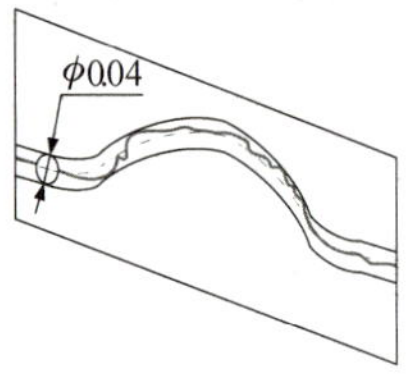 公差带为直径等于公差值 0.04 mm、圆心位于被测要素理论正确几何形状上的一系列圆的两包络线所限定的区域
线轮廓度 （有基准）	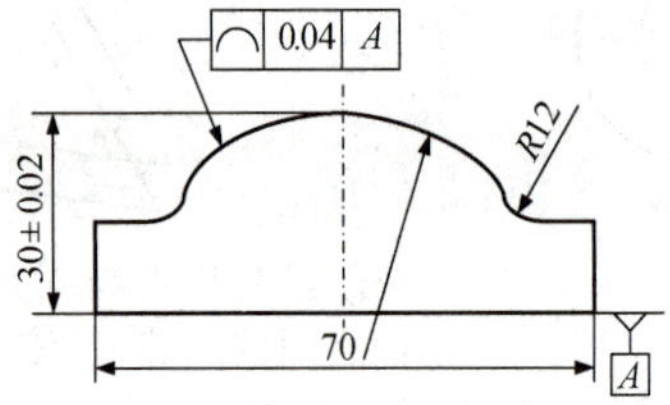 箭头所指在平行于图样所示投影面的任一截面上，被测轮廓线必须位于包络一系列直径为公差值 0.04 mm，且圆心位于由底平面（基准面 A）确定的具有理论正确几何形状的两包络线之间	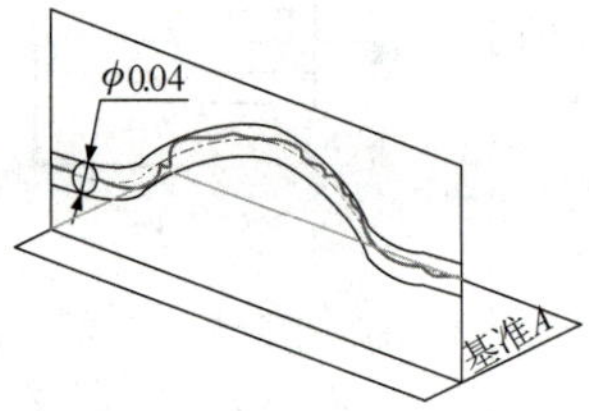 公差带为直径等于公差值 0.04 mm、圆心位于由底平面（基准面 A）确定的被测要素理论正确几何形状上的一系列圆的两包络线所限定的区域

表 4-19　面轮廓度公差及公差带说明

公差项目	标注和解释	公差带说明
面轮廓度 （无基准）	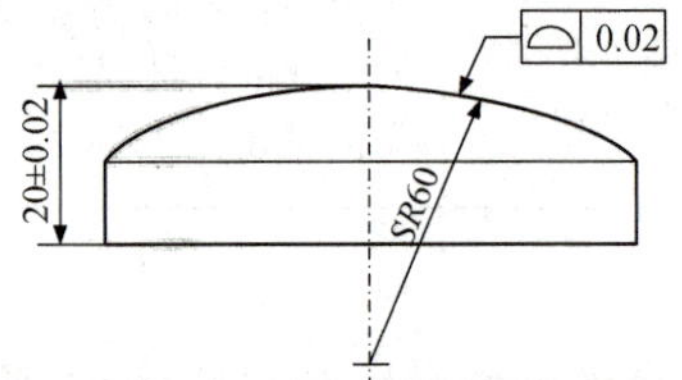 箭头所指被测轮廓面必须位于包络一系列直径为公差值 0.02 mm，且球心位于具有理论正确几何形状的一系列圆球的两等距包络面之间	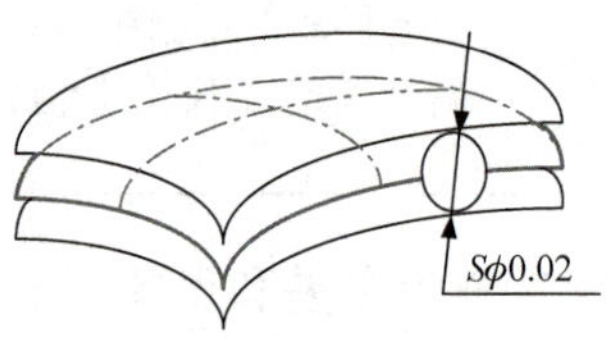 公差带是直径等于公差值 0.02 mm、球心位于被测要素理论正确形状上的一系列圆球的两包络面所限定的区域
面轮廓度 （有基准）	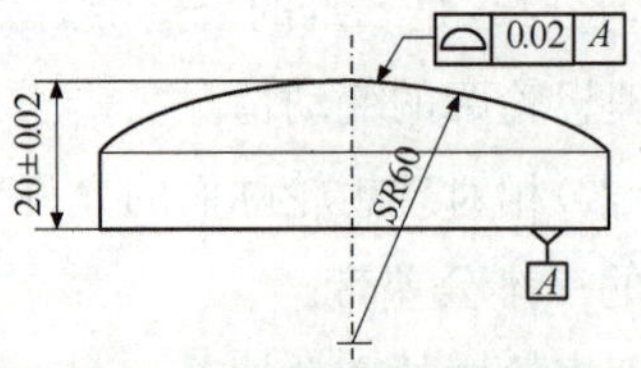 箭头所指被测轮廓面必须位于包络一系列直径为公差值 0.02 mm，且球心位于由底平面（基准面 A）确定的具有理论正确几何形状的一系列圆球的两等距包络面之间	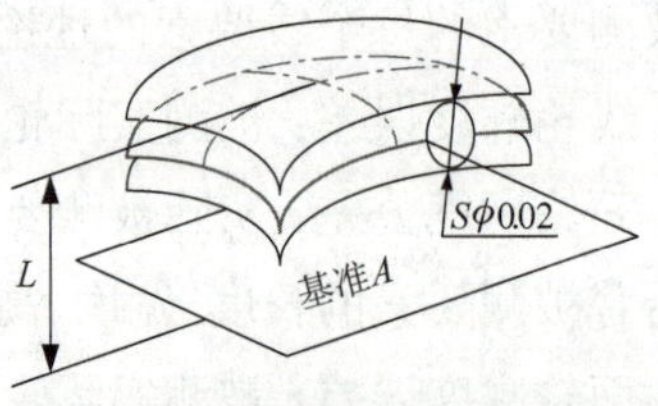 公差带是直径等于公差值 0.02 mm、球心位于由底平面（基准面 A）确定的被测要素理论正确形状上的一系列圆球的两包络面所限定的区域

任务6　齿轮轴-键槽对称度误差的测量与评定

一、任务布置

如图4-56所示为一轴套的实物图和工程图，图中对其键槽与内孔的对称度提出了要求。请正确识读图中对称度的公差含义，选择合适的测量器具、确定合理的测量方案，对该对称度误差进行测量与评定，并根据图示中的公差要求判定其合格性。

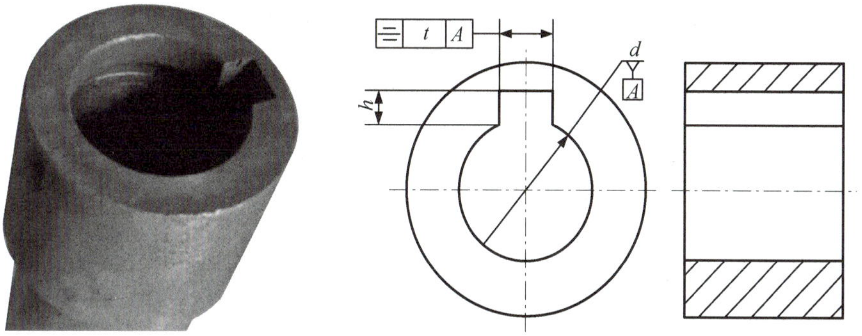

(a) 轴套实物图　　(b) 轴套工程图

图4-56　轴套(孔内带槽)示意

二、理论知识

1. 位置公差项目

位置公差是指关联实际要素的方向或位置对基准所允许的变动全量。位置公差分为同轴(心)度、对称度和位置度三个项目。

2. 同轴(心)度公差与误差

同轴(心)度误差：被测轴线(圆心)相对基准轴线(圆心)位置的变化量。

同轴(心)度公差：规定关联被测实际要素对具有确定位置的基准所允许的变动全量(用于轴时为同轴度，用于点时为同心度)，以根据功能要求来控制被测实际要素的同轴(心)度误差。同轴(心)度公差的图样标注及公差带见表4-20。

同轴度公差与误差

小贴士

同心度是同轴度的特殊形式。

当被测要素为圆心(点)、薄型工件上的孔或轴的轴线时，可视被测轴线为被测点，它们对基准轴线的同轴度即为同心度。故对同心度的测量可以进行投影测量。

同轴度是评价圆柱形工件的一项重要技术指标，同轴度误差直接影响着工件的装配和使用。但当工件的被测元素轴线特别短时，要评价其同轴度非常困难，通常会用同心度来评价。

表 4-20　同心度/同轴度公差及公差带说明

公差项目	标注和解释	公差带说明
同心度公差	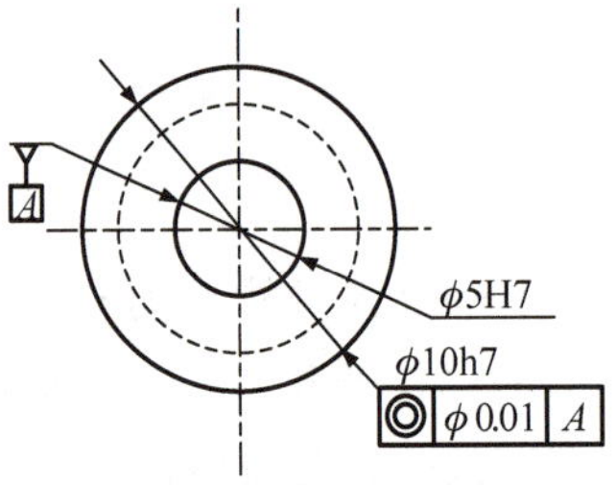 箭头所指 φ10h7 的圆心对 φ5H7 圆心(基准点 A)的同心度误差值不得超过给定的公差值 0.01 mm	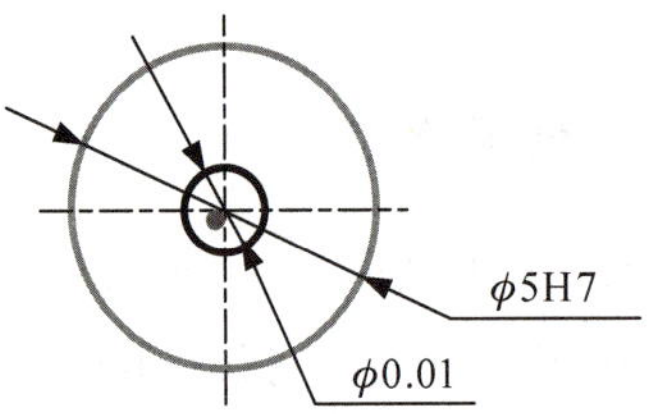 公差带为在被测工件的任一径向截面上，直径等于 φ0.01 mm 圆形区域，且该圆形区域的圆心与基准点 A 同心
同轴度公差	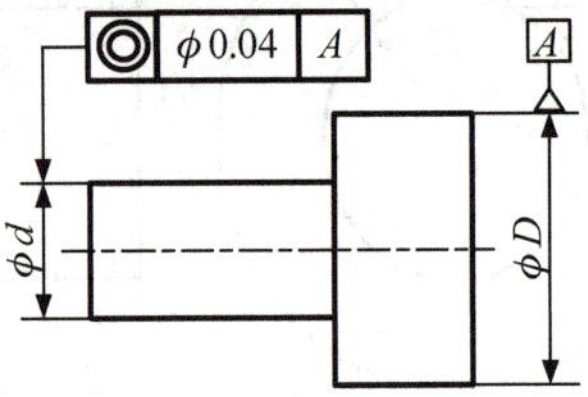 箭头所指零件直径为 φd 的圆柱体轴线对直径为 φD 的圆柱体轴线(基准线 A)的同轴度误差值不得超过给定的公差值 0.04 mm	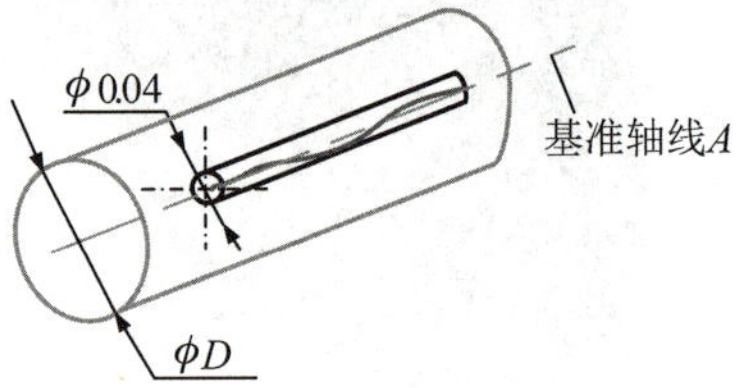 公差带为直径为 φ0.04 mm 的圆柱体内的区域，且该圆柱体的轴线与基准轴线 A 共线

3. 对称度公差与误差

对称度误差：两被测表面的对称中心平面与基准平面的对称中心平面的最大偏离。

对称度公差：规定关联被测实际要素对具有确定位置的基准所允许的变动全量，以根据功能要求来控制被测实际要素对基准的对称性变动误差。对称度公差的图样标注及公差带见表 4-21。

表 4-21　对称度公差及公差带说明

公差项目	标注和解释	公差带说明
对称度公差	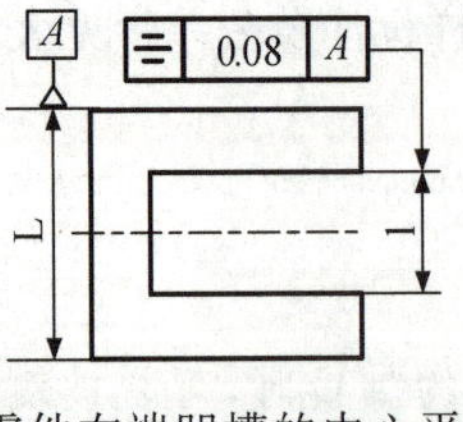 箭头所指零件右端凹槽的中心平面对零件上下表面的中心平面(基准面 A)的对称度误差值不得超过给定的公差值 0.08 mm	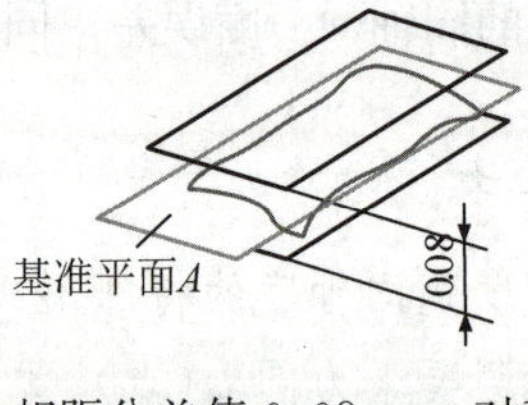 公差带为相距公差值 0.08 mm，对称配置于基准中心平面 A 两端的两平行平面之间的区域

4. 位置度公差与误差

位置度误差：零件上被测的点、线、面的实际位置偏离理想位置的程度。

位置度公差：规定关联被测实际要素对具有确定位置的基准所允许的变动全量，以根据功能要求来控制被测实际要素对基准的位置变动误差。位置度公差的图样标注及公差带见表 4-22。

表 4-22　位置度公差及公差带说明

<table>
<tr><th colspan="2">公差项目</th><th>标注和解释</th><th>公差带说明</th></tr>
<tr><td colspan="2">点的位置度公差</td><td>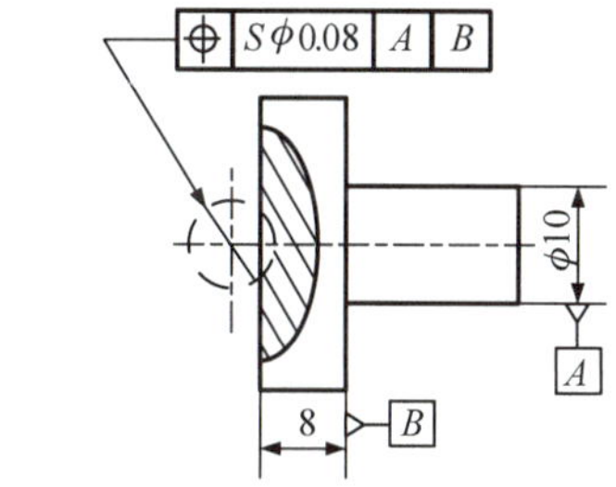

箭头所指球 φ10D 的球心对基准体系确定的点的位置度误差值不得超过给定的公差值 0.08 mm</td><td>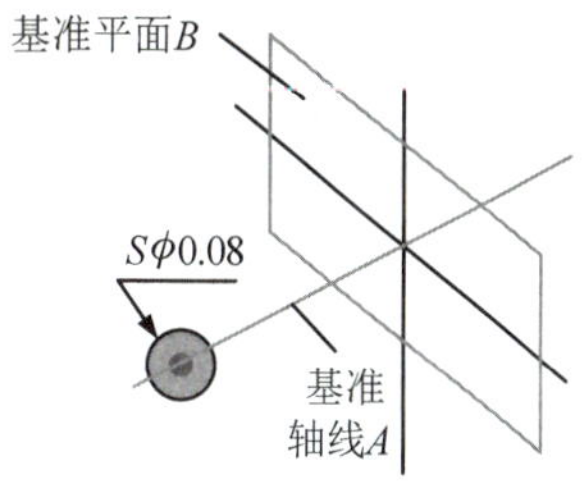

公差带为以基准体系 A、B 及理论正确尺寸所确定的点为球心，直径为 0.08 mm的圆球区域</td></tr>
<tr><td rowspan="2">线的位置度公差</td><td>任意方向</td><td>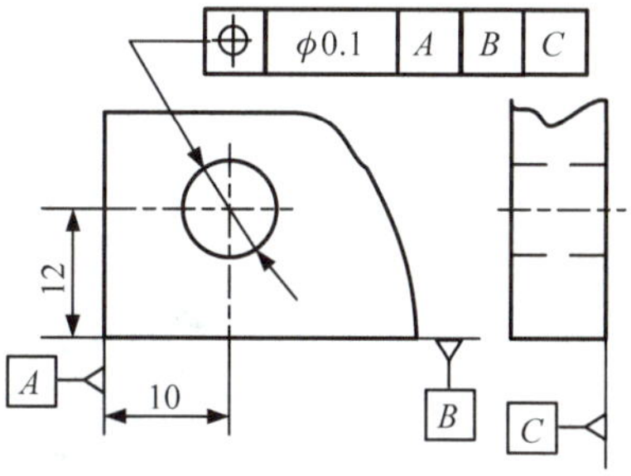

箭头所指孔的轴线对基准体系确定的线的位置度误差值不得超过给定的公差值 0.1 mm</td><td>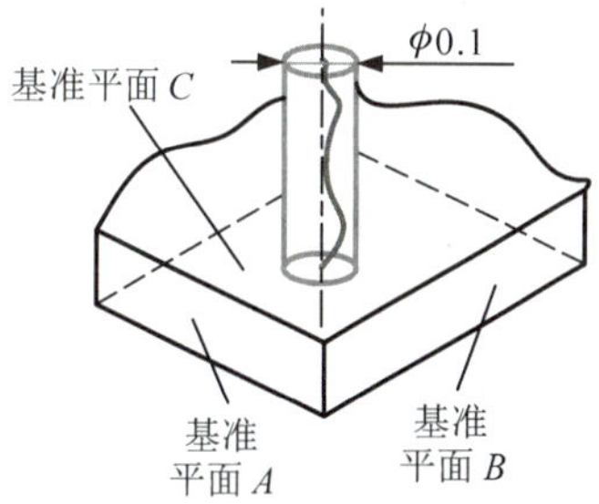

公差带为以基准体系 A、B、C 及理论正确尺寸所确定的线为轴线，直径为 0.1 mm 的圆柱区域</td></tr>
<tr><td>给定两个方向</td><td>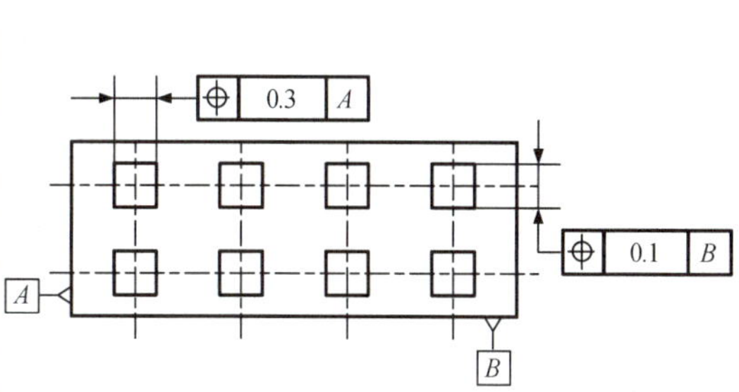

箭头所指孔的轴线对基准体系确定的线的位置度误差值分别在水平方向和垂直方向上不得超过给定的公差值 0.3 mm 和 0.1 mm</td><td>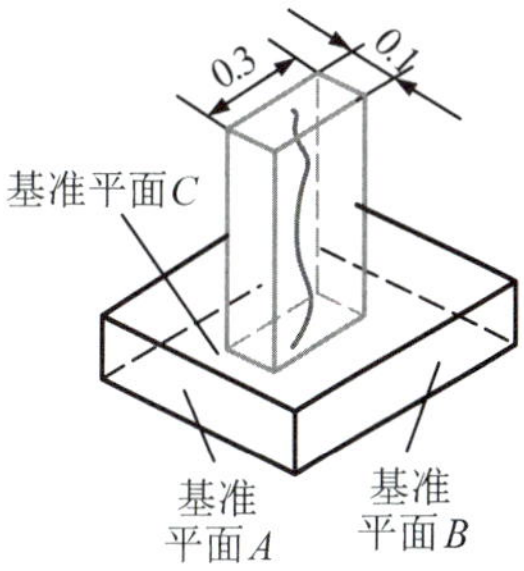

公差带为相距分别 0.3 mm 和 0.1 mm 的两组平行平面所形成的四棱柱区域，该四棱柱垂直于给定方向，同时其中心平面与基准 A 相距 20 mm，与基准 B 相距 30 mm</td></tr>
</table>

（续表）

公差项目	标注和解释	公差带说明
面的位置度公差	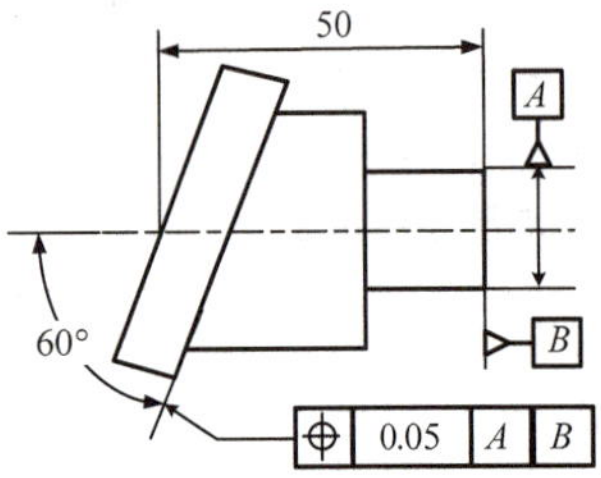 箭头所指零件左端倾斜平面对基准体系确定的面的位置度误差值不得超过给定的公差值 0.05 mm	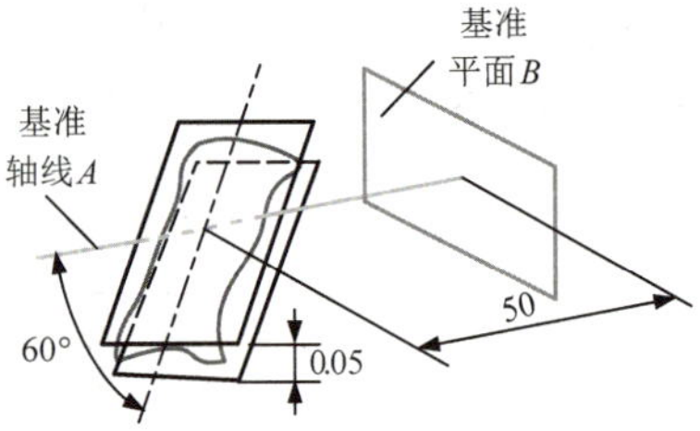 公差带为相距 0.05 mm 的两平行平面之间的区域，该中心平面距基准 B 为 50 mm，与基准轴线 A 成 60°

三、技能知识

1. 二维影像仪

二维影像测量仪又称影像测量仪，由机械主体、标尺系统、影像探测系统、驱动控制系统和测量软件等部分组成，实现二维参数测量，如图 4-57 所示。

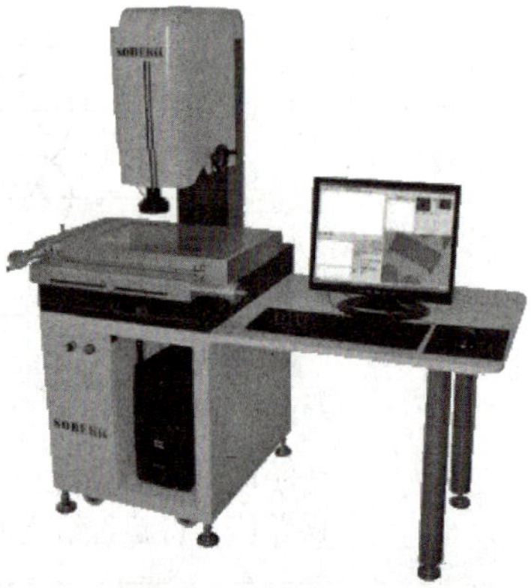

图 4-57　二维影像仪

1）测量原理

二维影像仪使用本身的硬件（感光耦合组件、目镜、物镜数据线等）将被测工件的被测量信息投影到测量平台，将该投影放大后成像在显示器上的视频放大测量系统，利用专用测量软件对精密光学尺传输的数据进行处理，完成对工件的测量工作，并具备很高的精度。

对于卡尺、角度尺等很难测量或根本无法测量，但在装配中起着重要作用的零部件尺寸、角度等，二维影像仪都可以通过投影放大的原理实现测量目的。

2）应用领域

二维影像仪广泛适用于以二维平面测量为目的的一切应用领域，如机械、电子、模具、注塑、五金、橡胶、低压电器、磁性材料、精密五金、精密冲压、接插件、连接器、端子、手机、家电、计算机、液晶电视、印刷电路板（线路板、PCB 板）、汽车、医疗器械、钟表、仪器仪表、螺丝、弹簧、齿轮、电线电缆、刀具、筛网等。

3）维护保养

① 仪器应放在清洁干燥的室内（室温 20℃±5℃，湿度低于 60%），避免光学零件表面污损、金属零件生锈、尘埃杂物落入运动导轨，影响仪器性能。

② 仪器使用完毕，工作面应随时擦拭干净，再罩上防尘套。

③ 仪器的传动机构及运动导轨应定期涂润滑油，使机构运动顺畅，保持良好的使用状态。

④ 对于用玻璃保护或油漆涂覆的工作台，可以用中性清洁剂与清水擦拭干净，绝不能用有机溶剂擦拭油漆表面，否则会使油漆表面失去光泽。

⑤ 仪器 LED 光源使用寿命很长，但当有灯泡烧坏时，请通知仪器厂商，由专业人员更换。

⑥ 仪器精密部件，如影像系统、工作台、光学尺以及 Z 轴传动机构等均需精密调校，所有调节螺丝与紧固螺丝均已固定，使用者不建议自行拆卸，如有问题请联系厂商解决。

⑦ 软件已对工作台与光学尺的误差进行了精确补偿，不需自行更改，否则会产生错误的测量结果。

⑧ 一般不要拔下仪器的电气接插件，如已拔掉，则必须按标记正确插回并拧紧螺丝。不正确的接插，轻则影响仪器功能，重则可能损坏系统。

2. 对称度误差的测量与评定

按照图 4-58 进行测量与评定。

① 将轴套的一个端面向上，放在二维影像仪工作台上，调焦，使其轮廓成像清晰。

② 将键槽左侧边 E 调整至与仪器 Y 坐标平行，测量内孔左侧最高点 C 到 E 边的距离 x_1。

③ 将键槽右侧边 F 调整至与仪器 Y 坐标平行，测量内孔右侧最高点 D 到 F 边的距离 x_2。

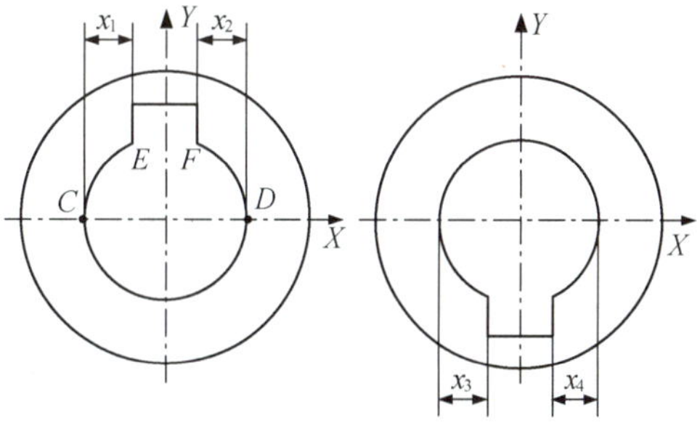

图 4-58　测量分析

④ 计算 $\Delta_1=\dfrac{x_1-x_2}{2}$。

⑤ 将轴套绕 X 轴翻转 180°，并测量另一个端面上的 x_3 和 x_4。

⑥ 计算 $\Delta_2=\dfrac{x_3-x_4}{2}$，如果 Δ_2 的绝对值大于 Δ_1 的绝对值，则二者的值交换。

⑦ 计算 $f_1=\dfrac{2\Delta_2 h+d(\Delta_1+\Delta_2)}{d+h}$，其结果就是对称度的测量结果。

测量外轴上的键槽时，可在键槽内插入与键槽宽度相同厚度的定位块进行测量，将计算公式中的分母改为 $(d-h)$。

四、任务实施

1. 读取任务要求

根据如图 4-56 所示的零件工程图，解读图中对称度公差的要求，选择合适的测量器具、确定合理的测量方案、执行正确的测量步骤、正确进行误差的测量与评定，完成合格性判定。

2. 实施对称度误差的测量与评定

① 确定合适的测量器具。

② 确定合理的测量方案。

③ 实施测量并记录测量结果，测量结果测量三次取平均值。

3. 进行零件合格性判定

将评定后的误差值与图 4-56 中对称度公差值进行比对，完成零件合格性判定。

4. 保养测量器具并整理实训室

整理任务所用的所有测量器具，进行归类、保养，整理实训室卫生，确保水、电、通道等安全。

5. 编写任务报告

自行编写任务报告，包括任务名称、任务目的、任务用品、任务步骤、任务结果等。

五、知识拓展

1. 公差原则

公差原则是确定几何公差与尺寸公差之间的相互关系应遵循的法则。

当零件存在几何误差时，仅依据实际的尺寸公差并不能达到理想的配合状态。如图 4-59 所示，孔、轴配合代号 ϕ50H7/h6，其为基孔制且孔的下极限偏差和轴的上极限偏差为 0。若不考虑几何偏差，该配合为间隙配合且最小间隙 $X_{\min}=0$。在轴的加工中，即使尺寸满足尺寸公差要求，但是由于误差的存在，产生的几何误差很有可能使配合变成过渡配合甚至是过盈配合，达不到指定技术要求，因此要综合考虑尺寸误差和几何误差的共同影响。

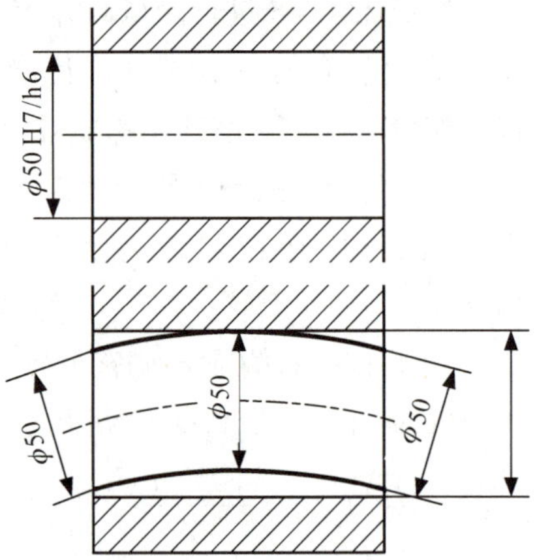

图 4-59 理想孔与轴线偏离的轴装配

2. 公差原则的相关术语

1）体外作用尺寸

体外作用尺寸是对零件装配起作用的尺寸。

孔的体外作用尺寸 D_{fe}：在被测要素的给定长度上，与实际孔（内表面）体外相接的最大理想轴（外表面，该轴没有误差）的直径（或宽度）。

轴的体外作用尺寸 d_{fe}：在被测要素的给定长度上，与实际轴（外表面）体外相接的最小理想孔（内表面，该孔没有误差）的直径（或宽度）。

对于一个零件的内表面或外表面，体外作用尺寸是唯一的。但是对于一组零件来说，则各有不同。

2）体内作用尺寸

体内作用尺寸是对零件强度起作用的尺寸。

孔的体内作用尺寸 D_{fi}：在被测要素的给定长度上，与实际孔（内表面）相接的最理想孔的直径(或宽度)。这个理想孔不能超出实际孔之外,没有误差。

轴的体内作用尺寸 d_{fi}:在被测要素的给定长度上,与实际轴(外表面)相接的最理想轴的直径(或宽度)。这个理想轴不能超出实际轴之外,没有误差。

孔、轴的体外作用尺寸和体内作用尺寸如图 4-60 所示。

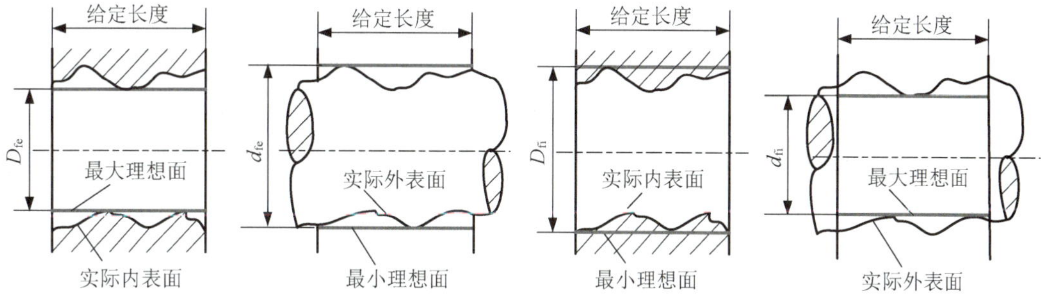

(a) 孔的体外作用尺寸 (b) 轴的体外作用尺寸 (c) 孔的体内作用尺寸 (d) 轴的体内作用尺寸

图 4-60 孔、轴的体外作用尺寸和体内作用尺寸

3) 最大实体状态和最大实体尺寸

最大实体状态(MMC)是实际要素在给定长度上,处处位于极限尺寸之间并且实体最大时(占有材料量最多)时的状态。该状态对应的极限尺寸称为最大实体尺寸(MMS)。

孔的最大实体尺寸 $D_M = D_{min}$,轴的最大实体尺寸 $d_M = d_{max}$。

4) 最小实体状态和最小实体尺寸

最小实体状态(LMC)是实际要素在给定长度上,处处位于极限尺寸之间并且实体最小(占有材料量最少)时的状态。该状态对应的极限尺寸称为最小实体尺寸(LMS)。

孔的最小实体尺寸 $D_L = D_{max}$,轴的最小实体尺寸 $d_L = d_{min}$。

5) 最大实体实效状态和最大实体实效尺寸

最大实体实效状态(MMVC)是在给定长度上,实际要素处于最大实体状态,其对应的导出要素的几何误差等于标注几何公差的综合极限状态,该状态下的体外作用尺寸称为最大实体实效尺寸(MMVS)。对于孔,它等于最大实体尺寸 D_M 减去几何公差 t。对于轴,它等于最大实体尺寸 d_M 加上几何公差 t。

孔的最大实体实效尺寸 $D_{MV} = D_M - t = D_{min} - t$,轴的最大实体实效尺寸 $d_{MV} = d_M + t = d_{max} + t$。

6) 最小实体实效状态和最小实体实效尺寸

最小实体实效状态(LMVC)是在给定长度上,实际要素处于最小实体状态,其对应的导出要素的几何误差等于标注几何公差的综合极限状态,该状态下的体外作用尺寸称为最小实体实效尺寸(LMVS)。对于孔,它等于最小实体尺寸 D_L 加上几何公差 t。对于轴,它等于最小实体尺寸 d_L 减去几何公差 t。

孔的最小实体实效尺寸 $D_{LV} = D_L + t = D_{max} + t$,轴的最小实体实效尺寸 $d_{LV} = d_L - t = d_{min} - t$。

例题 4-4 确定图(a)、图(b)中孔和轴的最大实体实效尺寸以及最小实体实效尺寸。

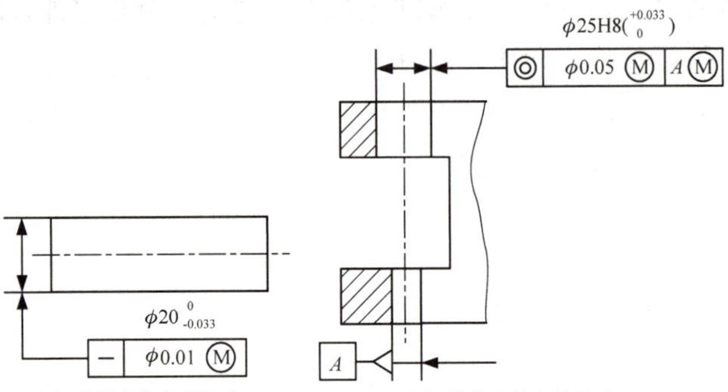

(a) 轴的实体实效尺寸　(b) 孔的实体实效尺寸

解 ① 图(a)中轴的最大实体实效尺寸以及最小实体实效尺寸：

$$d_{MV}=d_M+t$$
$$=(20+0)+0.01$$
$$=20.01\ \mathrm{mm}$$
$$d_{LV}=d_L-t=(20-0.033)-0.01$$
$$=19.957\ \mathrm{mm}$$

② 图(b)中孔的最大实体实效尺寸以及最小实体实效尺寸：

$$D_{MV}=D_M-t=(25-0)-0.05=24.95\ \mathrm{mm}$$
$$D_{LV}=D_L+t=(25+0.033)+0.05=25.083\ \mathrm{mm}$$

任务 7 齿轮轴圆跳动和全跳动误差的测量与评定

一、任务布置

如图 4-61 所示为某被测轴的工程图，图中对其径向圆跳动、端面圆跳动、径向全跳动

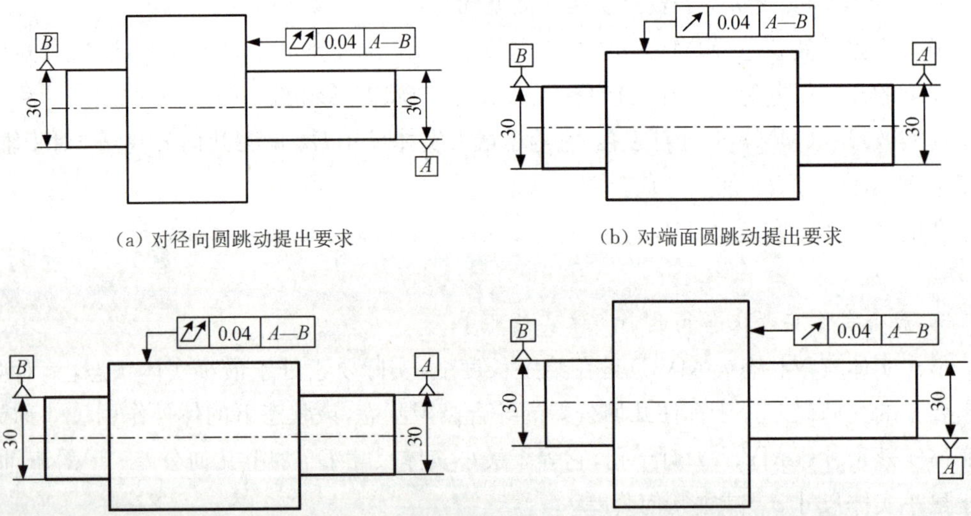

(a) 对径向圆跳动提出要求　(b) 对端面圆跳动提出要求

(c) 对径向全跳动提出要求　(d) 对端面全跳动提出要求

图 4-61　某轴类零件

以及端面全跳动提出了几何公差要求。请正确识读图中圆跳动和全跳动的公差含义，选择合适的测量器具、确定合理的测量方案，对相应的圆跳动和全跳动误差进行测量与评定，并根据图示中的公差要求判定其合格性。

二、理论知识

1. 跳动公差与误差

跳动误差：被测实际要素绕基准轴线作无轴向移动的旋转时，指示器在给定方向上测得的最大与最小示值之差。

跳动公差：被测关联提取（实际）要素绕基准轴线回转时，对基准轴线所允许的最大变动量，是适用于控制机械部件中实际表面在旋转时的形状、方向和位置的一种几何公差。跳动公差是以测量方法定义的一种几何公差，分为圆跳动公差和全跳动公差等两类，用于控制被测要素几何误差的综合作用结果。

2. 圆跳动公差与误差

圆跳动误差：被测实际要素绕基准轴线作无轴向移动回转一周时，由位置固定的指示器，在给定方向上测得的最大与最小示值之差。

根据被测件功能对跳动方向限制的需求，圆跳动可分为径向圆跳动（测量方向垂直于基准轴线）、端面圆跳动（测量方向平行于基准轴线）和斜向圆跳动（测量方向与基准轴线成某一角度）三种。

圆跳动公差：要素绕基准轴线作无轴向移动的旋转一周时，在任一测量面内所允许的最大跳动量，圆跳动公差及公差带说明见表 4-24。

表 4-24　圆跳动公差及公差带说明

公差项目	标注和解释	公差带说明
径向圆跳动公差	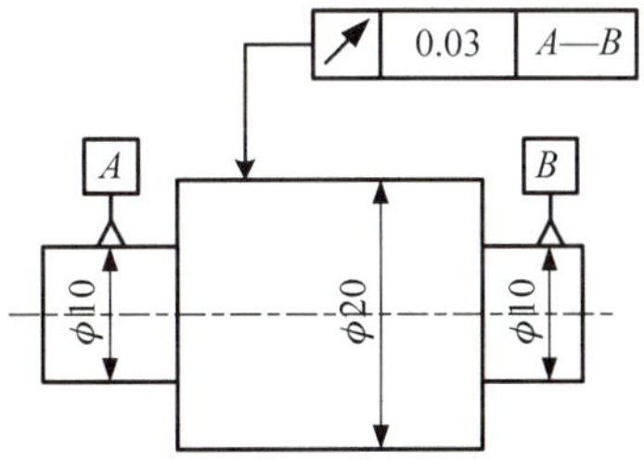 箭头所指直径为 ϕ20 mm 的圆柱面对两端直径为 ϕ10 mm 的两圆柱公共轴线（基准线 *AB*）的径向圆跳动误差值不得超过给定的公差值 0.03 mm	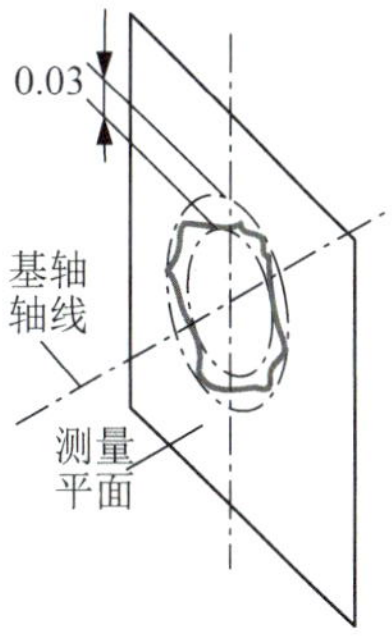 公差带为在直径为 ϕ20 mm 的圆柱面绕两端圆柱面的公共轴线作无轴向移动的旋转时，半径差等于给定公差值 0.03 mm 的两同心圆之间的区域，同心圆的圆心位于公共基准线上

（续表）

公差项目	标注和解释	公差带说明
端面圆跳动公差	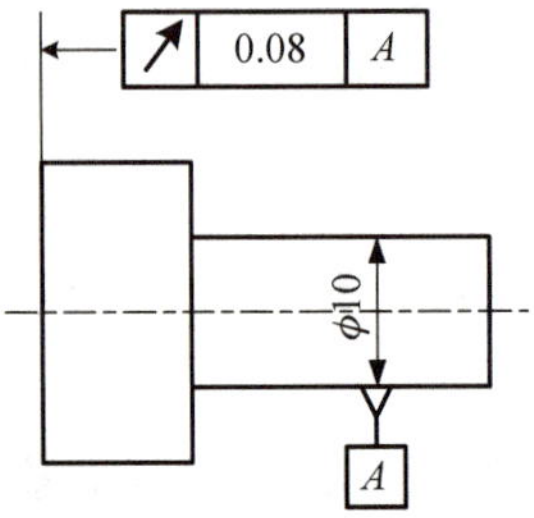 箭头所指零件左端面对 ϕ10 mm 圆柱轴线（基准轴线 A）的端面圆跳动误差值不得超过给定的公差值 0.08 mm	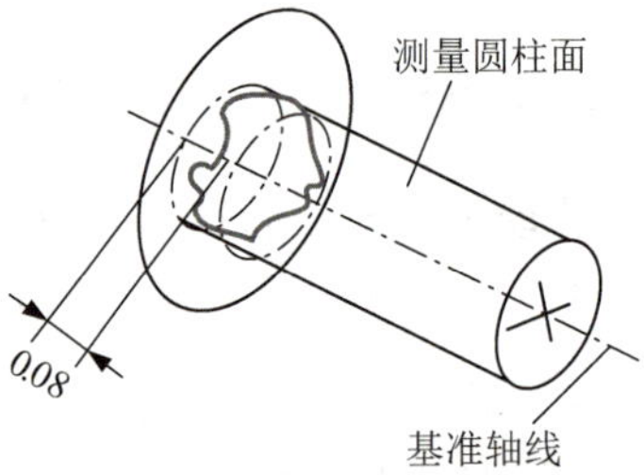 公差带为在被测零件绕基准轴线作无轴向移动的旋转时，母线长度等于公差值 0.08 mm的圆柱面区域，圆柱的轴线与基准轴线共线
斜向圆跳动公差	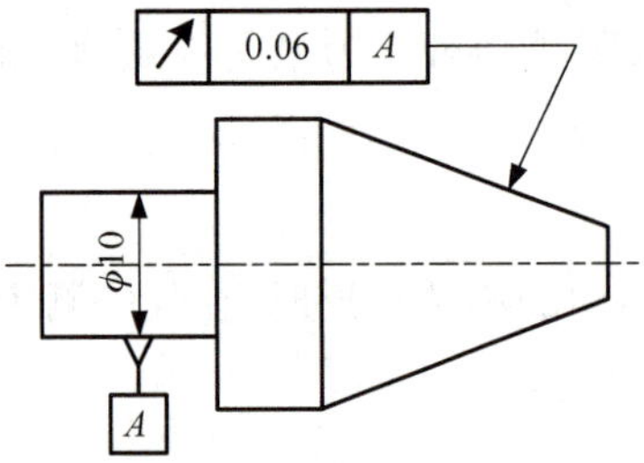 箭头所指零件圆锥面对 ϕ10 mm 圆柱面轴线（基准线 A）的斜向圆跳动误差值不得超过给定的公差值 0.06 mm	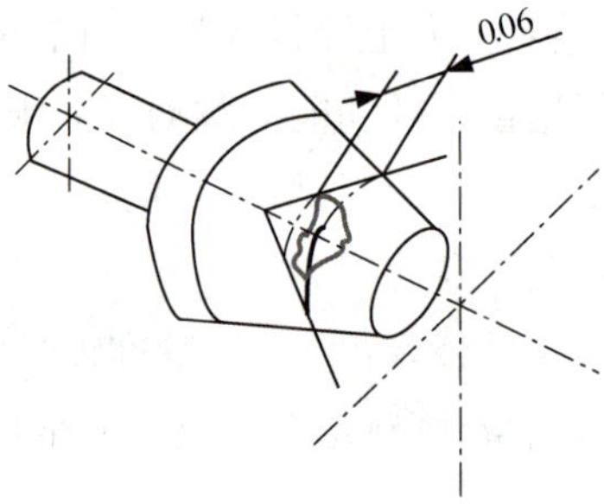 公差带为在被测圆锥面绕基准轴作无轴向移动的旋转时，在提取圆锥面母线的任一位置上，以该轴线为轴、母线长度等于公差值 0.05 mm的测量圆锥面区域

3. 全跳动公差与误差

全跳动误差：被测实际要素绕基准轴线作无轴向移动的旋转，同时指示器沿给定方向的理想直线连续移动（或使被测实际要素每回转一周，指示器沿给定方向的理想直线作间断移动），由指示器在给定方向上测得的最大与最小示值之差。

根据被测件功能对跳动方向限制的需求，全跳动可分为径向全跳动和端面全跳动两种。

全跳动公差：要素绕基准轴线作无轴向移动的连续多周旋转，同时指示器沿被测要素的理想轮廓作相对移动时，在整个表面上所允许的最大跳动量，全跳动公差及公差带说明见表 4-25。

表 4-25　全跳动公差及公差带说明

公差项目	标注和解释	公差带说明
径向全跳动公差	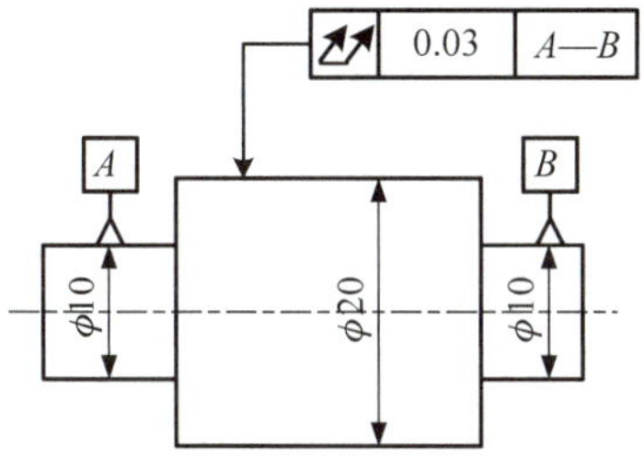 箭头所指 φ20 mm 的圆柱面对两端 φ10 mm 圆柱公共轴线(基准轴线 AB)的径向全跳动误差值不得超过给定的公差值 0.03 mm	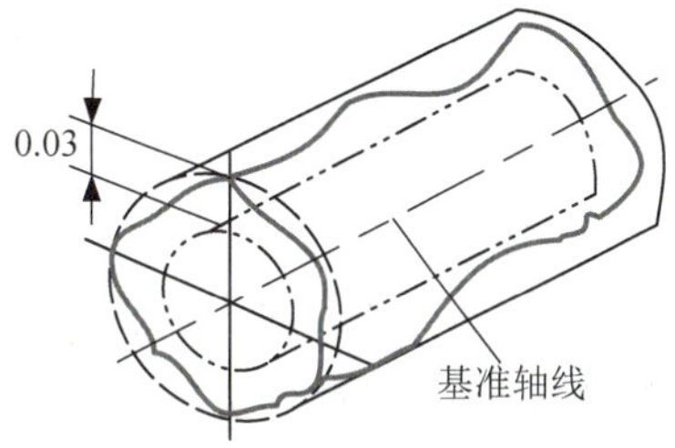 公差带为在直径为 φ20 mm 的圆柱面绕两端圆柱面的公共轴线作无轴向移动的旋转时，半径差等于给定公差值 0.03 mm 的两同轴圆柱体之间的区域，同轴圆柱体的轴线为公共基准线
端面全跳动公差	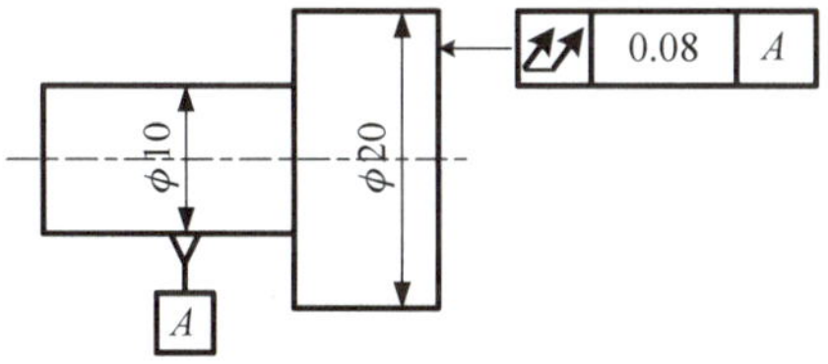 箭头所指零件右端面对左端 φ10 mm 圆柱轴线(基准轴线 A)的端面全跳动误差值不得超过给定的公差值 0.08 mm	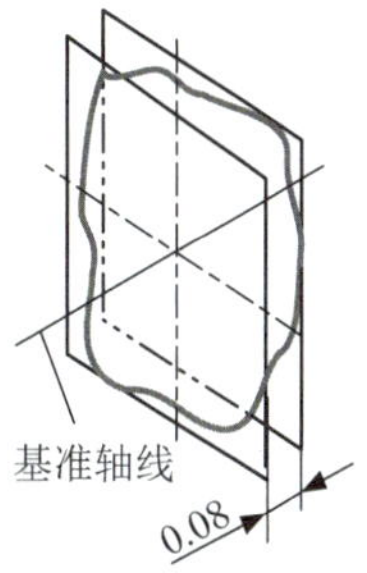 公差带为在被测零件绕基准轴线作无轴向移动的旋转时，相距为公差值 0.08 mm 的两平行平面之间的区域，该平行平面垂直于基准轴线

三、技能知识

1. 偏摆仪

偏摆仪利用两顶尖定位轴类零件，转动被测零件，指示表在被测零件径向方向或端面方向上直接测量零件的径向跳动误差和端面跳动误差，如图 4-62 所示。

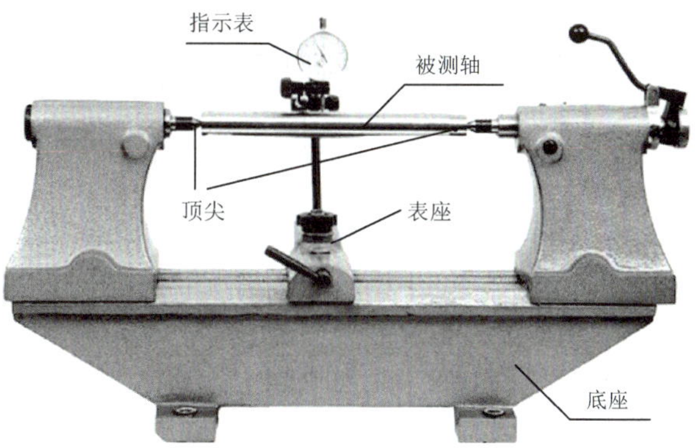

图 4-62　偏摆仪

2. 跳动误差测量原则

跳动误差是根据测量跳动原则定义的，因此，它的测量方法与误差定义是一致的，便利了生产中误差的测量，不需要再用最小区域的概念进行评定。为保证检测结果的准确，测量时应遵守以下原则：

① 测量时被测要素必须绕基准轴线回转。

② 测量圆跳动误差时，应在给定测量面内对被测要素进行测量，被测零件不得产生轴向移动。

③ 测量全跳动误差时，应使指示器沿理想素线移动过程中对被测要素进行测量。该理想素线是指相对于基准轴线为理想位置的直线，即测量径向全跳动时为平行于基准轴线的直线，测量端面全跳动时为垂直于基准轴线的直线。

3. 跳动误差测量方法

1）径向圆跳动误差的测量

如图 4-63 所示，被测阶梯轴两头固定在偏摆仪的顶尖，顶尖连线可以模拟基准轴线，指示表底座放置在平台，指示表测头垂直接触被测轴，并确保指针位于量程中间。被测阶梯轴绕基准轴线旋转一圈的同时，用指示表在垂直于轴线的任一截面上进行测量，取指示表的最大值和最小值之差为该截面的径向圆跳动误差。按此方法，测量若干个垂直于轴线的不同截面并记录各自的径向圆跳动误差，取其中的最大值作为该测量面的径向圆跳动误差。

2）端面圆跳动误差的测量

如图 4-64 所示，被测阶梯轴两头固定在偏摆仪的顶尖，顶尖连线可以模拟基准轴线，指示表底座放置在平台，指示表测头垂直接触被测轴被测端面，并确保指针位于量程中间。被测轴绕其基准轴线旋转一圈的同时，用指示表在端面上平行于轴线的任一测量面内进行测量，取指示表的最大值和最小值之差为该截面的端面圆跳动误差。按此方法，测量端面上若干个平行于轴线的不同测量面并记录各自的端面圆跳动误差，取其中的最大值作为该测量面的端面圆跳动误差。

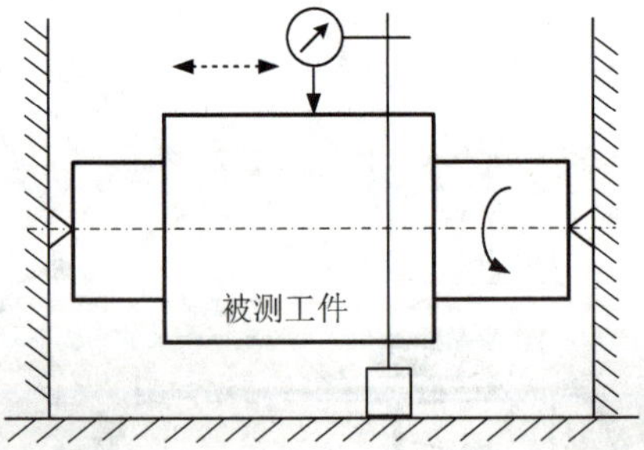

图 4-63　径向圆跳动误差测量示意

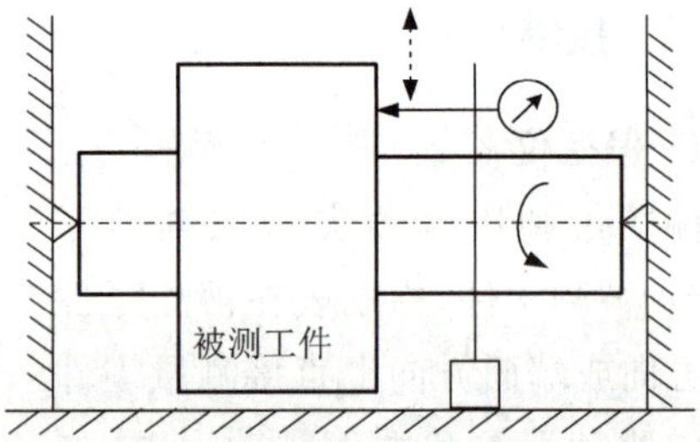

图 4-64　端面圆跳动误差测量示意

3）径向全跳动误差的测量

类似于径向圆跳动，如图 4-65 所示。测量过程中，指示表的测头方向与基准轴线垂直，在被测轴连续回转过程中，同时让指示表沿着平行于基准轴线的理想素线方向移动，整个测量过程中指示表读数的最大与最小值之差即为径向全跳动误差值。

4）端面全跳动误差的测量

类似于端面圆跳动，如图 4-66 所示。测量过程中，指示表的测头方向与基准轴线平行，在被测轴连续回转过程中，同时让指示表沿着径向方向作直线移动，整个测量过程中指示表读数的最大与最小值之差即为端面全跳动误差值。

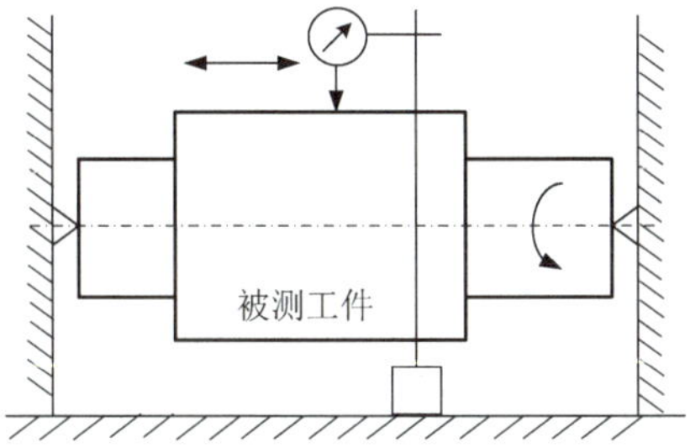

图 4-65　径向全跳动误差测量示意

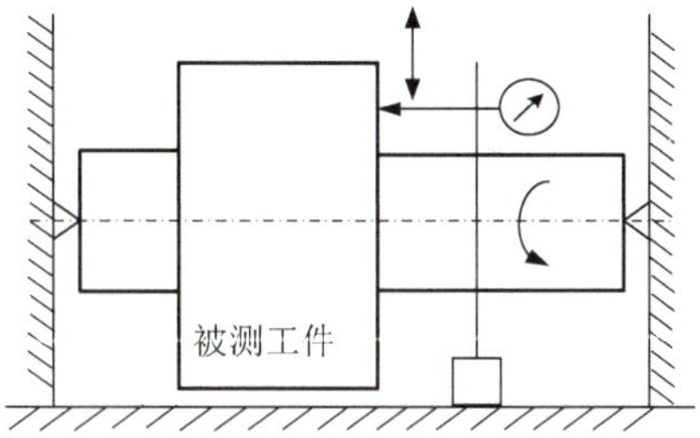

图 4-66　端面全跳动误差测量示意

四、任务实施

1. 读取任务要求

根据图 4-61 所示的零件工程图，分析零件圆跳动和全跳动公差要求。选择合适的测量器具、确定合理的测量方案、执行正确的测量步骤、正确进行误差的测量与评定，完成合格性判定。

2. 径向圆跳动误差的测量与评定

① 确定合适的测量器具。

② 确定合理的测量方案。

③ 实施测量并记录测量结果，测量结果测量三次取平均值。

3. 端面圆跳动误差的测量与评定

① 确定合适的测量器具。

② 确定合理的测量方案。

③ 实施测量并记录测量结果，测量结果测量三次取平均值。

4. 径向全跳动误差的测量与评定

① 确定合适的测量器具。

② 确定合理的测量方案。

③ 实施测量并记录测量结果，测量结果测量三次取平均值。

5. 端面全跳动误差的测量与评定

① 确定合适的测量器具。

② 确定合理的测量方案。

③ 实施测量并记录测量结果，测量结果测量三次取平均值。

6. 进行零件合格性判定

将评定后的误差值与图 4-61 中圆跳动和全跳动公差数值进行比对，完成零件合格性判定。

7. 保养测量器具并整理实训室

整理任务所用的所有测量器具，进行归类、保养，整理实训室卫生，确保水、电、通道等安全。

8. 编写任务报告

自行编写任务报告，包括任务名称、任务目的、任务用品、任务步骤、任务结果等。

五、知识拓展

1. 公差原则的分类

公差原则的分类见表 4-26。此处重点介绍独立原则、包容原则和最大实体要求。

表 4-26 公差原则的分类

序号	尺寸公差与几何公差的关系	公差原则分类	符号
1	独立无关	独立原则(Independent Principle, IP)	
2	有相关要求	包容要求(Envelope Requirement, ER)	Ⓔ
3		最大实体要求(Mazximum Material Requirement, MMR)	Ⓜ
4		最小实体要求(Least Material Requirement, LMR)	Ⓡ
5		可逆要求(Reciprocal Requirement, RR)	Ⓛ

2. 独立原则(IP)

独立原则指只要零件的尺寸和几何要素各自满足其对应的公差即为合格，尺寸公差和几何公差彼此独立、单独标注，零件只要满足单项功能要求，而不需要综合考虑它们的影响。

独立原则适用于非配合零件、尺寸精度与几何精度均要求较高或尺寸精度与几何精度要求相差较大的场合。譬如印刷机的滚筒圆柱度要求比较严格，尺寸精度要求较松。通油孔为了保证通油量，其尺寸精度要求较高，而几何公差要求相对宽松。

例题 4-5 根据图中零件的标注信息确定关联要素的合格条件。

解 由图可知，箭头所指要素符合独立原则。

ϕ50 mm 孔的实际尺寸在 50.000～50.025 mm 范围内合格。

ϕ50 mm 孔轴线应垂直于 2×ϕ30 mm 公共轴线，垂直度误差值小于等于 0.05 mm 即为合格。

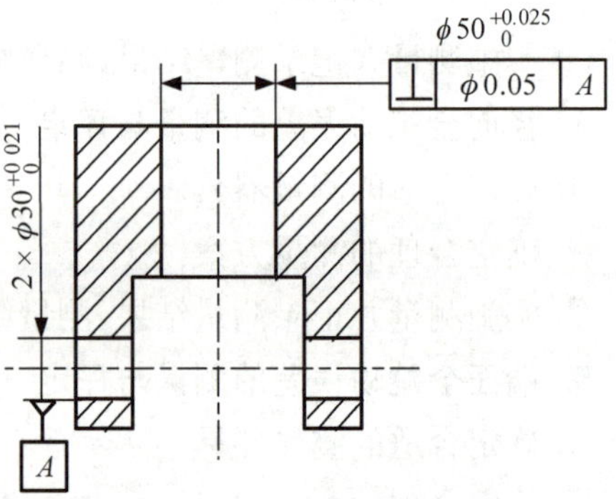

3. 包容要求(ER)

包容要求是零件被测要素处处不得超越最大实体边界的一种公差原则，即将尺寸和几何误差同时控制在尺寸公差范围内。单一要素采用包容要求时，必须在其尺寸及公差带代号或数值后面加注包容要求符号。关联要素采用包容要求时，应在公差框格的数值格中加注包容要求符号。

其误差变动及合格性判定条件如下：

① 当实际尺寸位于最大实体尺寸时，给定几何公差等于零，不允许出现几何误差。

② 当实际尺寸偏离最大实体尺寸时，允许出现几何误差，允许值等于偏离值。

③ 当实际尺寸位于最小实体尺寸时，几何公差达到最大，允许值等于尺寸公差值。

例题 4-6　题 4-6 图(a)为单一要素轴示例，请给出该轴在包容要求下误差变动情况，即合格性条件。

解　由题 4-6 图(a)可知，箭头所指要素符合包容要求，其最大实体尺寸为 25.02 mm，最小实体尺寸为 24.99 mm。题 4-6 图(b)为孔、轴配合中轴在最大实体尺寸时轴允许的几何误差情况，题 4-6 图(c)为孔、轴配合中轴在最小实体尺寸时轴允许的几何误差情况，题 4-6 图(d)表示实际尺寸与几何公差允许值的对应关系，横坐标表示实际尺寸，纵坐标表示几何误差允许值，具体数值见题 4-6 表 1。

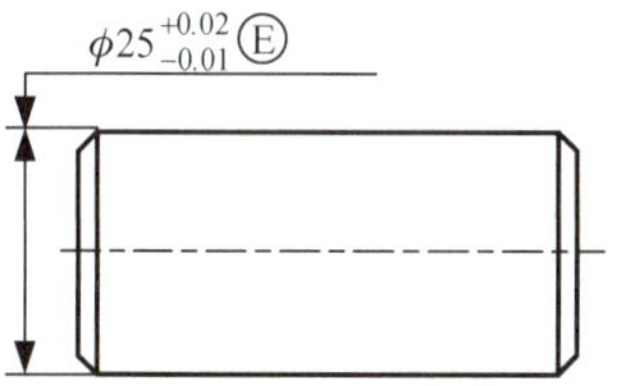

题 4-6 图(a) 单一要素轴示例

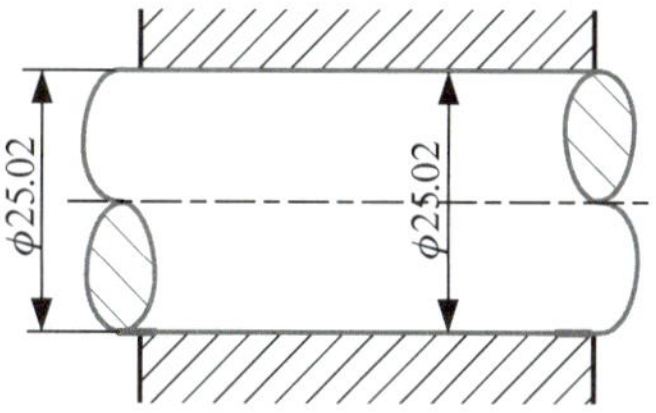

题 4-6 图(b) 轴的几何误差(最大实体尺寸)

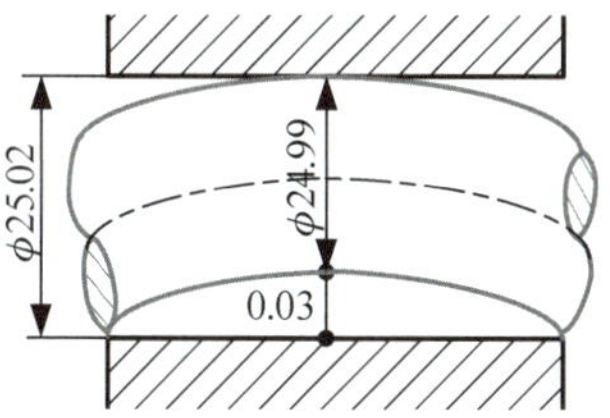

题 4-6 图(c) 轴的几何误差(最小实体尺寸)

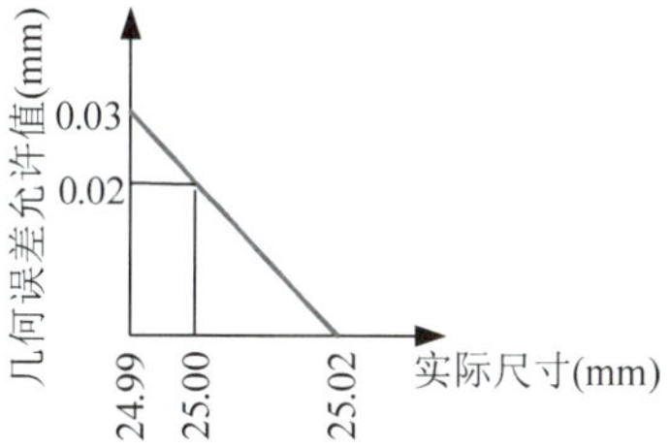

题 4-6 图(d) 对应关系

题 4-6 表 1　具体数值

序号	实际尺寸	几何误差允许值	说明
1	25.02	0	实际尺寸等于最大实体尺寸，不允许出现几何误差
2	25.00	0.02	实际尺寸偏离最大实体尺寸，几何误差允许达到偏离量 0.02
3	24.99	0.03	实际尺寸等于最小实体尺寸，几何误差允许达到最大值 0.03

例题 4-7 题 4-7 图(a)为单一要素孔示例,请给出该孔在包容要求下误差变动情况,即合格性条件。

解 由题 4-7 图(a)可知,箭头所指要素符合包容要求,其最大实体尺寸为 24.99 mm,最小实体尺寸为 25.02 mm。题 4-7 图(b)为孔、轴配合中孔在最大实体尺寸时孔允许的几何误差情况,题 4-7 图(c)为孔、轴配合中孔在最小实体尺寸时孔允许的几何误差情况,题 4-7 图(d)表示实际尺寸与几何公差允许值的对应关系,横坐标表示实际尺寸,纵坐标表示几何误差允许值,具体数值见题 4-7 表 1。

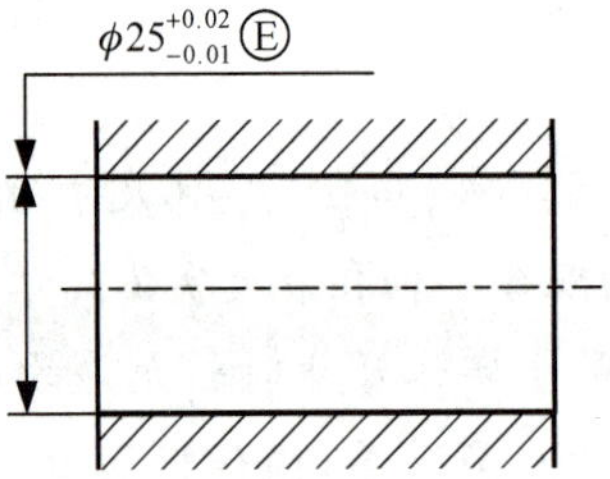

题 4-7 图(a) 单一要素孔示例

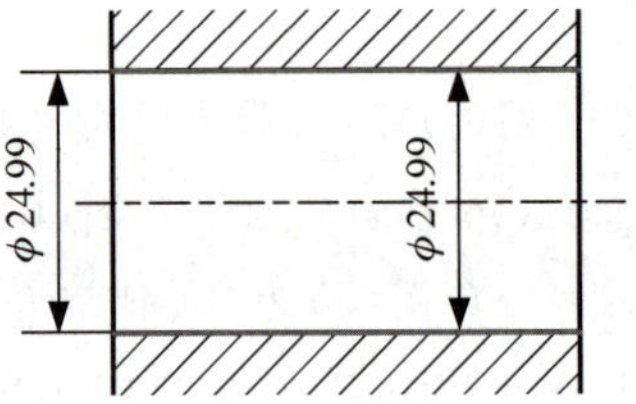

题 4-7 图(b) 孔的几何误差(最大实体尺寸)

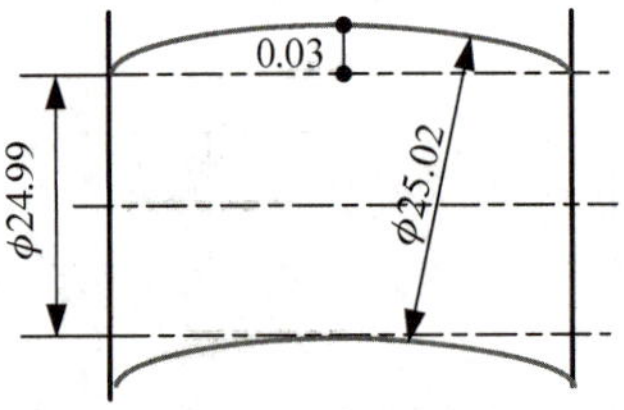

题 4-7 图(c) 孔的几何误差(最小实体尺寸)

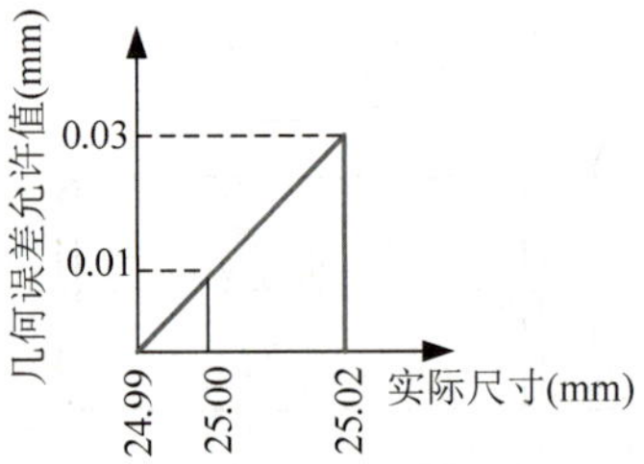

题 4-7 图(d) 对应关系

题 4-7 表 1 具体数值

序号	实际尺寸	几何误差允许值	说明
1	24.99	0	实际尺寸等于最大实体尺寸,不允许出现几何误差
2	25.00	0.01	实际尺寸偏离最大实体尺寸,几何误差允许达到偏离量 0.01
3	25.02	0.03	实际尺寸等于最小实体尺寸,几何误差允许达到最大值 0.03

例题 4-8 根据题 4-8 图(a),给出标注轴在包容要求下误差变动情况,即合格性条件。

解 由题 4-8 图(a)可知,箭头所指要素符合包容要求,最大实体尺寸为 40.011 mm,最小实体尺寸为 39.995 mm;题 4-8 图(b)表示实际尺寸与圆柱度公差允许值的对应关系,横坐标表示实际尺寸,纵坐标表示圆柱度误差允许值,具体数值见题 4-8 表 1。

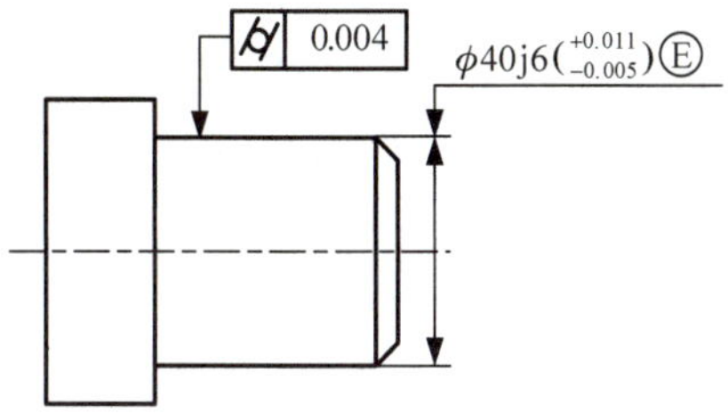

题 4-8 图(a) 轴的包容要求

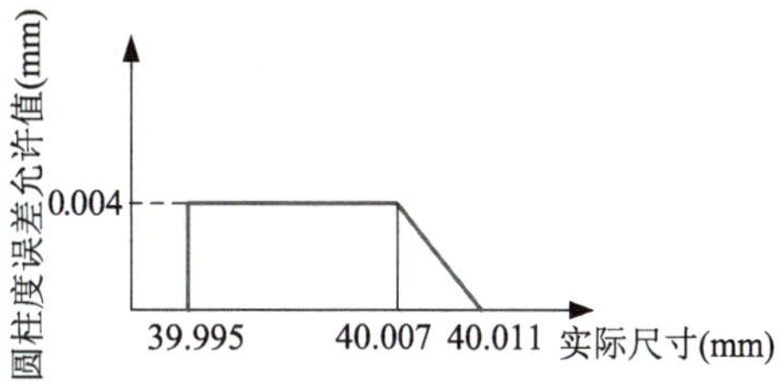

题 4-8 图(b) 对应关系

题 4-8 表 1 具体数值

序号	实际尺寸	几何误差允许值	说明
1	40.011	0	实际尺寸等于最大实体尺寸,不允许出现圆柱度误差
2	40.008	0.003	实际尺寸偏离最大实体尺寸,圆柱度误差允许达到偏离量 0.003
3	40.007～39.995	0.004	实际尺寸 39.995≤d_a≤40.007,理论上几何误差从 0.016→0.004递进,可是该轴同时限定了圆柱度公差为 0.004,因此,此时圆柱度误差允许为 0.004

包容要求用于机械零件中配合性质要求较高、配合公差较小的精密配合。保证孔、轴的配合性质、满足配合要求,用最大实体边界保证所需要的最小间隙和最大过盈,防止配合过松或过紧,适用于单一尺寸要素。如滚动轴承内圈与轴颈、滑动套筒和孔、滑块和滑块槽的配合等。

4. 最大实体要求(MMR)

最大实体要求是被测要素的实际轮廓处于其最大实体实效边界之内的一种公差要求。遵守最大实体要求时,应在其尺寸公差或公差带代号之后加注对应符号。

其误差变动及合格性判定条件如下:

① 当实际尺寸位于最大实体尺寸时,允许几何公差=给定的几何公差值。

② 当实际尺寸偏离最大实体尺寸时,允许几何误差=给定的几何公差值+偏离值。

③ 当实际尺寸位于最小实体尺寸时,允许几何误差=给定的几何公差值+尺寸公差值。

④ 当实际尺寸位于最大实体实效尺寸时,不允许出现几何误差。

例题 4-9 根据题 4-9 图(a),给出标注要素在最大实体要求下的误差变动情况,即合格性条件。

解 由题 4-9 图(a)可知,箭头所指要素符合最大实体要求,该轴的最大实体尺寸为 25.02 mm,最小实体尺寸为 24.99 mm,最大实体实效尺寸为 25.03 mm,最小实体实效尺寸为 24.98 mm。

题 4-9 图(b)为孔、轴配合中轴在最大实体尺寸时轴线允许的直线度误差情况，题 4-9 图(c)为孔、轴配合中轴在最小实体尺寸时轴线允许的直线度情况，题 4-9 图(d)表示实际尺寸与直线度误差允许值的对应关系，横坐标表示实际尺寸，纵坐标表示直线度误差允许值，具体数值见题 4-9 表 1。

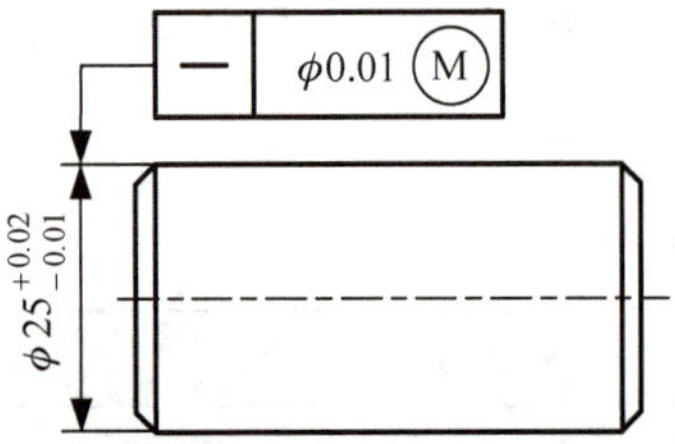

题 4-9 图(a) 轴的最大实体要求

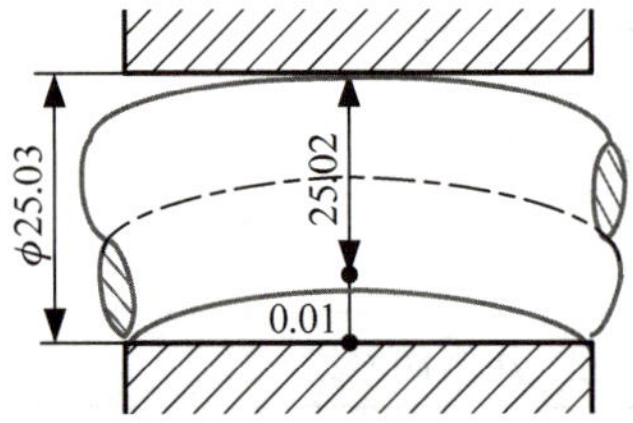

题 4-9 图(b) 轴的直线度误差(最大实体尺寸)

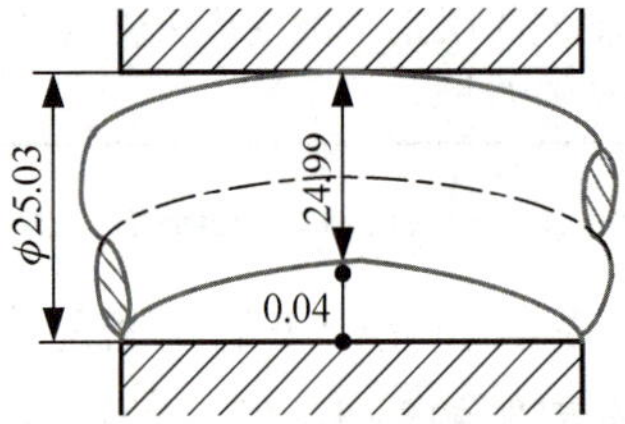

题 4-9 图(c) 轴的直线度误差(最小实体尺寸)

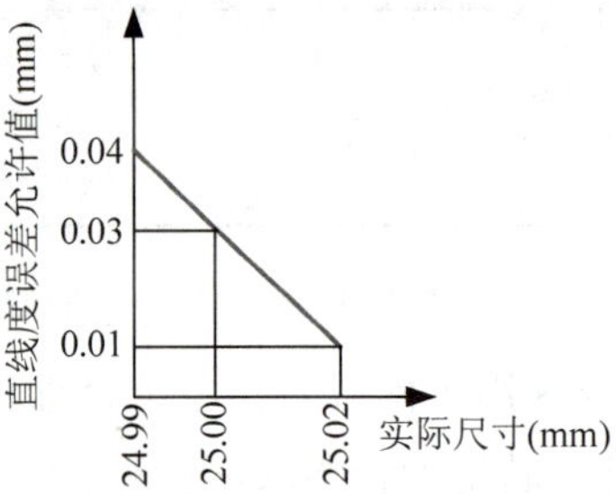

题 4-9 图(d) 对应关系

题 4-9 表 1　具体数值

序号	实际尺寸	几何误差允许值	说明
1	25.02	0.01	实际尺寸等于最大实体尺寸，允许出现直线度误差=0.01
2	25.00	0.03	实际尺寸偏离最大实体尺寸，几何误差允许达到偏离量 0.02+0.01=0.03
3	24.99	0.04	实际尺寸等于最小实体尺寸，几何误差允许达到最大值 0.03+0.01=0.04

例题 4-10　根据题 4-10 图(a)，请给出图示要素在最大实体要求下的误差变动情况，即合格性条件。

解　由题 4-10 图(a)可知，箭头所指要素符合最大实体要求，该孔的最大实体尺寸为 24.99 mm，最小实体尺寸为 25.02 mm，最大实体实效尺寸为 24.98 mm，最小实体实效尺寸为 25.03 mm。

题 4-10 图(b)为孔、轴配合中孔在最大实体尺寸时孔轴线的直线度误差情况，题 4-10 图(c)为孔、轴配合中孔在最小实体尺寸时孔轴线允许的直线度误差情况，题 4-10 图(d)表示实际尺寸与直线度误差允许值的对应关系，横坐标表示实际尺寸，纵坐标表示直线度误差允许值，具体数值见题 4-10 表 1。

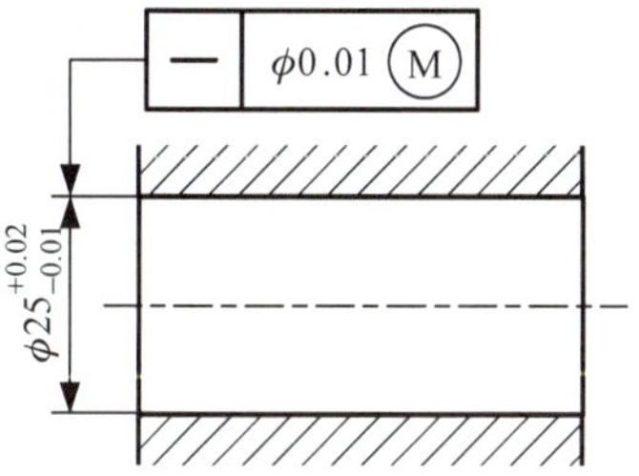

题 4-10 图(a) 孔的最大实体要求

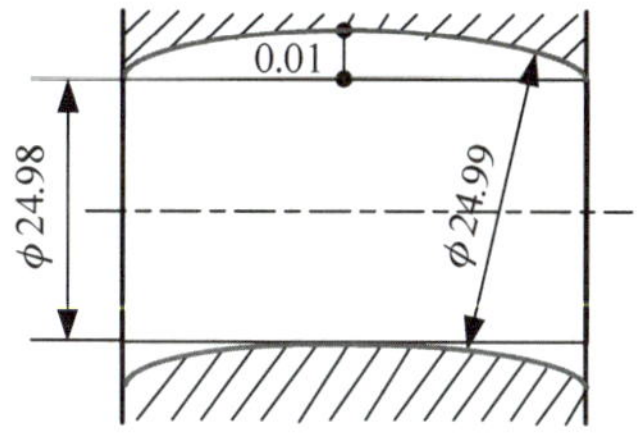

题 4-10 图(b) 孔的直线度误差(最大实体尺寸)

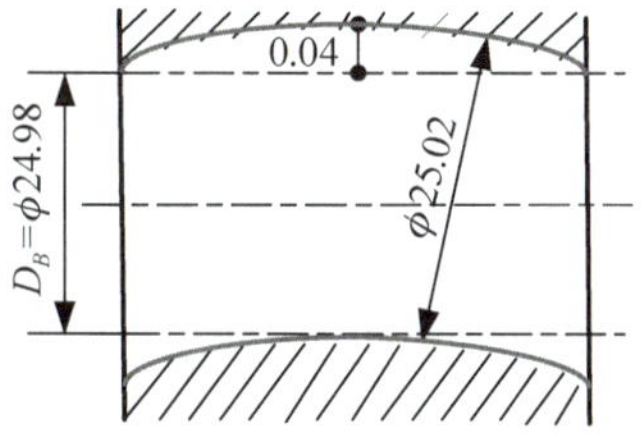

题 4-10 图(c) 轴的直线度误差(最小实体尺寸)

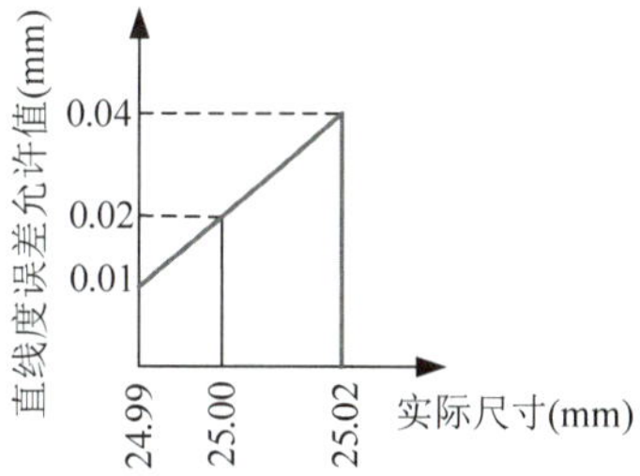

题 4-10 图(d) 对应关系

题 4-10 表 1　具体数值

序号	实际尺寸	几何误差允许值	说明
1	24.99	0.01	实际尺寸等于最大实体尺寸，允许出现几何误差＝0.01，如图(a)所示
2	25.00	0.03	实际尺寸偏离最大实体尺寸，几何误差允许达到偏离量 0.01＋0.01＝0.02 mm
3	25.02	0.04	实际尺寸等于最小实体尺寸，几何误差允许达到最大值 0.03＋0.01＝0.04 mm，如图(b)所示

最大实体要求通常用来保证装配互换性的场合，适用于机械零件配合性质要求不高，但要求顺利装配，保证零件可装配的场合。例如用螺栓连接的圆盘零件上圆周布置的通孔，其孔组轴线的位置度公差广泛采用最大实体要求。

项目练习

一、判断题

(　　)1. 平面的几何特性比直线复杂，因而平面公差带形状要比直线公差带形状复杂。

(　　)2. 面对面、线对面和面对线的平行度公差带形状相同，均为两平行平面。

(　　)3. 圆度公差的被测要素可以是圆柱面也可以是圆锥面。

(　　)4. 圆跳动和全跳动的划分是按被测要素的大小而定的。当被测要素面积较大时为全跳动，反之为圆跳动。

(　　)5. 判断线轮廓度和面轮廓度属形状公差，还是方向公差和位置公差的主要依据是看图上是否标注出基准，标注出基准的为方向公差与位置公差，未标注的为形状公差。

二、选择题

1. 以下几何公差项目中属于形状公差的是(　　)。

A. 圆柱度　　B. 平行度　　C. 同轴度　　D. 圆跳动

2. 下列公差带形状相同的有(　　)。

A. 轴线的直线度与平面度　　B. 圆度与径向圆跳动

C. 线对面的平行度与轴线的位置度　　D. 同轴度与对称度

3. 关于任意方向的直线度公差要求，下列说法中错误的是(　　)。

A. 其公差带是圆柱面内的区域　　B. 此项公差要求常用于回转类零件的轴线

C. 任意方向实质上是没有方向要求　　D. 标注时公差数值前应加注符号“ϕ”

4. 在垂直度公差中，按被测要素和基准要素的几何特征划分，其公差带形状最复杂的是(　　)。

A. 线对线的垂直度公差　　B. 线对面的垂直度公差

C. 面对线的垂直度公差　　D. 面对面的垂直度公差

5. 在倾斜度公差中，确定公差带方向的因素是(　　)。

A. 被测要素的形状　　B. 基准要素的形状

C. 基准和理论正确角度　　D. 被测要素和理论正确尺寸

三、综合题

1. 根据下列各项几何公差要求，在图4-67的几何公差框格中填上正确的几何公差项目符号、数值及基准字母。

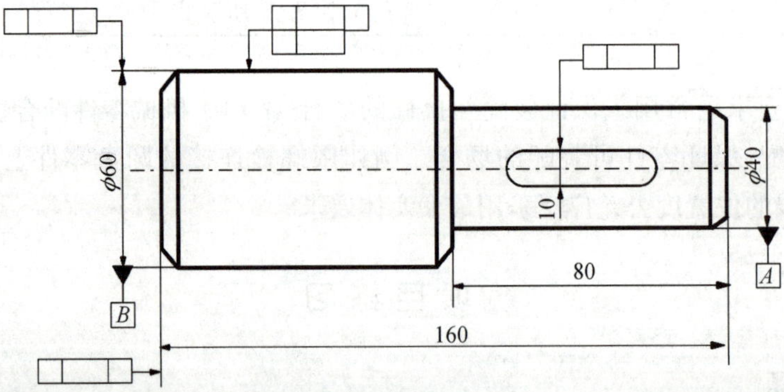

图4-67　几何公差标注图示

（1）ϕ60 mm 圆柱面的轴线对 ϕ40 mm 圆柱面的轴线的同轴度为 ϕ0.05 mm，且如有同轴度误差，则只允许从右向左逐渐减小。

（2）ϕ60 mm 圆柱面的圆度为 0.03 mm，ϕ60 mm 圆柱面对 ϕ40 mm 圆柱面的轴线的径向全跳动为 0.06 mm。

（3）键槽两工作平面的中心平面对通过 ϕ40 mm 轴线的中心平面的对称度为 0.05 mm。

（4）零件的左端面对 ϕ60 mm 圆柱轴线的垂直度为 0.05 mm，且如有垂直度误差，则只允许中间向材料内凹下。

2. 解读图 4-68 中各项几何公差要求的标注，补充表 4-27 内容。

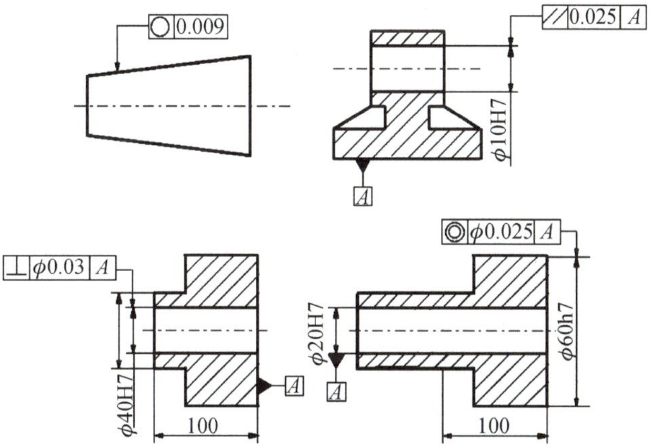

图 4-68　几何公差标注图示

表 4-27　几何公差要求

序号	几何公差项目符号	几何公差项目名称	被测要素	基准要素	公差带形状和大小

项目五

零件表面粗糙度测量

知识目标

- 识图认图，确认该零件的表面粗糙度要求
- 理解表面粗糙度的有关术语
- 理解表面粗糙度的评定参数
- 掌握表面粗糙度的选用原则

技能目标

- 掌握表面粗糙度的标注方法
- 掌握表面粗糙度的测量方法
- 编写并记录检测报告

素质目标

- 培养学生自主学习能力
- 培养学生团结协作能力
- 培养学生遵守秩序能力

选择铁质毛坯和抛光钢块两种物品，观察并触摸它们的表面，因物品表面的光洁度不同，触感的光滑度不同。分别在这两种物品表面滴一些机油，观察油液的附着情况，发现这两种零件附着的油液量也有很大差异，越粗糙的表面附着的油液越多，这是因为油液会渗入到表面凹坑中。同理，腐蚀性气体或液体通过表面的微观凹谷也会渗入到材质表层，对于不具有抗腐蚀能力的材料，都会发生腐蚀现象，从而影响材质质量、零件配合性质的稳定性以及零件表面的抗磨损能力等。

用光滑和粗糙来评价零件表面质量是不够的，很多时候需要对其进行量化的定义，如图 5-1 所示的齿轮零件中就在齿轮不同位置标注了具体的表面粗糙度数值。本项目将介绍表面粗糙度的概念、评定参数、标注方法等理论知识，同时介绍用比较法和粗糙度测量仪来检测零件表面质量的方法。

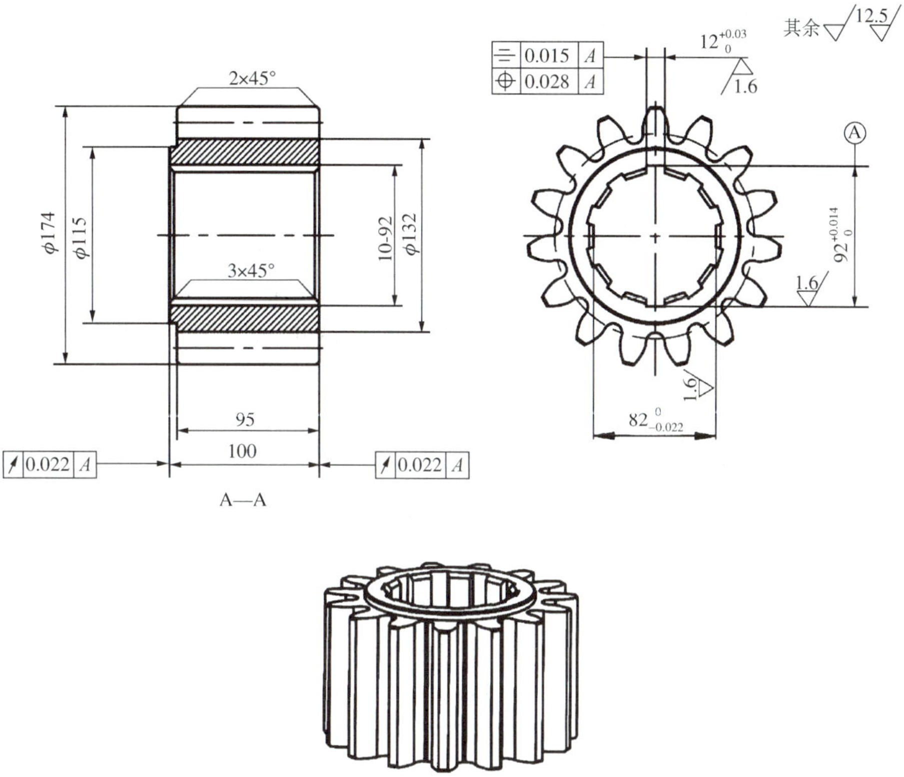

图5-1　齿轮零件图

任务1　比较法测量零件表面粗糙度

一、任务布置

伞齿轮，也称锥齿轮，是一种常见的齿轮类型，主要用于传递两轴之间的运动和动力。伞齿轮的形状类似圆锥，其齿形分布在圆锥面上，两端面的形状类似而尺寸不相等。伞齿轮的主要特点是互相之间有齿紧凑的啮合，所传递的转矩要比皮带及链条传动大得多，其传动效率也比其他机械传动的高，并且能在很大的传动力下保持两轴之间的转速比不变。伞齿轮常用于传动中心距较大的联轴器、变速箱等系统中，广泛应用于印刷设备、汽车差速器、水闸、机车、船舶、电厂、钢厂、铁路轨道检测等。

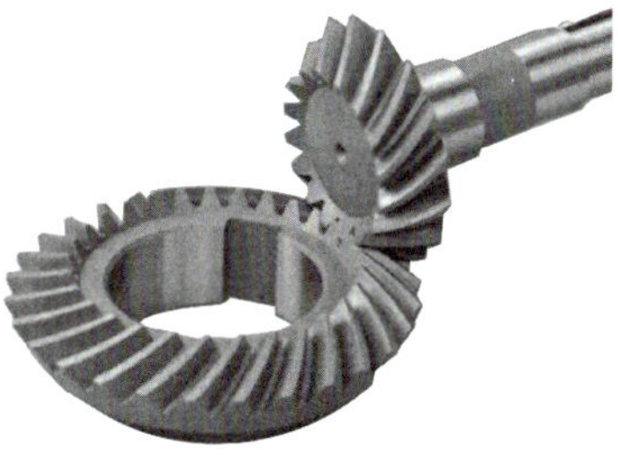

图5-2　伞齿轮

精度、平稳性、耐磨损性、抗疲劳性、抗腐蚀性等都是伞齿轮的重要性能指标，而这些指标都与表面粗糙度有重要关联。本任务以如图5-2所示的伞齿轮为检测对象，利用表面粗糙度样板进行其不同位置的表面粗糙度检测。

二、理论知识

1. 表面粗糙度的概念

受加工、存储、运输等过程影响，真实零件的表面并非理想的光滑表面，如图 5-3 所示，在放大镜或显微镜下观察，可以看到高低不平的状况，凸起的部分称为峰，低凹的部分称为谷，这种表征零件表面在加工后形成的由微小间距的峰、谷组成的微观几何形状特征称为表面粗糙度，也称表面精度、表面光洁度。它是一种微观几何形状误差，肉眼难以区别，包括多种尺度几何误差复合而成的复杂表面形貌。

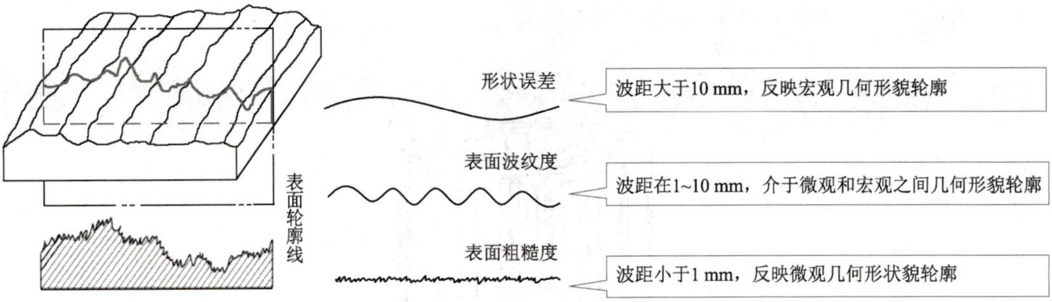

图 5-3　实际表面轮廓不同尺度几何特征

2. 表面粗糙度的基本术语

客观评定表面粗糙度需要确定测量长度的范围和方向，即评定基准。评定基准是在表面轮廓线上量取得到的一段长度，包括取样长度、评定长度和基准线。

1）表面轮廓线

表面轮廓线是理想平面与实际平面垂直相截所得的轮廓线，在评定表面粗糙度时，通常是指与加工方向垂直截面上的横向轮廓，即与加工纹理方向垂直的截面上的轮廓。

2）取样长度 l

取样长度是测量和评定表面粗糙度时所规定的一段基准长度，如图 5-4 所示。取样长度是为了限制和减弱表面波纹度对表面粗糙测量结果的影响，一般一个取样长度内应包含五个以上的波峰和波谷，并在轮廓总的走向上量取。表面越粗糙，取样长度就越大。

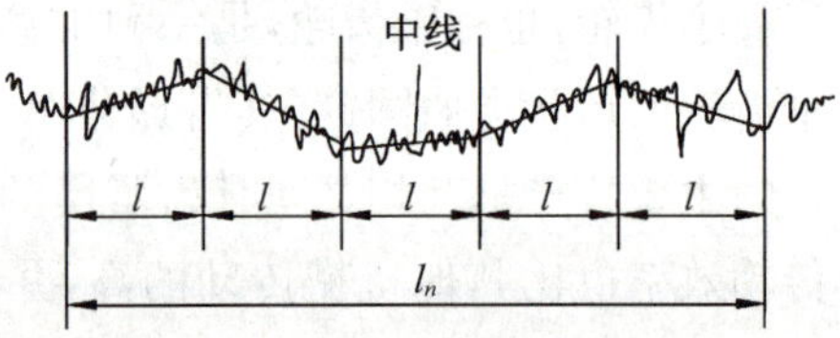

图 5-4　取样长度和评定长度

3）评定长度 l_n

评定长度是为了全面充分地反映被测表面的特征，在评定或测量表面轮廓时所必需的一段长度，包括一个或多个取样长度，如图 5-4 所示。表面越均匀，选用的评定长度就越少，一般情况按五个取样长度来确定，$l_n = 5l$。

4）基准线（轮廓中线）

基准线即具有几何轮廓形状并划分轮廓的基准线，用来评定表面粗糙度参数值的大小。基准线的确定包括轮廓最小二乘中线和轮廓算数平均中线两种，用轮廓最小二乘法确定的中线是唯一的，但比较困难。轮廓算术平均法是一种近似图解，较为简便，所以常用它代替轮廓最小二乘法，在生产中得到了广泛应用。

（1）轮廓最小二乘中线

轮廓最小二乘中线是具有几何轮廓形状并划分轮廓的基准线，在一个取样长度内使轮廓上各点的轮廓偏距（在测量方向上轮廓线上的点与基准线之间的距离）的平方和最小，即 $\sum_{i=1}^{n} y_i^2 =$ 最小值，如图 5-5 所示。

（2）轮廓算数平均中线

轮廓算数平均中线是在一个取样长度内将实际轮廓划分为上下两部分，且使上下两部分的面积相等的基准线，即 $F_1 + F_2 + \cdots + F_n = G_1 + G_2 + \cdots + G_n$，如图 5-6 所示。

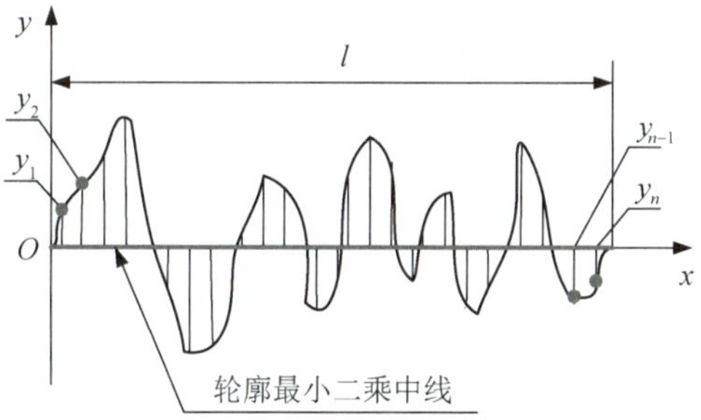

图 5-5　轮廓最小二乘中线

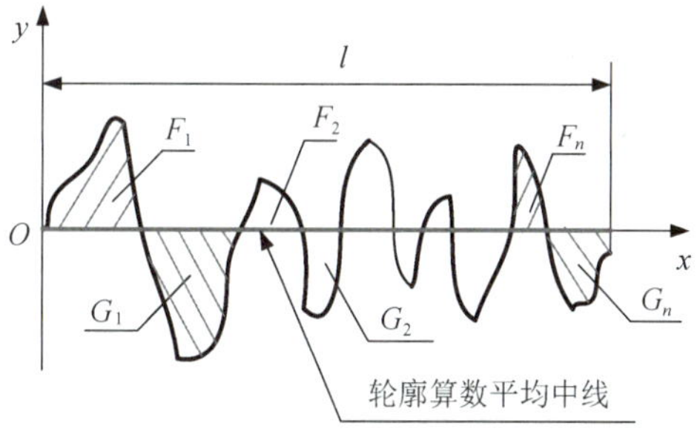

图 5-6　轮廓算数平均中线

3. 表面粗糙度对零件使用性能的影响

对于已完工的零件，只有同时满足尺寸精度、几何精度、表面粗糙度的要求，才能保证零件几何参数的互换性，作为零件表面品质的重要技术指标，表面粗糙度对零件使用性能存在多方面的影响。

1）对配合性质的影响

① 对于间隙配合：如果配合面过于粗糙，配合间隙的初期磨损阶段便迅速增大，从而改变应有的配合性质，很可能在机器未进入正常的工作状态前就已漏气、漏油或晃动而不能正常工作。

② 对于过渡配合：表面粗糙会使配合变松，甚至变成间隙配合。

③ 对于过盈配合：零件在装配过程中配合表面的凸峰被挤平，使实际有效过盈减少，从而降低了配合表面的连接强度。

2）对摩擦和磨损的影响

表面粗糙度过大：导致实际接触面积远远小于理论面积，接触面积小将使实际压强增大，粗糙不平的凸峰互相啮合、挤裂和切断加剧，将产生弹性变形、塑性变形及剪切等现象，磨损就会加剧。

表面粗糙度过小：金属原子的吸附力加大，接触表面间的润滑油会被挤掉而形成干摩擦，使金属表面发热产生交合，从而损坏表面，导致磨损加剧。

3）对耐腐蚀性的影响

零件在潮湿的空气中，或在腐蚀介质中工作时，由于表面粗糙度的凹谷处容易因腐蚀性介质存在而发生化学腐蚀，或在表面粗糙度的凸峰间容易产生电化学作用而引起电化学腐蚀。表面越粗糙，腐蚀越严重，因此，减少表面粗糙度，就可以提高零件的耐腐蚀性。

4）对疲劳强度的影响

在交变载荷的作用下，零件表面的微观高低不平和表面的缺陷会引起应力集中，在微观低凹点的应力易于超出疲劳极限而出现疲劳裂缝。实验表明，对于承受交变载荷的零件，减少表面粗糙度可使疲劳强度提高。

此外，表面粗糙度对零件的测量精度、外观、镀涂层、导热性和接触电阻、反射能力和辐射性能、液体和气体流动的阻力、导体表面电流的流通等都会有不同程度的影响。

4. 表面粗糙度的评定参数

1）轮廓算数平均偏差 Ra

轮廓算数平均偏差是在一个取样长度内，轮廓上各点至基准线的距离的绝对值的算术平均值，如图 5-5 所示。它的表达式为：

$$Ra=\frac{1}{l}\int_0^l |y_i| \mathrm{d}y \quad \text{或近似为} \quad Ra=\frac{1}{n}\sum_{i=1}^{n}|y_i| \tag{6-1}$$

Ra 数值越大，表面越粗糙。Ra 概念比较直观，易于理解，能反映轮廓各点的幅度信息，是广泛被采用的评定参数。

2）微观不平度十点高度 Rz

微观不平度十点高度是在一个取样长度内，五个最大轮廓峰高的平均值与五个最小轮廓谷深的平均值之和，如图 5-7 所示。它的表达式为：

$$Rz=\frac{1}{5}\left(\sum_{i=1}^{5}y_{pi}+\sum_{i=1}^{5}y_{vi}\right) \tag{6-2}$$

Rz 数值越大，表面越粗糙。因为测点少，不能充分反映表面状况，但是轮廓峰高和波谷数值易于在光学仪器上量取，且计算简便，故应用较多。

3）轮廓最大高度 Ry

轮廓最大高度是在取样长度内，轮廓峰顶线和轮廓谷底线之间的距离，如图 5-8 所示。它的表达式为：

$$Ry=Rp+Rm \tag{6-3}$$

Ry 常用于不允许有较深加工痕迹如受交变应力的表面，或因表面很小不宜采用 Ra、Rz 评定的表面。

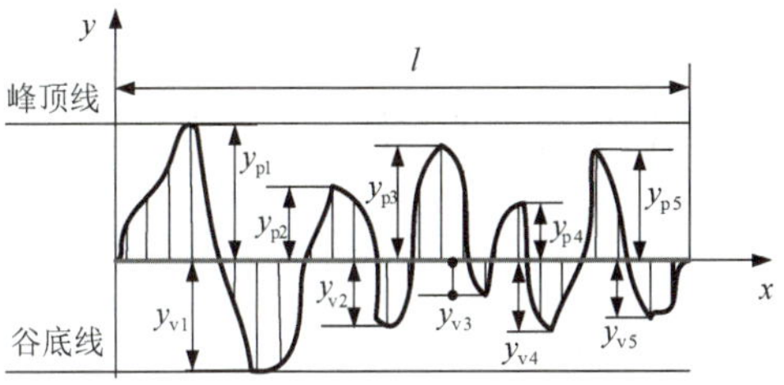

图 5-7　微观不平度十点高度 ***Rz***

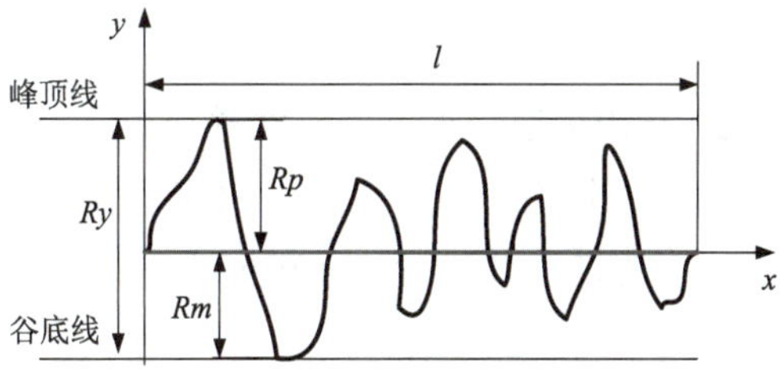

图 5-8　轮廓最大高度 ***Ry***

三、技能知识

1. 表面粗糙度样板

表面粗糙度样板是由各种加工方法制成的不同几何形状的一套标准表面样块组成，是通过目测或放大镜与待测工件进行比较，从而检查机械零件加工表面粗糙度的一种工作量具，如图 5-9 所示。

图 5-9　表面粗糙度样板

2. 表面粗糙度比较法

表面粗糙度比较法是以样块工作面的表面粗糙度为标准，凭触觉（如手感）或视觉（可借助放大镜、比较显微镜等）与被检零件不同部位表面进行比对，从而判断被检查表面的粗糙度是否满足要求。这是一种定性的检查方法。所选用的样块和被测零件的加工方法必须相同，样块的材料、形状、表面色泽、表面加工方法等应与被测零件一致，进行测量时，应注意温度、照明方式等环境因素的影响。根据被测表面加工痕迹的深浅来决定其表面粗糙度轮廓是否符合技术要求。若被测表面加工痕迹的深度相当于或小于样块加工痕迹的深度，则表示该被测表面粗糙度轮廓幅度参数 *Ra* 值不大于样块所标记的 *Ra* 值。

比较法适用于检测 $Ra = 0.63 \sim 10$ mm 的外表面；目测比较法适用于检测 $Ra = 2.5 \sim 80$ mm 的表面；用 5～10 倍放大镜比较适用于检测 $Ra = 0.32 \sim 2.5$ mm 的表面；比较显微镜适用于检测 $Ra = 0.08 \sim 10$ mm 的表面。

这种方法简单易行，常用于工厂，尤其是车间检验中。一般只用于粗糙度评定参数值较大的情况下，其判断的准确性很大程度上取决于检验人员的经验，只能定性测量，无法得到定量值，当有争议时应用其他仪器进行测量。

四、任务实施

1. 读取任务要求

本次检测用表面粗糙度样板进行比较法检测，检查样板的加工纹理、加工方向是否与被测零件被测表面一致。

2. 利用表面粗糙度样板法进行伞齿轮不同部位表面粗糙度的检测

对伞齿轮轴柄的内、外圆柱面进行表面粗糙度检测,并记录。

对伞齿轮齿面进行表面粗糙度检测,并记录。

3. 利用比较法进行伞齿轮零件不同部位表面粗糙度的检测

对伞齿轮轴柄的内、外圆柱面进行表面粗糙度检测,并记录。

对伞齿轮齿面进行表面粗糙度检测,并记录。

4. 比较与总结

对表面粗糙度样板法和表面粗糙度比较法进行比较和总结。

5. 保养测量器具并整理实训室

整理任务所用的所有测量器具,进行归类、保养,整理实训室卫生,确保水、电、通道等安全。

6. 编写任务报告

自行编写任务报告,包括任务名称、任务目的、任务用品、任务步骤、任务结果等。

五、知识拓展

1. 表面粗糙度现行国家标准

①《产品几何技术规范(GPS) 技术产品文件中表面结构的表示法》(GB/T 131—2006)。

②《产品几何技术规范(GPS) 表面结构 轮廓法 表面粗糙度参数及其数值》(GB/T 1031—2009)。

③《产品几何技术规范(GPS) 表面结构 轮廓法 术语、定义及表面结构参数》(GB/T 3505—2009)。

④《产品几何技术规范(GPS) 表面结构 轮廓法 评定表面结构的规则和方法》(GB/T 10610—2009)。

2. 国内外表面粗糙度研究现状

在国内表面粗糙度研究,可以追溯到20世纪50年代初期,出现了细微形态测量、形状测试、线谱分析等表面粗糙度技术。近些年,越来越多的学者投入表面粗糙度的研究,在几何要素、形状测量、精度分析等方面开展了许多研究,这对表面粗糙度的研究有着重要意义。

国外表面粗糙度的研究也受到了许多企业与研究机构的关注,在此基础上,许多表面粗糙度测量技术被开发出来,如自动测量系统、三维表面形状、自动控制系统等。同时,微纳测量的技术也得到了发展,其研究范围也在不断扩大。

3. 表面粗糙度研究的发展趋势

表面粗糙度的发展趋势可以归纳为以下三点。

① 完善现有的测量与控制技术。表面粗糙度的现有的测量技术仍然存在着诸多问题,需加以完善,如提高测量精度,减少对于测量对象的影响,缩短测量时间等。

② 提高标准精度。由于表面粗糙度具有复杂的宏观结构，因此在测量的过程中，有必要根据具体的场合选择不同的标准，以确保表面粗糙度的测量精度。

③ 开发智能测量模型。随着人工智能技术的发展，表面粗糙度测量过程也可以通过智能模型自动完成，从而大大减少测量时间与消耗，提高测量的精度和效率。

任务 2　针描法测量零件表面粗糙度

一、任务布置

任取如图 5-10 所示一种零件，绘制零件工程图，利用表面粗糙度仪测量该零件各个表面的粗糙度数值。以测量值为参考，确定每个表面的粗糙度值，并将该值正确标注到零件工程图上。

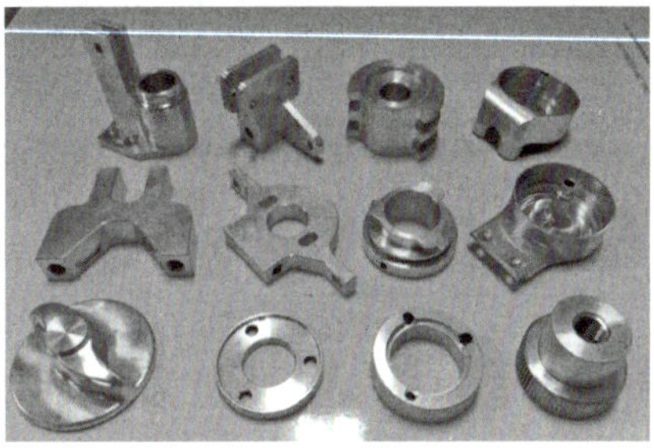

图 5-10　待测零件

二、理论知识

1. 表面粗糙度的标注

1）表面粗糙度的符号

表面粗糙度符号及意义见表 5-1。

表 5-1　表面粗糙度符号及意义

<table>
<tr><th colspan="2">符号</th><th colspan="2">含义</th></tr>
<tr><td colspan="2">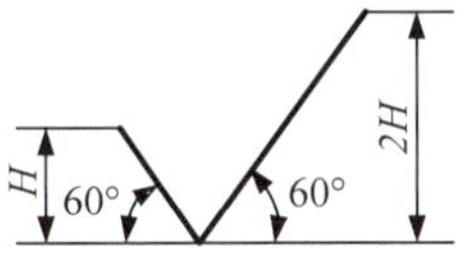
</td><td colspan="2">基本符号：
表示表面用任何方法获得。当不加注粗糙度参数值或有关说明（如表面处理、局部热处理状况等）时，仅适用于简化代号标注</td></tr>
<tr><th>符号</th><th>含义</th><th>符号</th><th>含义</th></tr>
<tr><td></td><td>拓展符号：
加一短划，表示表面是去除材料的方法获得。如车、铣、刨、磨、钻、剪切、抛光、腐蚀、电火花加工、气割等</td><td>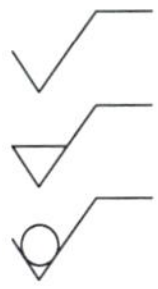</td><td>完整符号：
在基本符号和拓展符号的长边上加一横线，用于标注有关参数和说明</td></tr>
<tr><td></td><td>拓展符号：
加一小圆，表示表面是不去除材料方法获得。如铸、锻、冲压变形、热轧、粉末冶金等，或是用于保持原供应状况的表面（包括保持上道工序的状况）</td><td>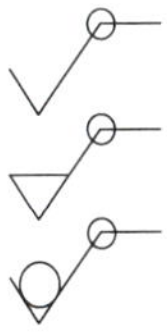</td><td>完整符号：
在上述三个完整符号的长边上加一小圆，表示所有表面具有相同的表面粗糙度要求</td></tr>
</table>

2）表面粗糙度的代号

表面粗糙度代号及含义见表 5-2。

表 5-2　表面粗糙度代号及含义

符号	含义	符号	含义
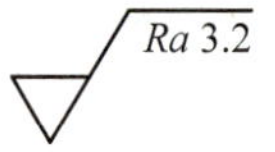 *Ra* 3.2	用去除材料方法获得的表面，*Ra* 的上限值为 3.2 μm	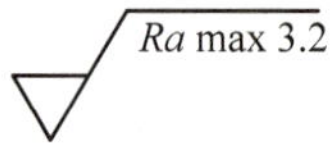 *Ra* max 3.2	用去除材料方法获得的表面，*Ra* 的最大值为 3.2 μm
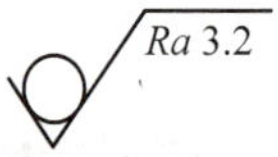 *Ra* 3.2	不用去除材料方法获得的表面，*Ra* 的上限值为 3.2 μm	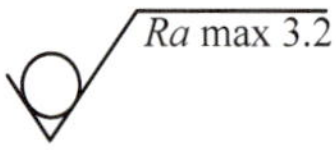 *Ra* max 3.2	不用去除材料方法获得的表面，*Ra* 的最大值为 3.2 μm
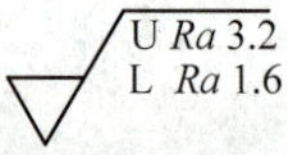 U *Ra* 3.2 L *Ra* 1.6	用去除材料方法获得的表面，*Ra* 的上限值为 3.2 μm，下限值为 1.6 μm（也可以不标注 U、L）	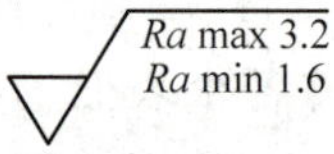 *Ra* max 3.2 *Ra* min 1.6	用去除材料方法获得的表面，*Ra* 的最大值为 3.2 μm，最小值为 1.6 μm
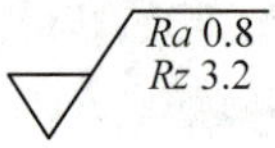 *Ra* 0.8 *Rz* 3.2	用去除材料方法获得的表面，*Ra* 的上限值为 0.8 μm，*Rz* 上限值为 3.2 μm	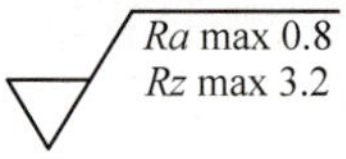 *Ra* max 0.8 *Rz* max 3.2	用去除材料方法获得的表面，*Ra* 的最大值为 0.8 μm，*Rz* 最大值为 3.2 μm

说明：

① 上限值/下限值：要求所有实测值中超过该值的个数少于总数的 16%。

② 最大值/最小值：要求所有实测值都不超过该值。

③ 在生产实践中，大多数零件表面采用上/下限标注，只有对零件表面要求很高时，才需要在其表面粗糙度参数数值后加注最大值/最小值符号 max/min（例如：基准的测量平板）。

3）表面粗糙度的辅助信息

表面粗糙度的辅助信息见表 5-3，表面纹理的标注示例见表 5-4。

表 5-3　表面粗糙度的辅助信息

图示	说明	
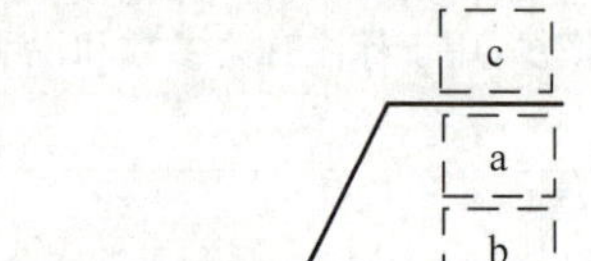 c a b e d	位置 a	注写表面结构的单一要求
	位置 b	注写表面结构的多个要求时，其中第一个要求注写在位置 a，第二个要求注写在位置 b；若有更多表面结构要求，则顺序在图示垂直方向向下方排
	位置 c	注写加工方法，表面处理、涂层或其他加工工艺要求等
	位置 d	注写所要求的表面纹理和纹理的方向
	位置 e	注写所要求的加工余量数值（mm）

表 5-4　表面纹理的标注示例

注写内容	符号	标注方法及示例	解释	注写内容	符号	标注方法及示例	解释
加工纹理	=	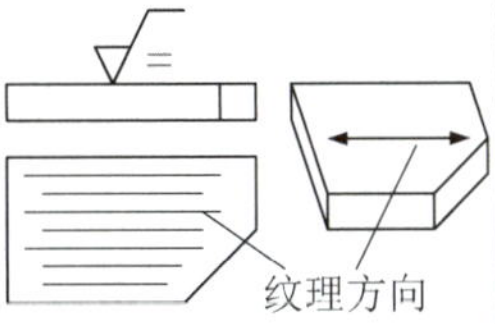	纹理方向平行于视图的正投影面	加工纹理	M	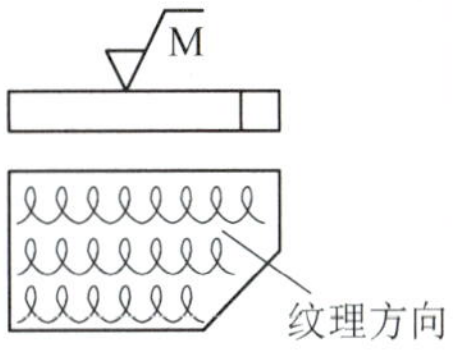	纹理成多方向
	⊥	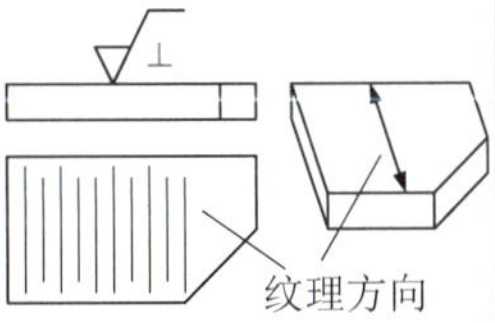	纹理方向垂直于视图的正投影面		C	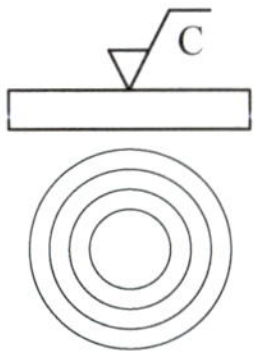	纹理呈近似同心圆且圆心与表面中心相交
	×	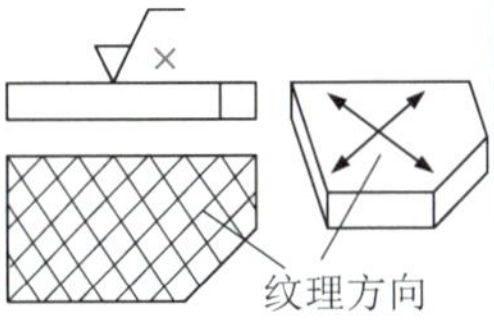	纹理呈两斜向交叉且与视图的正投影面相交		R	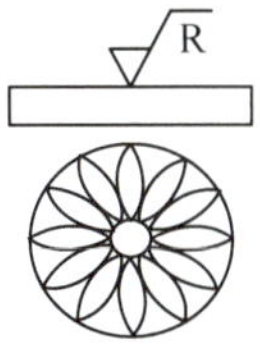	纹理呈近似放射状且与表面圆心相关
					P	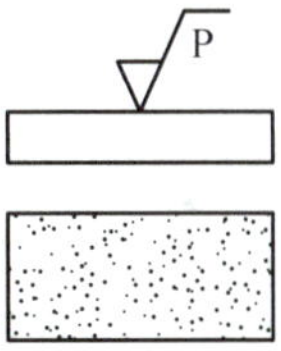	纹理呈微粒、凸起、无方向

例题 5-1　解释表面加工工艺方法的标注示例。

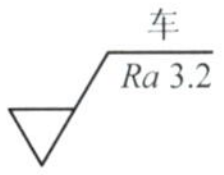

：被标注表面采用车削方法获得，轮廓最大高度 Ra 单向上限值为 3.2 μm。

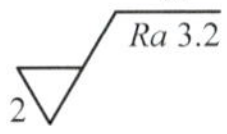

：被标注表面采用铣削方法获得，轮廓最大高度 Ra 单向上限值为 3.2 μm，加工余量为 2 mm。

4）表面粗糙度的一般标注

① 标注表面粗糙度时，其数字或字母的大小和方向必须与图中尺寸数值大小和方向一致，如图 5-11(a)所示。

② 表面粗糙度可以标注在给定的尺寸线上(在不致因其导致误解时)，如图 5-11(b)所示。

③ 表面粗糙度代号可以用带箭头或墨点的指引线引出标注，如图 5-11(c)所示。

④ 表面粗糙度代号可以标注在几何公差框格的上面，如图 5-11(d)所示。

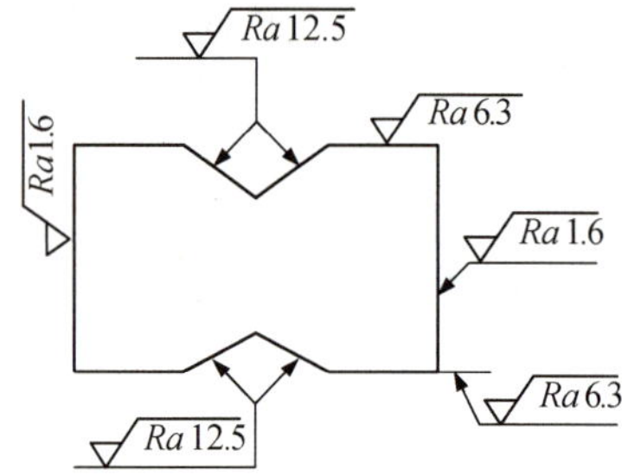

(a) 大小方向一致

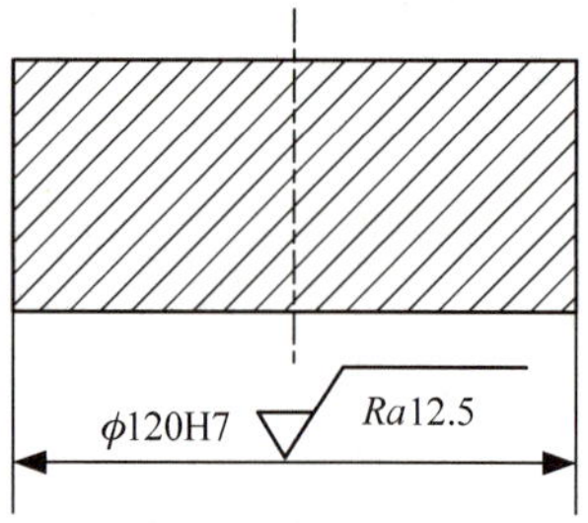

(b) 标注在尺寸线上

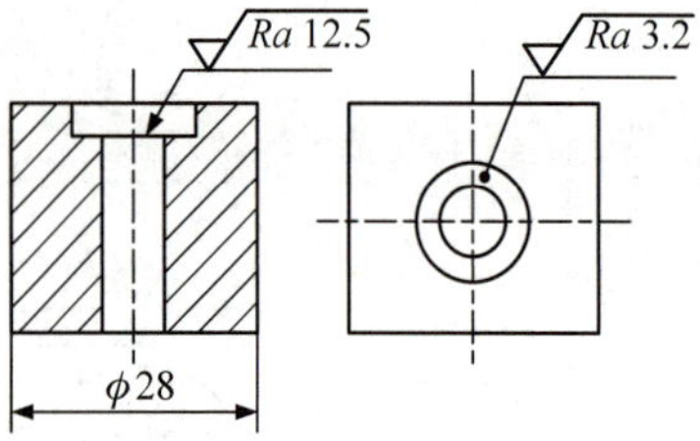

(c) 引出标注

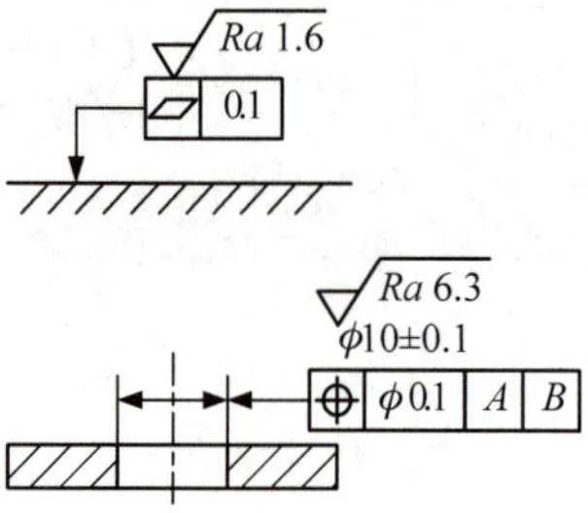

(d) 标注在几何公差框格上

图 5-11　表面粗糙度一般标注示意

5) 表面粗糙度的简化标注

① 有相同表面粗糙度要求时，可统一标注在标题栏附近，如图 5-12(a)所示。

② 若图样标注空间有限且多表面有共同表面粗糙度要求时，用带字母的完整符号、以等式的形式，在图形或标题栏附近进行简化标注，如图 5-12(b)所示。

③ 只用表面粗糙度的简化标注，如图 5-12(c)所示。

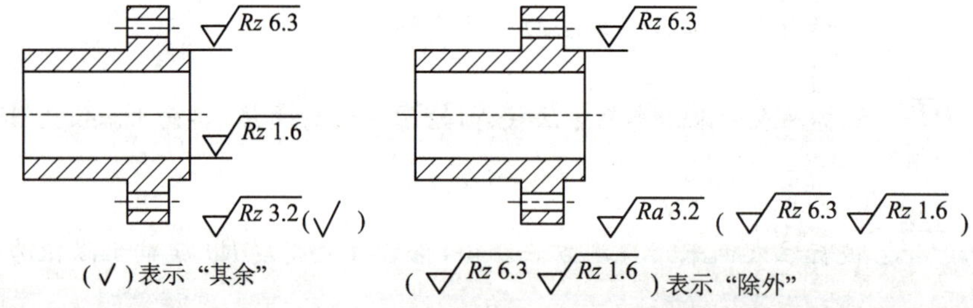

(a) 统一标注

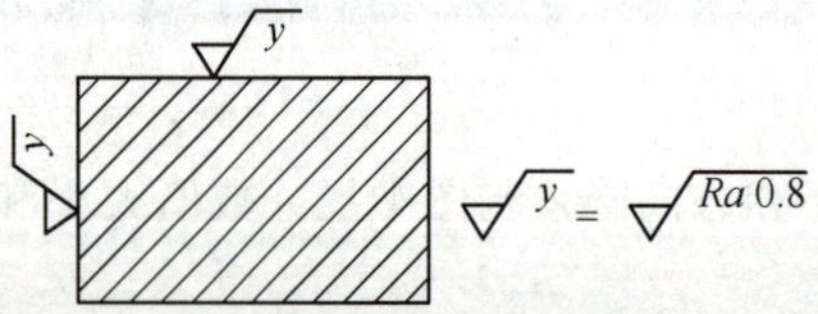

(b) 等式形式标注

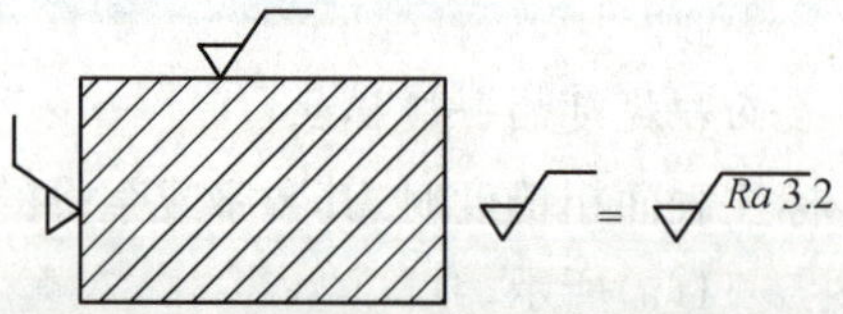

(c) 仅简化标注

图 5-12　表面粗糙度简化标注示意

2. 表面粗糙度的选择

表面粗糙度直接影响零件的使用性能和寿命，是重要的技术经济指标。表面粗糙度的选择主要是评定参数和参数值的选择。

1）评定参数的选择

评定参数的选择主要依据零件的特性和实用性，结合零件的使用要求、结构特点等选取，见表5-5。

表5-5　表面粗糙度评定参数选择条件

评定参数	选择条件
Ra	对于 $0.025 < Ra < 6.3\ \mu m$ 的光滑表面和半光滑表面； 反映实际轮廓微观几何形状特性的信息量大； 触针式电动轮廓仪测量比较容易（测量范围：0.02～8 μm）
Rz	对于 $Ra > 0.025\ \mu m$ 或 $Ra < 6.3\ \mu m$ 的特别光滑表面或特别粗糙的表面； *Rz* 不如 *Ra* 对表面微观几何形状特征反映得全面； 非接触式的光切显微镜测量
Ry	对于不允许出现较大加工痕迹和受交变应力作用的表面； 概念简单、测量简便，但是不如 *Ra* 和 *Rz* 反映得全面； 适用于狭小表面

2）评定参数数值的选择

在满足零件表面使用功能的前提下，应该尽量使用较大的参数值以简化加工工艺和降低生产成本，确保可行性和经济性，见表5-6。

① 在同一个零件上，非工作表面比工作表面的表面粗糙度值大。

② 受循环载荷的表面及易引起应力集中的表面（如圆角、沟槽），表面粗糙度值小。

③ 配合性质相同时，尺寸小的零件比尺寸大的表面粗糙度值小；同一公差等级，小尺寸比大尺寸、轴比孔的表面粗糙度值小。

④ 运动速度高、单位压力大的摩擦表面比运动速度低、单位压力小的非摩擦表面的表面粗糙度值小。

⑤ 有防腐蚀、密封性要求和美观要求的表面，其表面粗糙度参数值小。

⑥ 一般情况下，尺寸和表面形状要求精确程度高的表面，表面粗糙度值小。

表5-6　表面粗糙度的表面特征、经济加工方法及应用示例

表面微观特征		*Ra*	*Rz*	加工方法	应用举例
粗糙表面	可见刀痕	20～40	80～160	粗车、粗刨、粗铣、钻、毛锉、锯断	半成品粗加工过的表面，非配合的加工表面，如轴端面、倒角、钻孔、齿轮带轮侧面、键槽底面、势圈接触面
	微见刀痕	12～20	40～80		
半光表面	微见加工痕迹	5～10	20～40	车、刨、铣、镗、钻、粗铰	轴上不安装轴承、齿轮处的非配合表面，紧固件的自由装配表面、轴和孔的退刀槽等

（续表）

表面微观特征		Ra	Rz	加工方法	应用举例
半光表面	微见加工痕迹	2.5～5	10～20	车、刨、铣、镗、磨、拉、粗刮、滚压	半精加工表面，箱体、支架、盖面、套筒等和其他零件结合而无配合要求的表面、需要法兰的表面等
	看不清加工痕迹	1.25～2.5	6.3～10	车、刨、铣、镗、磨、拉、刮、压、铣齿	接近于精加工表面，箱体上安装轴承的镗孔表面、齿轮的工作面
光表面	可辨加工痕迹方向	0.63～1.25	3.2～6.3	车、镗、磨、拉、刮、精铰、磨齿、滚压	圆柱销、圆锥销、与滚动轴承配合的表面、卧式车床导轨面。内、外花键定心表面等
	微辨加工痕迹方向	0.32～0.63	1.6～3.2	精铰、精镗、磨刮、滚压	要求配合性质稳定的配合表面、工作时受交变力的重要零件、较高精度车窗的导轨面
	不可辨加工痕迹方向	0.16～0.32	0.8～1.6	精磨、研磨、超精加工	精密机床主轴锥孔、顶尖圆锥面、发动机曲轴、凸轮轴工作表面、高精度齿轮面
极光表面	暗光泽面	0.08～0.16	0.4～0.8	精磨、研磨、普通抛光	精密机床主轴颈表面、一般量规工作表面，气缸套内表面、活塞销表面等
	亮光泽面	0.04～0.08	0.2～0.4	超精磨、精抛光、镜面磨削	精密机床主轴颈表面、滚动轴承的滚珠、高压液压泵中柱塞和柱塞配合的表面
	镜状光泽面	0.01～0.04	0.05～0.2		
	镜面	≤0.01	≤0.05	镜面磨削、超精研	高精度量仪、量块的工作表面，光学仪器中的金属镜面

表面粗糙度 *Ra* 的推荐选用值见表 5-7。

表 5-7　表面粗糙度 *Ra* 的推荐选用值

应用场合		公称尺寸					
	公差等级	≤50		50～120		120～150	
		轴	孔	轴	孔	轴	孔
经常拆装零件的配合表面	IT5	≤0.2	≤0.4	≤0.4	≤0.8	≤0.4	≤0.8
	IT6	≤0.4	≤0.8	≤0.8	≤1.6	≤0.8	≤1.6
	IT7	≤0.8		≤1.6		≤1.6	
	IT8	≤0.8	≤1.6	≤1.6	≤3.2	≤1.6	≤3.2

（续表）

应用场合			公称尺寸					
过盈配合	压入装配	IT5	≤0.2	≤0.4	≤0.4	≤0.8	≤0.4	≤0.8
		IT6～IT7	≤0.4	≤0.8	≤0.8	≤1.6	≤1.6	
		IT8	≤0.8	≤1.6	≤1.6	≤3.2	≤3.2	
	热装	—	≤1.6	≤3.2	≤1.6	≤3.2	≤1.6	≤3.2
滑动轴承的配合表面		公差等级	轴			孔		
		IT6～IT9	≤0.8			≤1.6		
		IT10～IT12	≤1.6			≤3.2		
		液体湿摩擦条件	≤0.4			≤0.8		
圆锥结合的工作面			密封结合		对中结合		其他	
			≤0.4		≤1.6		≤6.3	
密封材料处的孔、轴表面		密封型式	速度/($m\cdot s^{-1}$)					
			≤3		3～5		≥5	
		橡胶圈密封	0.8～1.6(抛光)		0.4～0.8(抛光)		02～0.4(抛光)	
		毛毡密封	0.8～1.6(抛光)					
		迷宫式	3.2～6.3					
		涂油槽式	3.2～6.3					
精密定心零件的配合表面	IT5～IT8	径向跳动	2.5	4	6	10	16	25
		轴	≤0.05	≤0.1	≤0.1	≤0.2	≤0.4	≤0.8
		孔	≤0.1	≤0.2	≤0.2	≤0.4	≤0.8	≤1.6
V形带和平带轮工作表面			带轮直径/mm					
			≤120		120～315		>315	
			1.6		3.2		6.3	
箱体分界面（减速箱）		类型	有垫片			无垫片		
		需要密封	3.2～6.3			0.8～1.6		
		不需要密封	6.3～12.5					

三、技能知识

1. 表面粗糙度测量仪

表面粗糙度测量仪是评定零件表面质量的粗糙度仪，如图 5-13 所示。表面粗糙度仪可分为便携式和台式两种，均可配备多种形状的测针，可对多种零件表面的粗糙度进行测量，包括平面、斜面、外圆柱面、内孔表面、深槽表面及轴承滚道等，实现了表面粗糙度的多功能精密测量。

图 5-13　表面粗糙度仪

2. 针描法

一种接触式测量方法，是利用表面粗糙度仪的测针与被测表面相接触，并使测针沿其表面轻轻划过以测量表面粗糙度的一种测量法，也称为触针法。

如图 5-14 所示，将一个很尖的金刚石触针垂直安置在被测表面上作横向移动，由于工作表面粗糙不平，因而触针将随着被测表面轮廓形状作垂直起伏运动。将这种微小位移通过电路转换成电信号并加以放大和运算处理，即可得到工件表面粗糙度参数值，也可通过记录器描绘出表面轮廓图形，再进行数据处理，进而得出表面粗糙度参数值。

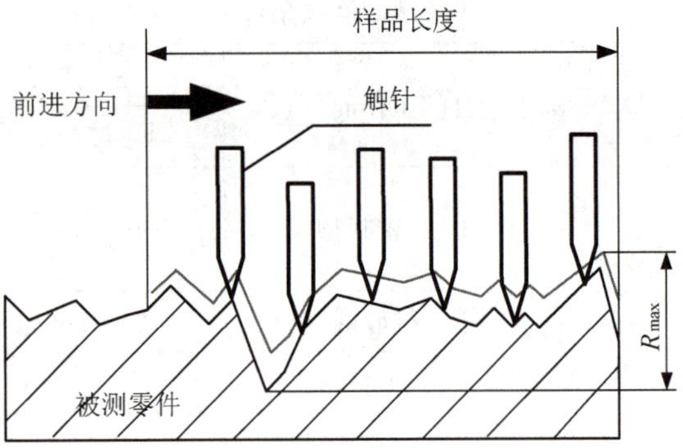

图 5-14　表面粗糙度仪测量示意图

该方法适宜测量 $Ra=0.025\sim12.5$ mm，$Rz=0.02\sim160$ μm 范围内的表面粗糙度。触针法用针测量轮廓时，针尖必须给表面施加一定的压力，测试时要保持较低的速度，因此不能用于软质材料以及高速场合。另外，由于横向分辨率会受触针直径限制，不宜对超光滑表面进行测量。

四、任务实施

1. 读取任务要求

本次检测用表面粗糙度仪进行针描法检测。

2. 利用表面粗糙度测量仪进行零件工作部位表面粗糙度的检测

分析每个零部件的工作部位，分析工作部位的受力情况，利用表面粗糙度测量仪进行表面粗糙度检测，并记录数据。

3. 绘制零件工程图，并将表面粗糙数值进行正确标注

以测量值为参考，确定每个表面的粗糙度值，并将该值正确标注到零件工程图上。

4. 保养测量器具并整理实训室

整理任务所用的所有测量器具，进行归类、保养，整理实训室卫生，确保水、电、通道等安全。

5. 编写任务报告

自行编写任务报告，包括任务名称、任务目的、任务用品、任务步骤、任务结果等。

五、知识拓展

1. 光切法

利用光切原理来测量表面粗糙度的一种测量方法，常用仪器是光切显微镜（又称双管显微镜），如图 5-15 所示。

将一束平行光带以一定角度投射于被测表面上，光带与表面轮廓相交的曲线影像即反映了被测表面的微观几何形状，解决了工件表面微小峰谷深度的测量问题，避免了与被测表面的接触。由于它采用了光切原理，所以可测表面的轮廓峰谷的最大和最小高度要受物镜的景深和鉴别率的限制。如果峰谷高度超出一定的范围，就不能在目镜视场中成清晰的真实图像而导致无法测量或测量误差很大。

该方法具有不破坏表面状况、成本低、易于操作的特点，所以被广泛应用。适于测量用车、铣、刨等加工方法所加工的金属零件的平面或外圆表面，也可用于测量木板、纸张、塑料、电镀层等表面的微观不平度，但是不便于检验用磨削或是抛光的方法加工的零件表面。

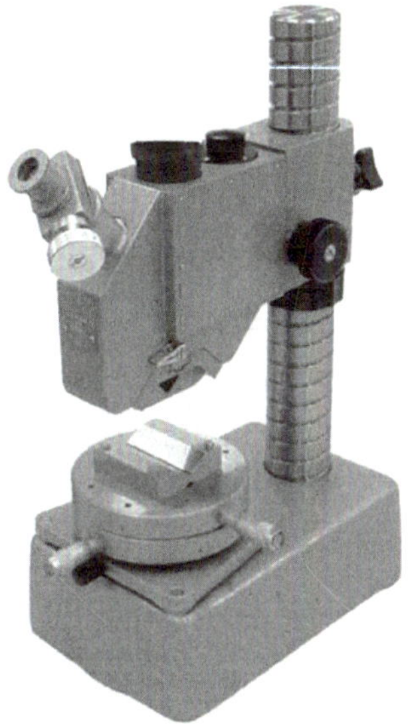

图 5-15　光切显微镜

2. 激光反射法

近年出现的一种测量表面粗糙度的方法，其原理是将激光光束以一定的角度照射到被测表面，除了一部分激光光束被吸收外，其余部分激光光束被反射和散射。反射光较为集中地形成明亮的光斑，散射光则分布在光斑周围形成较弱的光带。光洁表面的光斑较强，光带较弱且宽度较小，粗糙表面则相反。

3. 印模法

用可塑性材料（石蜡或低熔点合金等）将被测零件表面轮廓复制下来，通过测量复制品的粗糙度来确定被测零件的粗糙度值，这是一种间接测量方法。它适用于内孔、凹槽、大尺寸零件表面。其常用测量范围为 $Ra = 0.08 \sim 80\ \mu m$ 或 $Rz = 0.08 \sim 330\ \mu m$。

项目练习

一、判断题

(　　)1. 为了减小相对运动时的摩擦与磨损，表面粗糙度的值越小越好。

(　　)2. 轮廓谷的最低点距 X 轴线的距离称为轮廓谷深。

(　　)3. 评定长度可以包含一个或几个取样长度。

(　　)4. 表面粗糙度要求可标注在几何公差框格的下方。

(　　)5. 同一公差等级，一般小尺寸比大尺寸的表面粗糙度数值要大。

二、单项选择题

1. 表面粗糙度与零件使用性能的关系，下列说法中错误的是(　　)。

A. 零件的表面质量影响间隙配合的稳定性或过盈配合的连接强度

B. 零件的表面越粗糙，零件表面的抗腐蚀性能越大

C. 提高零件沟槽和台阶圆角处的表面质量，可提高零件的抗疲劳强度

D. 降低表面粗糙度值，可提高零件的密封性能

2. 表面粗糙度各参数的数值应在(　　)于基准面的各截面上获得。

A. 平行　　B. 垂直　　C. 倾斜

3. 当图样上标注表面粗糙度高度参数的最大值(max)或/和最小值(min)时，表示参数中所有的实测值(　　)规定值。

A. 小于或等于　　B. 大于或等于　　C. 等于　　D. 小于

4. 表面加工纹理方向符号标注在表面粗糙度符号的(　　)。

A. 左下角　　B. 右下角　　C. 横线上　　D. 横线下

5. 采用比较法检测表面粗糙度时，样块与被检表面的加工纹理方向应(　　)。

A. 不同　　B. 相反　　C. 相同　　D. 无要求

参 考 文 献

[1] 胡照海. 公差配合与测量技术[M]. 北京：人民邮电出版社，2007.
[2] 陈舒拉. 公差配合与检测技术[M]. 北京：人民邮电出版社，2007.
[3] 王颖. 公差选用与零件测量[M]. 北京：高等教育出版社，2018.
[4] 乔元信，王公安. 公差配合与技术测量[M]. 北京：中国劳动社会保障出版社，2021.
[5] 罗晓晔. 机械检测技术[M]. 杭州：浙江大学出版社，2019.
[7] 熊永康. 公差配合与技术测量[M]. 武汉：华中科技大学出版社，2018.
[8] 王玉亭. 公差配合与技术测量[M]. 北京：电子工业出版社，2018.
[9] 荀占超. 公差配合与测量技术[M]. 北京：机械工业出版社，2018.
[10] 王廷强. 几何公差工作手册 ISO GPS＋ASME GD&T[M]. 北京：化学工业出版社，2023.
[11] 王廷强. GD&T 基础及应用[M]. 北京：机械工业出版社，2016.
[12] 晏初宏. 几何量公差配合与技术测量[M]. 上海：上海科学技术出版社，2011.
[13] 于慧. 互换性与技术测量基础[M]. 北京：化学工业出版社，2014.
[14] 邢闽芳. 互换性与技术测量[M]. 北京：清华大学出版社，2024.